引江济淮工程膨胀土渠坡治理技术研究与实践

李 涛 胡 波 著

合肥工业大学出版社

图书在版编目(CIP)数据

引江济淮工程膨胀土渠坡治理技术研究与实践/李涛,胡波著．--合肥:合肥工业大学出版社,2025. --ISBN 978-7-5650-7265-9

Ⅰ.TV698.2

中国国家版本馆 CIP 数据核字第 2025XU2164 号

引江济淮工程膨胀土渠坡治理技术研究与实践

YINJIANG JIHUAI GONGCHENG PENGZHANGTU QUPO ZHILI JISHU YANJIU YU SHIJIAN

李 涛 胡 波 著			责任编辑 汪 钵		
出 版	合肥工业大学出版社		版 次	2025 年 7 月第 1 版	
地 址	合肥市屯溪路 193 号		印 次	2025 年 7 月第 1 次印刷	
邮 编	230009		开 本	710 毫米×1010 毫米 1/16	
电 话	融合出版中心:0551-62903087		印 张	15.5	
	营销与储运管理中心:0551-62903198		字 数	278 千字	
网 址	press.hfut.edu.cn		印 刷	安徽联众印刷有限公司	
E-mail	hfutpress@163.com		发 行	全国新华书店	

ISBN 978-7-5650-7265-9　　　　　　　　　　　　　　　　定价：64.50 元

如果有影响阅读的印装质量问题,请与出版社营销与储运管理中心联系调换。

| 前　言|

　　20 世纪以来,工程界围绕膨胀土的研究工作从未间断,岩土工程师从开始识别膨胀土到简单的定性测试,逐渐建立了一套试验、分析及治理方法,相关的理论研究工作也从经典的土力学理论,延伸到非饱和土的理论研究领域。

　　从膨胀土边坡的治理技术发展过程来看,早期关注到膨胀土的饱和强度极低的特征,边坡治理以放缓边坡和设置支挡结构为主。随着非饱和土理论的发展,揭示了大多数黏性土从非饱和到饱和状态变化过程的强度衰减机制。因此,防止水分变化成为膨胀土治理的重要原则,相应的措施包括换填黏性土和土体防渗等。进入 21 世纪,南水北调中线工程建设所开展的系统的研究工作,从理论上解决了膨胀土边坡失稳的力学机制问题,同时找到了膨胀土边坡治理的有效途径,使膨胀土的工程治理技术上升到一个新的高度。随着时代的发展,边坡治理与环境的协调问题开始显现,对膨胀土边坡治理提出了更高的要求:既要保证工程安全,还要满足生态和绿色环保的需要。

　　引江济淮工程是 2014 年 5 月国务院第 48 次常务会议要求加快推进的 172 项节水供水重大水利工程之一,是一项以城乡供水和发展江淮航运为主,结合灌溉补水和改善巢湖及淮河水生态环境为主要任务的大型跨流域调水工程。工程自南向北分为引江济巢、江淮沟通、江水北送三段,输水线路总长 723km,其中新开河渠 88.7km、利用现有河湖 311.6km、疏浚扩挖 215.6km、压力管道 107.1km。工程线路先后经过沿江冲积平原、江淮丘陵和淮北冲积平原二大地貌,存在的主要工程地质问题有岸坡稳定、地基承载力及堤防渗透稳定等。其中,在淮河以南菜子湖线路和江淮沟通切岭地段及部分岗地,约有124km的膨胀土分布,膨胀土地段最大挖深达46m,地质结构多为上土下岩的二元结构,局部软岩存在膨胀性和软弱夹层,因此,该工程膨胀土地段的渠坡稳定问题更为复杂,治理难度更大,是工程的主要技术难题之一。

2015—2022年,围绕引江济淮工程的膨胀土地段的治理难题,安徽省引江济淮工程有限责任公司(简称引江济淮公司)先后组织开展了"引江济淮试验工程"和"引江济淮工程膨胀土地段生态河道关键技术研究"两项有关膨胀土的重大科研项目。2015年开展的"引江济淮试验工程"采用设计、科研、施工联合体总承包方式。其中,科研工作主要如下:场地专项工程地质勘察研究;膨胀土工程特性研究,膨胀(崩解)岩基本特性研究;膨胀土边坡破坏机理及分析方法研究;水泥改性土工艺研究;河道施工技术工艺研究总结;边坡加固防护方案比较研究等。研究成果为工程的初步设计提供了依据。2016年,引江济淮工程全线开工,随着工程的深入进行,出现了一些新的问题,主要如下:低河堤弱膨胀土地段精细化治理措施;弱膨胀土和崩解岩开挖料综合利用;膨胀土生态护坡结构和水泥改性土换填层植被研究;新型板桩墙监测技术研究;膨胀土试验段资料分析和监测技术研究;结构面对边坡稳定的影响及其应对措施研究;水力条件对边坡稳定的影响及其应对措施研究。为此,2019年,引江济淮公司再次组织开展"引江济淮工程膨胀土地段生态河道关键技术研究"项目研究。研究单位结合引江济淮工程施工期工程建设需要,针对膨胀土地段生态河道关键技术问题,在以往工作基础上,采用现场调研、资料收集、室内试验、模型试验、原型试验和理论研究相结合的方法,以生态优先、技术先进为原则,开展了系统的研究工作,在两年半的攻关科研中,取得了一批具有创新性的研究成果:针对弱膨胀土地段河道边坡治理、水泥改性土的生态修复和开挖料综合利用等问题,运用最新的理论和技术,研究提出了膨胀土生态护坡技术;针对设计提出的膨胀土新型板桩墙结构,创新了膨胀土边坡监测技术;通过分析渠坡渗流条件对边坡稳定的影响,提出了坡顶水塘的填塘治理原则;结合施工期滑坡治理,分析了软岩夹层对边坡稳定的危害,提出了河道边坡长期稳定性的影响因素和治理措施。上述研究成果解决了制约引江济淮工程建设中的关键技术问题,提高了膨胀土问题理论研究和治理技术的整体水平,为工程建设和后期安全运行提供了理论基础和措施保障。

本书在分析总结引江济淮工程膨胀土地段科研成果的基础上,结合初步设计及施工阶段的地质勘察资料和室内试验研究、数值分析成果,从理论上归纳总结了以往有关膨胀土边坡的破坏机理,验证了"膨胀变形引起的浅层滑坡"和"结构面强度控制的整体滑坡"两种破坏模式,构建了膨胀土渠道安全控制理论与设计方法;针对"两种破坏模式"的力学机制,提出了膨胀变形浅层滑动的边坡压重治理技术和新型板桩墙结构;研究提出了膨胀土的水泥改性、砂岩改性膨胀土和砂岩+水泥改性泥岩崩解岩(膨胀岩)的膨胀土开挖料综合利用技术;针对膨胀土边坡的生态修复问题,研制了水泥改性土的生态基材和微生物修复技术,提出了基于非饱和土渗流理论的膨胀土边坡双层护坡结构等结构形式。其中,第1章主要回顾了膨胀土的研究发展历程,介绍了最新研究进展。第2章针对引江济淮工程的区域地质与工程地质进行归纳总结,并阐述了工程区域膨胀土地层的工程地质特征、分布和工程特性等。第3章针对膨胀土边坡的破坏机理,调查分析了皖西地区、鄂北岗地等膨胀土渠道边坡的破坏案例,以室内大型静力模式试验和现场观测、测试试验为基础,以数值分析为手段,分析和验证了膨胀土边坡的两种破坏模式,揭示了边坡破坏的力学机制。第4章针对目前膨胀土渠道边坡治理措施缺乏针对性、没有成熟的安全控制理论指导等不足,提出了"浅层限胀缩,整体抗滑动,护底防冲刷"的设计原则和治理思路。针对浅层限胀缩的设计原则,提出了边坡换填压重厚度的确定方法;针对整体抗滑动的设计原则,提出结构面强度是边坡失稳的控制因素,其治理思路是提高土体的抗滑力,因此,应采用锚固、支挡的方法,治理措施包括锚杆、土钉、抗滑桩、板桩墙、挡土墙与砌石拱等;针对护底防冲刷的设计原则,采用板桩墙、格宾石笼网等措施。第5章重点阐述了膨胀变形浅层滑动的边坡压重治理技术,并以该工程低河堤堤段小合分线等部分地段为工程实例,分析了膨胀土浅层滑动的压重厚度精细化确定方法。第6章论述了膨胀土边坡整体滑动的边坡支挡和护底防冲刷结构,重点阐述了抗滑桩的设计方法和新型板桩墙的支挡技术。以引江济淮江淮分水岭深挖方地段施工期滑坡治理和小合分线的设计案例,论述了抗滑桩加固边坡的稳定分析方法。采用有限元分析程序,研究论证了新型板桩墙结构,并通过现场原位试验,验证了该结构的合理性。第7章论述了膨胀土开挖料综合利用问题,探讨了膨胀土水泥改性的微观机制和细观结构的变化规律,开展了水泥改性弱膨胀土、砂岩和石粉改性弱膨胀土、砂岩＋水泥改性膨胀性泥岩(崩解岩)的等改性土料工程特性研究,阐明了膨胀土水泥改性的龄期效应,分析了水泥改性土水泥掺拌均匀性影响因素,并提出了开挖料土团破碎工艺和控制技术。第8章创新提出了基于MICP技术的膨胀土微生物生态改性技术,采用扫描电镜和电子显微镜等研究手段,分析研究了MICP改良膨胀土的微观机理。通过微生物溶液矿化试验,研究了反应液配比和胶结液浓度比对微生物矿化的影响;采用一次拌和法改良膨胀土,验证了改性土的自由膨胀率、无荷膨胀率和饱和土固结快剪强度,研究了不同影响因素对改良前后膨胀土的膨胀和强度特性的变化规律。第9章针对膨胀土地区非膨胀工程填料缺乏、常规膨胀改性材料生态性差等问题,研发了兼具抑制土体膨胀与促进植被生长的护坡生态基材,通过现场播种试验,验证了该生态基材的可靠性。

本书在以往大量工程和理论研究的基础上,结合引江济淮工程的最新研究,反映了近年来膨胀土理论研究和工程建设领域的最新研究水平。其中,前言和第1章由李涛和龚壁卫编写;第2章由耿宏斌编写;第3章、第4章、第9章由胡波编写;第5章、第6章、第7章由李涛编写;第8章由李从安编写。全书由李涛和胡波负责校审及统稿。此外,本书还引用了部分"十一五""十二五"国家科技支撑计划课题南水北调中线工程的科研成果以及引江济淮工程各阶段有关膨胀土、崩解岩的设计和科研成果,在此一并向参与上述设计和研究课题的设计和研究人员表示感谢。

由于作者水平有限,书中难免有纰漏和不妥之处,恳请读者批评指正。

作 者

2025 年 5 月

C 目 录
ontents

第1章

绪 论

　　膨胀土是指岩土体中含有较多亲水矿物,具有吸水膨胀、软化和失水收缩、开裂等特性的岩土体。我国的膨胀土分布约占国土面积的百分之一,除去沙漠、戈壁、山地面积外占比约为1/60。20世纪50年代至60年代,我国在建设安徽淠史杭灌区、成渝铁路以及成昆铁路等工程中均出现了膨胀土边坡或路基滑坡的现象,膨胀土的工程问题开始引起工程界的重视。[1-5]早期工程界对膨胀土的认识尚处于摸索阶段,国际上有关膨胀土的研究也是在同期刚刚起步。[6]有关膨胀土的研究工作主要集中在膨胀性测试、膨胀变形的预测以及工程危害的治理上,少量的、较为基础性的研究也大都带有经验性和半经验性的特点。20世纪70年代初,我国开始有组织、有计划地在全国范围内开展大规模膨胀土普查,在此基础上开始较为系统地开展膨胀土的试验与研究工作。[3]在膨胀土的判别方法、膨胀土建筑场地的综合评价、膨胀土地基及建筑物的变形计算和膨胀土地基大气影响深度等方面取得了卓有成效的研究成果。20世纪80年代以后,我国水利、铁路、交通等部门对膨胀土又组织了比较系统的研究,取得不少有意义的成果,并制定了膨胀土地区建筑规范。

　　与交通及公民用建筑等工程相比,水利工程尤其是渠道工程中遇到的膨胀土问题更多、更难治理。对于渠道工程而言,由于线路长、跨越区域广,地层地质条件复杂,膨胀土地层往往与各类具有膨胀性、崩解性的泥岩、粉砂岩交替出现(如正在建设中的引江济淮工程),致使工程的治理难度增大。此外,渠道工程有稳定的水头作用,导致无论采用何种防渗措施,长期来看,渠道的渗漏都是不可避免的。这一点是渠道工程与公路、铁路工程以及工民用建筑物运行环境的最大区别,渠道工程的运行环境是最为不利的。

近年来,随着南水北调中线工程、鄂北地区水资源配置等工程的实施,我国在有关膨胀土的理论研究以及边坡治理技术上均取得了长足的进步,在膨胀土地区工程建设方面已处于国际领先地位,但同时仍然存在一些需要进一步探讨的问题,如有关膨胀土边坡破坏的力学机制研究、渠道安全控制理论与设计方法、工程治理技术的针对性和有效性,尤其是治理技术的生态环保等方面。[7-10]不同地区、不同赋存环境的膨胀土,由于其岩土的工程特性不同,导致其治理技术的效果不同。此外,新理论、新材料、新技术的不断涌现也促使膨胀土工程的治理技术需要更多的创新。

1. 膨胀土边坡破坏的力学机制研究方面

国家"十一五"至"十三五"期间,以南水北调中线工程为背景,先后进行了"十一五"科技攻关课题"膨胀土地段渠道破坏机理及处理技术研究"和"十二五"科技攻关项目"南水北调中线工程膨胀土和高填方渠道建设关键技术研究与示范",经过近十余年的研究,已基本厘清了膨胀土边坡破坏的力学机制,对以往工程界将膨胀土边坡的破坏定义为浅层性、逐级牵引性和季节性的表观描述,用力学原理进行了解释,从力学角度上揭示了这些现象的内在机制,并将其推广延伸到膨胀岩的相关工程应用中。同时,对降雨引起的膨胀土的浅层失稳和边坡的整体滑坡,用膨胀土的膨胀性和结构性进行了合理的解释。提出了"膨胀变形引起的滑坡"和"裂隙面(结构面)强度控制的滑坡"两种破坏模式。[7][10]这无疑是膨胀土边坡破坏机理研究领域的重大突破。鉴于不同地域、不同赋存环境的膨胀土的地层结构、物质组成和工程特性的差异,这两种失稳模式的普适性尚有待进一步验证。

2. 膨胀土渠道安全控制理论与设计方法方面

以往对膨胀土渠道的安全控制大多关注膨胀土吸湿后的强度衰减,相应的安全控制理论更多是强调膨胀土的防渗保湿等问题,尤其在膨胀土渠道破坏机制尚不明确的情况下,大多数边坡治理措施缺乏针对性,没有成熟的安全控制理论指导,往往是按照以往的工程经验进行处置。大多数膨胀土渠道边坡均盲目地采用换填治理,且换填厚度仅凭"经验"选取,由此造成渠道边坡稳定的不确定性和投资的浪费。一个明显的事例是,某段膨胀土渠道在换填厚度相同的情况下,一侧边坡稳定而另一侧则发生了滑坡。另一些渠道则在无膨胀变形可能的情况下也采用了换填治理,如长期处于地下水位以下的弱膨胀土地段的渠道。即使是换填非膨胀土治理,人们对其作用的认识也仅仅认为是防渗,因此有人提出采用土工膜覆盖即可,忽视了膨胀土的一个重要特征——膨胀性。从膨胀土渠坡破坏的机理上看,膨胀变形才是边坡浅层失稳的内在机制,鉴于渠道工程尤其是涉及航运的河渠,长期处于与水密切接触的状态下,渠道边坡的降雨入渗、地层地下水的波动,任何采用单一的防渗的措施都是不可靠的。因此,从安全控制理论上分析,边坡换填的目标应该是抑制渠道地基膨胀土的膨胀变形,而不仅仅是防渗。如此观念的变化,将带来膨胀土渠道安全控制理论的创新。

膨胀土渠道设计的核心是渠坡稳定分析,有关渠坡稳定分析主要有两类:一类是应用常规饱和土理论,依据边坡失稳对水的敏感性,将岩土的强度人为打折,采用极限平衡理论进行分析;另一类则引入了非饱和土的理论,依据土体在吸水后的强度衰减特性,进行降雨对边坡稳定的影响分析。

虽然目前极限平衡法还是工程设计中解决实际问题的基本手段,但是它的成功与否主要取决于滑动面的假设是否符合实际。就膨胀土边坡而言,如果边坡稳定性是由软弱结构面或层间结构面、裂隙面所控制,那么用极限平衡方法分析是有效的,关键问题在于强度参数选取。但对于边坡很缓情况下发生的浅层、逐级牵引式滑动,其破坏机理和滑动过程就复杂得多,通常的极限平衡方法就无能为力了。大量的工程实践也表明,不结合地质成因、基本特性、结构特征和边坡的运行特点和有关环境因素,是难以得到边坡真实的安全状况(安全系数)的,如此进行边坡设计是不合适的。

边坡稳定分析的对象大多是工程边坡,即新近开挖的膨胀土边坡或经人工填筑形成的填方边坡。膨胀土作为一种特殊土,其边坡稳定性分析不仅要像一般黏性土边坡那样研究其自重、荷载和地下水的作用及其与岩土体抗剪强度之间的平衡关系,更要研究其特殊性——如膨胀性、结构性对边坡稳定性的影响。岩土工程师关注到膨胀土的吸湿膨胀特性,并将重点放在吸湿后的强度衰减上,为此往往将室内强度试验参数人为打折,以期得到渠坡真实的安全系数,甚至还有在稳定分析中将膨胀力作为外荷载施加在滑坡体上,但对于新近开挖的、无结构面的膨胀土边坡为何也发生浅层失稳,上述分析方法就无法解释了,其根本原因在于,这些分析方法都没有掌握边坡失稳的内在本质。此外,从地层结构上看,膨胀土地层最重要的特征之一就是存在裂隙面或不同地质年代的沉积层面或土-岩结合面等各类结构面。因结构面上的强度远小于土块强度,因此,不仅要研究结构面对岩土体强度的影响,还要分析结构面的空间分布形态对边坡稳定的影响。只有从力学机制上正确地揭示了膨胀土边坡失稳的机理,针对边坡实际的地质状态,选用合适的试验方法,测定真实的计算参数,按照不同的分析理论进行设计,才有可能获得正确反映边坡稳定状态的边坡稳定安全系数。

3. 在膨胀土边坡治理技术方面

早在 20 世纪 50 年代,国外就有渠道工程涉及膨胀土的治理问题,我国的水利、铁道、公路等部门也几乎在同期认识到了膨胀土特有的危害,并对其进行了治理。[1-2][6-7]当时,最基本的治理措施是放缓边坡和采用各种阻滑措施。例如,在引汉工程陶岔引渠边坡滑坡治理中,采用了放缓边坡至 1:4～1:6 和大直径抗滑桩、砌石连拱等方式。[11]到 21 世纪初,工程界已基本形成了四种膨胀土边坡的治理模式:一是含水率控制法,即通过一定防、排水措施,避免膨胀土的水分状态发生较大变化,从而减小岩土的胀缩变形;二是换填法,主要是将表层一定深度的膨胀土用非膨胀黏性土或改性后的膨胀土进行换填,通过压重作用减小下伏岩土地层的膨胀变形,同时,对边坡可以起到一定的柔性支挡作用;三是锚固、支挡,即通过土锚、桩、挡墙支护等方法,加固治理存在结构面的膨胀土体;四是膨胀土的坡面防护措施,主要是防止岩土的表面剥落、冲蚀、泥流及溜塌等破坏。这些措施在某些工程一定范围或在一定时期内发挥了作用,但对某些工程却没有作用,其问题的根源仍然是对膨胀土的破坏机理缺乏明晰的认识,治理措施的针对性不强。

近年来,随着南水北调中线、引江济淮工程等大型调水、输水渠道(运河)工程的兴建,水泥改性膨胀土以及其他化学改性膨胀土的技术已广泛用于膨胀土渠道的治理。[12-17]水泥改性土的优点是水泥用量少,改性效率高,改性效果稳定,有利于渠道等长距离线性工程的大规模应用,但同时,水泥改性土也存在施工工艺比较复杂、施工质量控制要求较高以及水泥易造成换填土层土壤碱化板结、短期内无法生长植物等不利于生态修复的问题。[18-20]随着社会发展对生态文明的要求,膨胀土边坡治理已经从以往满足单一的安全需要,变为安全、环保和生态友好等多目标,对边坡的治理也提出了更高的要求。

4. 膨胀土治理的新理论、新方法和新材料

20 世纪 90 年代至 21 世纪初发展起来的非饱和土力学理论,为丰富膨胀土的理论研究和方法创新带来了新的机遇。[21-28]基于非饱和土理论,本书研究提出了一种全新的膨胀土双层护坡结构,该结构运用砂土与黏性土渗透系数级差较大的特点,在膨胀土边坡表层形成强透水层,在降雨的条件下能快速形成表面径流,防止降雨入渗,在干旱的条件下防止膨胀土层水分蒸发,同时利用砂土层的压重效果,防止下卧膨胀土层的膨胀变形,是一种生态友好的膨胀土护坡结构。[29-30]

膨胀土地区地层中往往存在一定优势倾向的裂隙面或不同地质年代的沉积层面或土-岩结合面,这类结构面上的土体抗剪强度较低,一旦开挖卸荷,将导致沿结构面的整体滑动。抗滑桩是黏性土边坡治理整体滑坡的常用方法之一,通过在膨胀土边坡施工各类抗滑桩(如预制管桩、灌注桩或木桩等),可以为边坡提

供更大的抗滑力,以防止土体下滑。由于边坡整体下滑力通常较大,致使采用大直径抗滑桩都难以完全抵御边坡的整体滑动。近年来,设计人员研究提出了桩-锚联合、桩-梁(格构梁)联合等结构。引江济淮工程更创新设计了桩(管桩)-墙(板墙)联合的板桩墙结构,丰富了膨胀土地段结构面强度控制的整体失稳治理方法与技术[17]。

微生物矿化是自然界中普遍存在的一种现象。自然界中存在大量的微生物,它们通过自身的新陈代谢能够生成多种矿物结晶,这一过程也广泛参与在原岩矿物的形成过程中,如方解石、石膏和磁铁矿等矿物的形成也要借助于这种微生物的矿化过程。[31-33][34] 大多数的矿化产物中,以沉积碳酸钙的最多也最为常见。

MICP 技术,即微生物诱导碳酸钙沉淀(Microbial Induced Calcium carbonate Precipitation)技术,是基于微生物成矿作用,通过人为添加无机可溶性碳源(尿素)和钙源,通过微生物自身的新陈代谢和环境条件,产生碳酸根离子,结合环境中游离的钙离子,诱导微生物生成具有胶结作用的碳酸钙晶体。[35-36] MICP 技术最早应用于砂土等粗粒土的加固和性能改善中,通过压力注浆治理后的砂土试样、砂柱和砂土地基等,其强度、刚度、抗液化、动力特性和抗侵蚀性能均显著提升。在细粒土和黏性土应用方面,研究人员开展了 MICP 固化土壤效果和影响因素研究,发现经微生物溶液压力注浆后形成的固化粉土和有机质黏土,土体的无侧限抗压强度得到显著提高。[37-39] 在膨胀土的改良方面,研究人员发现利用 MICP 技术改善膨胀土的胀缩特性效果显著。研究成果显示,采用浸泡法或压力注浆法治理的中、强膨胀土,发现碳酸钙含量增加了 205%,土体的自由膨胀率降低了 85.4%,而土体的抗剪强度也明显提高。[40-41]

本书研究了 MICP 改良膨胀土的微观机理,分析了不同影响因素对改良前后膨胀土的工程特性的影响和变化规律。通过微生物溶液矿化试验,研究了反应液配比和胶结液浓度比对微生物矿化的影响;采用一次拌和法改良膨胀土,验证了改性土的自由膨胀率、无荷膨胀率和饱和土固结快剪强度,研究了不同矿化因素和工程环境下改良前后土体的膨胀和强度特性的变化规律。

在膨胀土地区修建大型河渠工程,问题的关键是处理好边坡稳定和结构稳定的问题。既有浅层膨胀土的治理,又有深层膨胀土的防治问题;既有防治膨胀土的结构合理布局问题,又有多种不同性能材料综合治理膨胀土的选材和生态问题。这些问题归结起来,一是需要掌握膨胀土的工程特性和边坡失稳机理及其稳定性分析方法,二是工程上必须采用有针对性的治理措施,坚持"技术可靠、经济合理、施工可行和生态环保"的原则,才能确保膨胀土渠道的安全运行。

参考文献

[1] 刘特洪. 工程建设中的膨胀土问题[M]. 北京:中国建筑工业出版社,1997.

[2] 廖世文. 膨胀土与铁路工程[M]. 北京:中国铁道出版社,1984.

[3] 长江科学院. 长江科学院土工科研三十五年[M]. 武汉:长江出版社,1987.

[4] 包承纲,程展林. 水工土力学研究[M]. 武汉:长江出版社,2021.

[5] BAO C G, GONG B W, ZHAN L T. Properties of Unsaturated soils and slope stability of expansive soils[C]//第二届国际非饱和土学术会议技术委员会. 非饱和土:第二届国际非饱和土会议论文集:英文. 北京:万国学术出版社,1998:71-98.

[6] 陈孚华. 膨胀土上的基础[M]. 北京:中国建筑工业出版社,1979.

[7] 程展林,龚壁卫. 膨胀土渠坡[M]. 北京:科学出版社,2015.

[8] 蔡耀军,阳云华,赵昊,等. 膨胀土边坡工程地质研究[M]. 武汉:长江出版社,2013.

[9] 龚壁卫,胡波. 膨胀土水泥改性机理及技术[M]. 北京:中国水利电力出版社,2023.

[10] 龚壁卫. 膨胀土的裂隙、强度及其与边坡稳定的关系[J]. 长江科学院院报,2022,39(10):1-7.

[11] 长江流域规划办公室陶岔地质、土工、设计组. 引汉工程陶岔引渠边坡滑坡处理[R]. 武汉:1972.

[12] 赵昊. 电化学土壤处理剂 Condor SS 的性能及应用[J]. 人民长江,2001,32(2):45-46.

[13] 刘清秉,项伟,张伟锋,等. 离子土壤固化剂改性膨胀土的试验研究[J]. 岩土力学,2009,30(8):2286-2290.

[14] 汪益敏,刘小兰,陈页开,等. 离子型土固化材料对膨胀土的加固机理试验研究[J]. 公路交通科技,2009,26(10):6-10.

[15] 刘鸣,刘军,龚壁卫,等. 水泥改性膨胀土施工工艺关键技术[J]. 长江科学院院报,2016,33(1):89-94.

[16] 刘军,龚壁卫,徐丽珊,等. 膨胀岩土的快速防护材料研究[J]. 长江科学院院报,2009,26(11):72-74.

[17] 李涛. 引江济淮工程江淮分水岭膨胀土治理方案优选[J]. 江淮水利科技,2018(03):12-14.

[18] 刘鸣,龚壁卫,刘军,等. 膨胀土水泥改性及填筑施工方法:ZL201410148202.0[P]. 2016-01-13.

[19] 张恒晟,龚壁卫,文松霖,等. 水泥改性土削坡弃料利用问题研究[J]. 长江科学院院报,2021,38(2):86-92.

[20] 龚壁卫,许晓彤,胡波. 引江济淮工程膨胀土地段渠坡生态处治技术[J]. 南水北调与水利科技,2023,21(5):1007-1012.

[21] 包承纲. 非饱和土的性状及膨胀土边坡的稳定问题(2004年黄文熙讲座)[J]. 岩土工程学报,2004,26(1):1-15.

[22] 龚壁卫,刘艳华,包承纲,等. 膨胀土渠坡的现场吸力观测[J]. 土木工程学报,1999,32(1):9-13.

[23] 陈善雄,陈守义. 考虑降雨的非饱和土边坡稳定性分析方法[J]. 岩土力学,2001,22(4):447-450.

[24] 龚壁卫,C W W NG,包承纲. 膨胀土渠坡降雨入渗现场试验研究[J]. 长江科学院院报,2002,9(增刊):94-97.

[25] 龚壁卫,包承纲,周欣华. 总干渠膨胀土渠坡处理措施探讨[J]. 长江科学院院报,2002,19(增刊):108-111.

[26] 詹良通,吴宏伟,包承纲,等. 降雨入渗条件下非饱和膨胀土边坡原位监测[J]. 岩土力学,2003,24(2):151-158.

[27] 包承纲. 南水北调工程膨胀土渠坡稳定问题及对策[J]. 人民长江,2003,34(5):4-6.

[28] 龚壁卫,周晓文,周武华. 干湿循环过程中吸力与强度关系研究[J]. 岩土工程学报,2006,28(2):207-210.

[29] 长江水利委员会长江科学院,长江水利委员会长江勘测规划设计研究院,南水北调中线干线工程建设管理局,等. 国家"十一五"科技支撑课题"膨胀土地段渠道破坏机理及处理技术研究总报告"[R]. 武汉:2011.

[30] 长江水利委员会长江科学院. 引江济淮工程膨胀土地段生态河道关键技术研究总报告[R]. 武汉:2022.

[31] 唐朝生,泮晓华,吕超,等. 微生物地质工程技术及其应用[J]. 高校地质学报,2021,27(6):625-654.

[32] PHILLIPS A J, GERLACH R, LAUCHNOR E, et al. Engineered ap-

plications of ureolytic biominera - lization：A review［J］.Biofouling，2013，29（6）：715 - 733.

［33］GEBRU K A，KIDANEMARIAM T G，GEBRETINSAE H K. Bio - cement production using microbially induced calcite precipitation（MICP）method：A review［J］. Chemical Engineering Science，2021：238.

［34］SIMKISS K，WILBUR K M. Biomineralization：cell biology and mineral deposition，xiv［M］. San Diego：Academic Press，1989.

［35］刘汉龙,肖鹏,肖杨,等．微生物岩土技术及其应用研究新进展［J］．土木与环境工程学报(中英文)，2019，41(1)：1 - 14.

［36］钱春香,王安辉,王欣．微生物灌浆加固土体研究进展［J］．岩土力学，2015，36(6)：15.

［37］赵茜．微生物诱导碳酸钙沉淀(MICP)固化土壤实验研究［D］．北京：中国地质大学,2014.

［38］邵光辉,尤婷,赵志峰,等．微生物注浆固化粉土的微观结构与作用机理［J］．南京林业大学学报(自然科学版)，2017，41(2)：129 - 135.

［39］彭劼,温智力,刘志明,等．微生物诱导碳酸钙沉积加固有机质黏土的试验研究［J］．岩土工程学报,2019,41(4)：733 - 740.

［40］覃永富,卢望,袁梦祥,等．巨大芽孢杆菌改良邯郸强膨胀土试验研究［J］．西南师范大学学报(自然科学版)，2020，45(8)：87 - 95.

［41］余梦,张家铭,周杨,等．MICP技术改性膨胀土实验研究［J］．长江科学院院报，2021,38(5)：103 - 108.

第2章
引江济淮工程区域地质及膨胀土分布

2.1 区域工程地质

2.1.1 地形地貌

引江济淮工程南起长江下游安徽江段北岸,向西北流经巢湖,沿派河上溯跨越江淮分水岭后流入淮河流域瓦埠湖,经淮河干流向淮北腹地分别输水。工程规划区域地形呈波浪状起伏,长江与淮河之间以江淮分水岭为界,分别向东南、北两侧倾斜。沿江为低洼圩区,江淮之间为起伏丘陵,丘陵岗地之间分布着规模相对较小的河湖积平原,淮河以北为淮北平原,向西北逐步抬升。输水线路先后经过沿江冲积平原、江淮丘陵和淮北冲积平原三大地貌。[1]

长江北岸到巢湖段,位于大别山余脉向沿江平原区过渡的地带上,地势起伏,山丘、圩畈交错,地貌多样,其基本形态特征可分为低山丘陵、岗地、圩畈平原、湖泊水面等几大类型,总的地势是西高东低。同时又以菜(子湖)巢(湖)分水岭为界,向南、北两侧倾斜。沿江、沿巢湖圩区高程一般为5~12m,输水沿线菜巢分水岭高程为20~45m。

分线路而言,西兆河引江线路两岸地形主要为平原圩区,地面高程为5~10m;小合分线路则为典型的岗冲相间地形,地面高程为5~27m;菜子湖线路地形地貌变化相对较大,沿线低山丘陵、岗地、圩畈平原、湖泊水面等几大类型地形均有涉及,地面高程为5~45m。

巢湖至淮河段,为江淮沟通段的范围,江淮沟通段南起派河口,北至东淝河入淮口。派河段河道大致以肥西县上派镇为界,上派镇以东南河道相对平直,河宽为 60~80m,地面高程为 6~10m,上派镇以西北河道九曲回肠,河宽为 10~20m,地面高程为 10~20m。东淝河位于江淮分水岭北西侧,地形由南向北逐渐变低,河道渐宽,入瓦埠湖前,河宽为 60~80m,瓦埠湖湖区湖面宽阔,出湖口至东淝河入淮口段河道宽为 60~90m。

派河与东淝河隔江淮分水岭相望的地带是引江济淮工程输水线路必经之地。江淮分水岭自西向东由大别山脉、丘陵低山区横贯安徽省中部,直至苏皖边界的高邮湖畔,东西长约 305km。地形大致以江淮分水岭为界,分别向东南、北两侧倾斜,其中引江济淮工程经过的江淮分水岭附近高程为 55~65m,向北至淮河南岸为 19~20m,向东南至巢湖北岸为 6~20m。发源于江淮分水岭南侧的派河和北侧的东淝河源头相距很近、隔岭相望,分水岭宽为 200~1400m,其中地面高程超过 40m 以上的长度约 7km。

淮北地区是引江济淮工程的主要受水区,涉及安徽蚌埠、淮南、淮北以及河南广大地区。沿淮地区地势低洼,海拔高程一般在 13~15m。淮北地区属黄淮海大平原的一部分,除东北边缘及局部零星分布有低山残丘外,其余为地势平坦的洪冲积平原,地势自西北向东南倾斜,海拔高程一般在 40~15m。

2.1.2 地层岩性

1. 第四系地层

引江济淮工程地表沿线大部分为第四系地层覆盖区。根据工程区古气候、新构造运动以及地貌特征,大致以全椒县石杨、含山县、巢湖市、庐江及磨子潭深断裂一线为界,将工程区第四系分为扬子地层区下扬子地层分区和华北地层区淮河地层分区。

膨胀土地段主要位于华北地层区,地表沿线大部分为第四系地层覆盖。第四系上更新统(Q_3)地层广泛出露于河道地表,以冲积物为主,主要为灰黄、棕黄色重粉质壤土、粉质黏土、轻粉质壤土夹砂壤土,含钙质结核及铁锰小球;第四系全新统(Q_4)地层零星分布于现有河道附近,以冲积物为主,主要为灰黄、灰色重粉质壤土。

2. 基岩地层

基岩种类繁多,埋深变化较大。长江-淮河段,基岩埋深一般为 10~60m,局部直接出露,由老至新分布:前震旦系片麻岩、变粒岩和混合岩;震旦系九里桥组泥灰岩、砂岩;寒武系下统半汤组页岩、粉砂岩;志留系高家边组砂岩夹粉砂质页岩;泥盆系五通组砂岩;三叠系中统铜头山组泥质砂岩、砂质泥岩,扁担山组灰岩;侏罗系上统毛坦厂组流纹质熔结凝灰岩、粗面岩,浮山组粗面岩和粗面火山碎屑岩,砖桥组下段粗面岩与双庙组安山岩,罗岭组砂岩、砾岩,以及象山群砂岩粉砂岩;白垩系下统新庄组、上统宣南组、邱庄组砂岩;下第三系(R)半固结砂岩、砾岩等。岩浆岩主要有燕山期石英正长岩、花岗岩和正长斑岩等。基岩主要为白垩系(K)粉、细砂岩,泥岩,泥质粉砂岩等。

2.1.3　地质构造及地震

工程区位于中朝准地台、扬子江淮地台及秦岭地槽褶皱系的交接部位。工程区地质构造主要发育有东西向和北北东向断裂。根据《中国地震动参数区划图》(GB 18306—2023),引江济淮大部分区段的基本地震动峰值加速度为 $0.10g$,相应的基本烈度为Ⅶ度,少部分区段的基本地震动峰值加速度为 $0.05g$,相应地震基本烈度为Ⅵ度。

2.1.4　地下水特征

菜巢、江淮分水岭主要位于巢湖、合肥地区,属亚热带与温带过渡区,平均气温为 14～17℃,年降水量为 900～1200mm,其中,夏季(6～8月)降水量平均为470mm,约占全年降水量的 45%。

工程区大部位于江淮分水岭南侧,属长江水系,主要受大气降水补给,向长江排泄。该段地下水多为上层滞水或裂隙水,水位变化较大,随季节和补给情况而变化。上层滞水主要分布在浅层的黏性土孔隙或裂隙中,具有水量少、时令性强、水位变化大的特点,雨季水位较高,旱季埋藏较深,并和地面高低有关。主要受大气降水补给,以蒸发和向区内地势较低处排泄。裂隙水一般储存于裂隙黏土、基岩风化带裂隙内,多呈带状或层状,其富水程度视补给源、裂隙发育程度及充填物成分、胶结程度等情况而定,富水性一般较贫乏,如补给源充足,断裂构造带的裂隙水一般较丰富。该类地下水大部分承压,局部无压或低压。

2.2　膨胀土分布

引江济淮工程膨胀土主要分布在淮河以南,在全长 723km 的河渠工程中有约124km 渠段分布有弱、中等膨胀潜势的膨胀土及少量具弱膨胀性的泥岩(崩解岩),

主要分布在菜巢、江淮分水岭,以及小合分线的岗地段。[1-4]其中,菜子湖线路约42.4km,小合分线约16.598km,江淮沟通段约65.0km。菜子湖线路膨胀土分布示意如图2-2-1所示,江淮沟通段膨胀土分布示意如图2-2-2所示。引江济淮工程输水线路膨胀土分布统计见表2-2-1所列。由表可知,在菜子湖线路、小合分线和江淮沟通三段线路中,膨胀土均有大量分布,而江淮沟通段膨胀土分布最长,膨胀土边坡高度也最大;菜子湖线路最短,局部有强膨胀土分布,但强膨胀土长度很短;小合分线的中膨胀土占比最大。

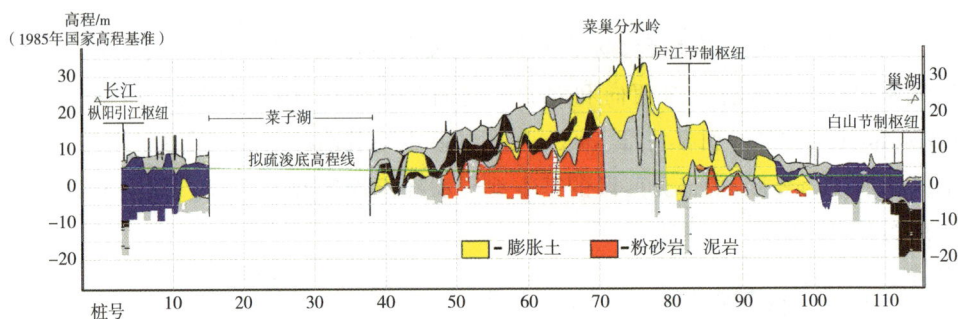

图2-2-1　菜子湖线路膨胀土分布示意

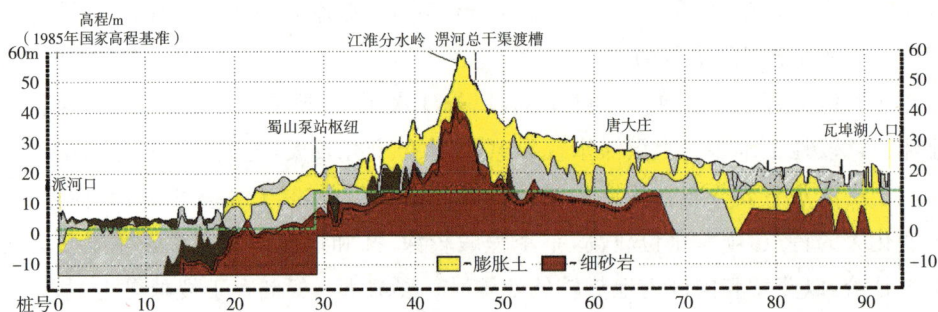

图2-2-2　江淮沟通段膨胀土分布示意

表2-2-1　引江济淮工程输水线路膨胀土分布统计

线路	弱膨胀土		中膨胀土		合计/km	线路膨胀土膨胀土总长	线路膨胀土线路总长
	长度/km	弱/弱+中+强	长度/km	中/弱+中+强			
菜子湖线路	34.1	80.4%	8.3	19.6%	42.4	34.2%	37.5%
小合分线	12.398	74.7%	4.2	25.3%	16.598	13.4%	91.7%

（续表）

线路	弱膨胀土		中膨胀土		合计/km	线路膨胀土膨胀土总长	线路膨胀土线路总长
	长度/km	弱 / 弱+中+强	长度/km	中 / 弱+中+强			
江淮沟通段	55.04	84.7%	9.96	15.3%	65.0	52.4%	41.9%
合计	101.538	81.9%	22.46	18.1%	123.998	10%	43.3%

工程膨胀土分布区域的主要地貌形态为江淮低山丘陵、沿江冲积平原及淮北冲积平原，呈低山丘陵、岗地、圩畈平原等基本形态，地形坡度平缓，一般小于15°，无明显自然陡坎。据地勘资料统计，膨胀土地段河渠的桩号、所属标段、渠段长度、边坡高度、膨胀土层切深、膨胀等级、地层特点见表2-2-2所列。由表可知，膨胀土地段膨胀等级以弱膨胀性为主，地层结构均呈上土（第⑤层黏性土层，一般具弱膨胀性）下岩（膨胀性泥岩或砂岩崩解岩）结构，工程涉及的挖方地段边坡高度以菜巢分水岭和江淮分水岭较高，分别达到32m和46m，膨胀土层切深较大处为桩号F72+240～F74+300（C006-1标段）和桩号J43+600～F46+000（J007-2标段），分别达到23m和21m。其中，膨胀土分布最长地段位于桩号J3+240～J18+200，长度为26.29km，但最大坡高仅为8m，且主要以弱膨胀性为主。

表 2-2-2　膨胀土地段河渠统计表

线路	序号	桩号	长度/km	坡高/m	⑤层切深/m	膨胀等级	备注
菜子湖线路	1	F41+900～F45+000	3.1	5～8	1～5	弱	—
	2	F53+800～F59+000	5.2	10～15	2～6	弱	切岭段
	3	F59+000～F61+600	2.6	13～16	2～8	弱	
	4	F61+600～F68+500	6.9	15～25	4～10	弱	
	5	F68+500～F73+300	4.8	20～33	6～23	中	
	6	F73+300～F74+300	1.0	20～23	5～8	弱	
	7	F74+300～F77+800	3.5	20～32	5～15	中	
	8	F77+800～F81+000	3.2	15～20	5～15	弱	
	9	F81+000～F84+000	3.0	10～15	8～12	弱	—
	10	F84+000～F87+700	3.7	6～14	6～12	弱	—
	11	F90+800～F92+500	1.7	5	2～5	弱	—
	12	F92+500～F94+200	1.7	5～6	2～5	弱	—
	13	F97+000～F99+000	2.0	4～5	2～4	弱	—

（续表）

线路	序号	桩号	长度/km	坡高/m	⑤层切深/m	膨胀等级	备注
小合分线	1	PX3＋950～PX6＋300	2.35	4～10	0～8	弱	—
	2	PX6＋300～PX8＋700	2.4	5～10	2～6	弱	—
	3	PX8＋700～PX10＋700	2.0	5～8	3～6	弱	—
	4	PX10＋700～PX12＋700	2.0	6～10	5～10	弱	—
	5	PX12＋700～PX14＋400	1.7	6～12	0～9	中	岗地
	6	PX14＋700～PX16＋700	2.0	6～7	0～13	弱	—
	7	PX16＋700～PX18＋300	1.6	13～18	13～18	中	岗地
	8	PX18＋300～PX19＋100	0.8	7～14	7～14	弱	—
	9	PX19＋100～PX20＋000	0.9	13～15	13～15	中	岗地
	10	PX20＋000～PX20＋848	0.848	7～8	2～6	弱	—
江淮沟通段	1	J0＋000～J4＋600	4.6	4～7	1～2	弱	
	2	J4＋600～J6＋400	1.8	3～7	2～5	中	
	3	J7＋300～J11＋500	4.2	3～8	1～5	弱	
	4	J15＋000～J16＋700	1.7	3～8	1～4	弱	
	5	J18＋500～J30＋000	11.5	6～18	1～8	弱	切岭段
	6	J30＋000～J33＋700	3.7	9～19	3～9	中	
	7	J33＋700～J35＋100	1.4	15～20	5～11	弱	
	8	J35＋100～J41＋260	6.16	15～21	5～15	弱	
	9	J41＋260～J41＋720	0.46	20～23	12	中	
	10	J41＋720～J43＋500	1.78	22～30	9～20	弱	
	11	J43＋500～J47＋500	4.0	25～46	6～22	中	
	12	J47＋500～J51＋200	3.7	20～30	5～19	弱	
	13	J51＋200～J53＋500	2.3	18～21	4～20	弱	
	14	J53＋500～J62＋500	9.0	13～19	4～16	弱	
	15	J63＋100～J68＋800	5.7	10～13	0～12	弱	
	16	J69＋300～J70＋500	1.2	8～11	1～12	弱	
	17	J93＋500～J94＋000	0.5	10～11	5～12	弱	—
	18	J151＋350～J152＋650	1.3	3～5	1～3	弱	—

表 2-2-3 为代表性地段膨胀土地层分布情况。从土性上看,沿线膨胀土地层大多为第四系 Q_3^{al} 重粉质壤土、粉质黏土,即表中地质编号为第⑤层的黏性土层,土层厚最大超过 20m。所有渠段均在渠底附近有基岩出露。

表 2-2-3　代表性地段膨胀土地层分布

标段	桩号	土性	膨胀土层厚	膨胀性	基岩
C005	F67+450～F72+240	Q_3^{al} 重粉质壤土、粉质黏土，局部夹中至轻粉质壤土，含铁锰质结核，灰黄、棕黄、灰等色，硬至可塑状，中等压缩性	0.8～23.30m	弱至中	粉砂岩、细砂岩或全、强风化片麻岩
C006	F72+240～F82+000		1.0～23.60m	弱至中	白云岩、片麻岩或花岗岩、石英正长岩
Y003 标段	PX6+156～PX20+848		最大层厚超过 15m	自由膨胀率 20.0～93.5%，平均 61.5%	泥质粉砂岩
J007-1	J41+681.7～J43+600		2.50～19.60m	弱～中	粉砂岩、细砂岩、泥岩
J007-2	J43+600～J46+000		8.50～21.60m	中膨胀性	粉砂岩、细砂岩、泥岩

2.3　深切岭段渠道边坡工程地质特征

引江济淮工程深切岭段膨胀土边坡主要包括菜巢分水岭和江淮分水岭两段。[5-7] 其中，菜巢分水岭主要位于在 C005 和 C006 两个标段，边坡高度为 18～30m；江淮分水岭主要位于 J007-1 和 J007-2 两个标段，边坡高度为 20～46.4m。根据初步设计地质勘察，结合施工开挖所揭示的地层情况，汇总统计分析典型代表性膨胀土地段深切岭边坡结构面空间分布情况，见表 2-3-1 和表 2-3-2 所列。

2.3.1　菜巢分水岭

菜子湖引水线路分属菜子湖和巢湖两个分流域，均属长江水系。菜巢分水岭的北东侧为巢湖流域，南西侧为菜子湖流域。表 2-3-1 为菜巢分水岭输水渠道膨胀土边坡工程地质汇总。

表 2-3-1　巢湖分水岭输水渠道膨胀土边坡工程地质汇总

渠段	长度/km	岸别	标段	边坡高/m	膨胀土特点	岩坡高/m	结构面倾角/°	结构面类型及发育程度	结构面渗水情况
F67+050~F67+450	0.40	左岸	C005-1	22~28		3.6~8.5	25~40	主要为侏罗系全~弱风化粉砂岩,全风化呈砂状,强风化呈碎块~块状,以层面为主,不发育	—
F67+050~F67+450	0.40	右岸	C005-1	22~28		3.6~9.2	25~40		—
F67+450~F69+950	2.50	左岸	C005-2	22~28		6.2~13.3	35		坡面局部潮湿
F67+450~F69+950	2.50	右岸	C005-2	22~28	弱、中等膨胀土,棕黄色,小裂隙发育较多,同时少量发育有长大裂隙和大裂隙,平直光滑或起伏光滑,以缓倾角为主	6.2~13.9	35		坡面局部潮湿
F69+950~F70+420	0.47	左岸	C005-2	25~30		8.3~16.6	—	为一断层破碎带,主要岩性有千枚岩、片麻岩、混合岩等,以构造裂隙为主,裂隙较发育	局部渗水
F69+950~F70+420	0.47	右岸	C005-2	25~30		8.3~17.6	—		局部渗水
F70+420~F72+840	2.42	左岸	C006-2	18~30		7.8~14.6	20~50	主要为全~弱风化片麻岩,结构面以片麻理为主,不发育	雨后局部渗水
F70+420~F72+840	2.42	右岸	C006-1	18~30		7.8~15.2	20~50		雨后局部渗水
F72+840~F76+700	3.86	左岸	C006-1	18~30		7.2~18.6	20~50		雨后局部渗水
F72+840~F76+700	3.86	右岸	C006-2	18~30		7.2~18.8	20~50		雨后局部渗水
F76+700~F79+000	2.30	左岸	C006-2	18~30		7.9~15.3	20~50		雨后局部渗水
F76+700~F79+000	2.30	右岸	C006-2	18~30		7.9~15.6	20~50		雨后局部渗水

表2-3-2　江淮分水岭输水渠道边坡工程地质汇总

渠段	长度/km	岸别	标段	边坡高/m	膨胀土特点	岩坡高/m	结构面倾角/°	结构面类型及发育程度	结构面渗水情况
J41+681.7~J42+900	1.2183	左岸	J007-1	23~25	弱、中等膨胀土,棕黄、褐黄色。小裂隙较发育,同时少量发育有长大裂隙和大裂隙,裂隙面常附灰白色薄膜,以缓倾角为主,少部分为中等、陡倾角	10~18	10~13	主要为粉砂岩夹泥,砂岩呈中厚层结构,上部泥岩夹层分布较多,局部呈互层状,二级平台一下也有分布,以夹层型式发育,层面较发育	沿土岩界面、层面及裂隙,坡面断续渗水,局部长期渗流水,暴雨后长线状流水,出逸点在三级坡一级坡
J42+900~J42+950	0.05	左岸	J007-1	25~28		15~17	10~13		
J42+950~J43+275	0.325	左岸	J007-1滑坡段	26~30		16~21	10~12	岩石主要出露于三级平台以下,为粉砂岩,二级平台以下,砂岩呈中厚层结构,上部泥岩夹层分布较多,局部呈互层状,二级平台以下也有分布较多,平台以下发育,层面发育,且多层滑动,滑动面多为泥岩层面,且多层滑动,清动面最深从河渠坡脚剪出	沿层面存在渗水现象,清动面一般渗水潮湿,出逸点自三级坡至一级坡,暴雨后局部局部在线状流水
J43+275~J43+350	0.075	左岸	J007-1	28~30		20~22	10~15	粉砂岩夹泥岩,砂岩呈中厚层结构,上部泥岩较多,局部呈互层状,二级平台以下分布较多,层面发育	沿土岩界面、层面及裂隙,存在渗水现象,坡面断续,局部长期渗水,出逸点自三级坡至一级坡
J43+600~J44+230	0.25	左岸	J007-1	30~33		21~22	10~15		
J43+600~J44+230	0.63	左岸	J007-2	36~39		22~31	10~15		

（续表）

渠段	长度/km	岸别	标段	边坡高/m	膨胀土特点	岩坡高/m	结构面倾角/°	结构面类型及发育程度	结构面渗水情况
J44+230~J44+330	0.10	左岸	J007-2 开裂段	39~39.5	弱、中等膨胀土，棕黄、褐黄色。小裂隙发育较多，同时少量发育有长大裂隙和大裂隙	26~32	12~15	粉砂岩夹泥岩，砂岩呈中厚层结构，上部泥岩夹层分布较多，局部呈互层状，二级平台以下也分布较多，层面发育	沿土岩界面、层面及裂隙，坡面断续存在渗水现象，局部长期渗水，出逸点自三级坡至一级坡，现场可见雨水顺张拉裂缝流入，顺层间结构面于下部流出
J44+330~J44+570	0.24	左岸	J007-2	44~46.4	表面常附灰白色膜，以中等、缓倾角为主，少部分为中等、陡倾角	27~31	12~15	粉砂岩夹泥岩，砂岩呈中厚层结构，上部泥岩夹层分布较多，局部呈互层状，二级平台以下也分布较多，层面发育	沿土岩界面、层面及裂隙，坡面断续存在渗水现象，局部长期渗水，出逸点自三级坡至一级坡
J44+570~J44+700	0.13	左岸	J007-2 开裂滑动段	43~44.5		24~27	12~15		
J44+700~J45+400	0.70	左岸	J007-2	42~44		23~26	12~15		

（续表）

渠段	长度/km	岸别	标段	边坡高/m	膨胀土特点	岩坡高/m	结构面倾角/°	结构面类型及发育程度	结构面渗水情况
J45+400～J46+700	1.30	左岸	J007-2 J008-2	30～42	弱、中等膨胀土，棕黄、褐黄色。小裂隙发育较多，同时有长量发育大裂隙和大裂隙，表面常附灰白色膜，以缓倾角为主，少部分为中等、陡倾角	15～22	12～13	为粉砂岩夹泥岩，砂岩呈中厚层结构，泥岩以夹层形式分布，层面发育	沿土岩界面、层面及裂隙、坡面断续存在渗水现象，局部长期渗水，出逸点自三级坡至一级坡
J41+681.7～J42+900	1.2183	右岸	J007-1	23～28		10～18	10～13	粉砂岩夹泥岩，砂岩呈中厚层分布，上部泥岩夹层分布较多，局部呈互层状，三级平台以下也分布较多，层面发育	沿土岩界面、层面及裂隙、坡面断续存在渗水现象，局部长期渗水，出逸至三级坡
J42+900～J43+240	0.34	右岸	J007-1	28～30		15～21	10～13		
J43+240～J43+600	0.36	右岸	J007-1	28～30		21～22	15～18		
J43+600～J45+400	1.80	右岸	J007-2	35～46.4		22～31	12～15		
J45+400～J46+700	1.30	右岸	J007-2 J008-2	30～42		15～22	12～13	粉砂岩夹泥岩，砂岩呈中厚层结构，泥岩以夹层形式分布，层面发育	沿土岩界面、层面及裂隙、坡面断续存在渗水现象，局部长期渗水，出逸点自三级坡至一级坡

2.3.2　江淮分水岭

江淮沟通段南起派河口,北至东淝河入淮口。地形大致以江淮分水岭为界,分别向东南、北两侧倾斜,其中引江济淮工程经过的江淮分水岭附近高程为 55～65m,向北至淮河南岸为 19～20m,向东南至巢湖北岸为 6～20m。表 2-3-2 为江淮分水岭输水渠道膨胀土边坡工程地质汇总。

参考文献

[1] 安徽省水利水电勘测设计院,中水淮河规划设计研究有限公司,安徽省交通勘察设计院有限公司,等 . 引江济淮工程可行性研究报告[R]. 合肥:2016.

[2] 安徽省水利水电勘测设计院,引江济淮工程小合分线 Y3 标施工图阶段工程地质勘察报告[R]. 合肥:2018.

[3] 安徽省水利水电勘测设计院,引江济淮工程 Y1 标(小合分线庐江段及白山节制枢纽)施工图阶段工程地质勘察报告[R]. 合肥:2018.

[4] 李涛 . 引江济淮工程江淮分水岭膨胀土治理方案优选[J]. 江淮水利科技,2018(3):12-14.

[5] 长江水利委员会长江科学院 . 引江济淮工程膨胀土地段生态河道关键技术研究总报告[R]. 武汉:2022.

[6] 安徽省引江济淮工程有限责任公司,中铁四院,河海大学,等 . 引江济淮试验工程科研成果报告[R]. 合肥:2017.

[7] 甘旭东,龚壁卫,胡波,等 . 引江济淮工程江淮分水岭软弱夹层对边坡稳定的影响研究[J]. 长江科学院院报,2022,39(6):145-149.

第3章

膨胀土渠道边坡破坏机理

　　膨胀土边坡失稳的案例在渠道工程中并不罕见,20 世纪 70 年代引汉工程陶岔上游引渠施工期曾发生 13 处滑坡,而且,该工程在运行近 30 年后,仍发生了规模较大的滑坡;南水北调中线工程南阳段施工期开挖边坡曾发生多处失稳;安徽省㴖史杭灌区、驷马山引江工程等工程在运行多年后仍时有滑坡出现。2020 年 2—7 月,引江济淮工程江淮沟通段渠道在施工开挖过程中,膨胀土地段局部深挖方河渠边坡先后发生四次较大规模的滑坡。这些边坡失稳的案例均反映出岩土的特殊性。为此,国内外研究学者曾根据膨胀土边坡的破坏现象,将其破坏现象和共同规律归纳为以下特征。[1]

　　(1)浅层性:滑坡深度与各地膨胀土边坡的大气影响深度基本一致。

　　(2)逐级牵引性:滑坡先在坡脚局部破坏,然后自坡脚逐级向上牵引发展,形成多层次滑动面。

　　(3)缓坡滑动:膨胀土的稳定坡比一般黏性土边坡更缓,坡比为 1∶4 的边坡仍有失稳的案例。

　　(4)季节性:膨胀土边坡失稳绝大多数发生在大雨期间或雨后,可见降雨是主要的外部诱发因素。

　　上述对膨胀土边坡破坏现象的描述尚不是从其滑坡的力学机制上进行分析的,而仅仅是从滑坡的表观现象或外部因素进行归纳。一般认为,膨胀土的边坡破坏源于膨胀土的超固结性、裂隙性和胀缩性,而卸荷、降雨和地下水位的变化,是引起边坡失稳的主要机制。有学者认为,超固结膨胀土边坡的破坏是逐渐的,其抗剪强度并非在整个滑动面上同时发挥。即由于结构面的存在和开挖边坡所产生的应力释放,造成膨胀土强度的不均匀性和应力差异,当土中某一点的剪应力增加到等于该点的抗剪强度时,该点产生剪切破坏,这种破坏逐渐传播,最后引起坡体的整体滑动。刘特洪在其《工程建设中的膨胀土问题》中比较详细地描述了渐进破坏理论,他认为渐进破坏是指土体内的结构面破坏而发展相连的破裂滑动面,它包含两种可能的滑动形式:一是从坡脚到坡顶产生多级滑坡台阶的牵引式滑坡;二是多层结构土体在发生变形过程中,往往伴随着上层对下伏土层的牵引力形成了多级滑坡[1]。在这里,他强调了渐进破坏的两个重要的特征,即沿结构面而发展的破裂滑动面和变形过程产生的牵引作用。

郑健龙等在分析了广西宁明南友路路堑滑坡机理后认为,膨胀土路堑边坡破坏有三种类型:受风化作用层控制的浅表层破坏、受裂隙软弱结构面控制的浅层破坏和受层间软弱结构面控制的破坏。[2]郑健龙等认为,膨胀土地区自然边坡中存在受干湿循环影响的剧烈活动带,开挖卸荷、干湿循环等导致活动带下移,从而形成新生的路堑边坡下层活动带,边坡在干湿循环的过程中逐渐破坏,形成浅层、牵引式滑动。此外,还有观点认为,膨胀土的干湿循环将使边坡浅层范围内土体开裂,导致该深度以内土体强度降低,雨水进入裂隙产生渗流压力,最终发生滑动;而裂缝开展深度以下,土体完整,无裂隙,为高强度区,因此,滑坡表现为浅层滑动。

膨胀土是一种遇水膨胀失水收缩、裂隙发育的特殊性黏土,膨胀土地区边坡破坏现象既普遍又特殊。而水利工程,尤其是渠道工程的破坏更为严重,常常出现的破坏形式有衬砌变形、渠坡坍塌和整体滑动失稳等。为此,本书通过对鄂西北、皖西及合肥、南阳盆地等地典型膨胀土渠道的滑坡调查,深入分析这些渠道渠坡的滑动的内在机制,并运用模型试验和数值分析等研究手段,从滑坡失稳破坏的物质特性及力学机制中探寻具有共性的失稳机理。

3.1　膨胀土渠坡破坏典型案例分析

3.1.1　引汉工程陶岔引渠渠坡失稳

引汉工程陶岔上游引渠开挖于 20 世纪 70 年代,工程施工期间,开挖到地层中裂隙发育的 Q_3 黏土层时,在渠坡为 1∶4～1∶5 的情况下仍然发生滑坡,并且滑坡先在结构面层面附近的小范围开始,随即逐渐向上发展,滑动范围逐渐增大,形成牵引式滑动。在随后的两年间,在 4.4km 范围内陆续出现了 13 处滑坡,通过对这 13 处滑坡的系统研究,认为这些滑坡多发生在中更新统 Q_2、Q_3 不同的地质层面上,且这些地层原生裂隙发育,并伴有厚度 1mm 以上的灰白或灰绿色充填物。[3-4]

大约 30 年后,2005 年,在其下游约 1km 处,在坡比为 1∶3～1∶3.5 的情况下,再次发生大型滑坡。[5]滑坡体呈宽扇状分布,后缘位于渠道右岸渠肩,前缘由渠底剪出。滑体东、西两侧均以小陡坎与渠坡相接,坎高为 0.2～0.5m 不等。滑坡体前缘宽约 350m,后缘宽约 200m,南北最大长度约 130m,体积约 35×10^4～$40 \times 10^4 m^3$,如图 3-1-1 所示。

图 3-1-1　陶岔渠首滑坡

勘察发现,滑坡后缘段滑床为 Q_3、Q_2 粉质黏土,具有弱至中膨胀性,拉裂面倾角较陡,为 45°～70°;滑坡中、后部以 Q_2 粉质黏土为主,具有弱至中膨胀性,部分为 Q_1 黏土,具有中至强膨胀性;滑坡前、中部滑床为 N 黏土岩,滑面平缓,倾角 0°左右。在滑坡前缘,滑面略微反倾,如图 3-1-2 所示。

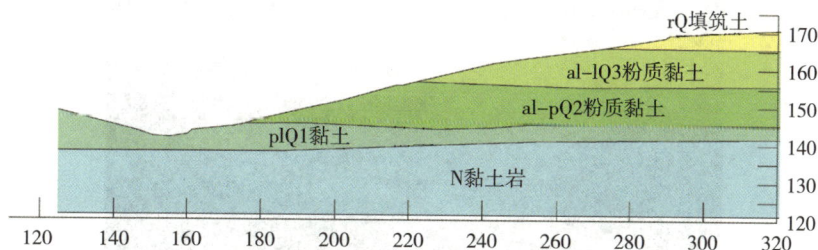

图 3-1-2　滑坡剖面图[5]

分析滑坡的地质特征认为:滑坡区坡脚主要由中至强膨胀性的 Q_1 黏土组成,厚度为 2～5m,上部 Q_2、Q_3 粉质黏土垂直裂隙发育,Q_1 黏土相对上部 Q_2 粉质黏土和下部 N 黏土岩相对软弱,且 Q_1 黏土上下又有相对透水的铁锰质结核层分布,有利于黏土软化。滑坡底部沿 Q_1/N 界面有发育的软弱带成为潜在的滑动面。

3.1.2 枣阳膨胀土渠坡失稳

湖北省枣阳市大岗坡二级泵站是鄂北岗地的水利骨干工程。由于灌区地处南襄盆地，并分布有深厚的膨胀土层，工程自运行以来多次出现渠坡失稳和建筑物开裂等险情。据资料，该泵站输水渠道挖方段渠坡高约 20 m，底宽约 5m，坡比为 1：2.5。渠道地基土层为中更新统冲洪积膨胀土，自由膨胀率为 58%～88%，坡面上半部裂隙发育，并有灰白色黏土充填，形成具有蜡状光泽的成层裂隙面。底层富含钙质结核，并伴有豆状铁锰结核。据分析，该地区膨胀土成因是南襄盆地边缘的岩石由于风化、剥蚀等物理作用，经冲积或洪水的搬运沉积，并在碱性介质的环境中逐渐形成。现土层中黏土矿物成分以水云母（伊利石）和蒙脱石、蛭石为主。母岩以石英为主。在工程运行期曾发生输水管管坡坍塌，垂直裂缝局部深达地表以下 70～100cm。

1997 年和 2000 年，长江科学院联合武汉大学、香港科技大学先后两次在湖北枣阳大岗坡二级泵站开展了膨胀土渠坡的现场降雨试验，对降雨过程中膨胀土渠坡的变形和应力状态进行了比较系统的试验、观测，对渠坡的破坏机理进行了分析。[6-7]认为渠坡地层中的裂隙面是渠坡变形和滑坡的主要控制因素（见图 3-1-3），而降雨只是加速了滑动的过程。此外，现场土压力监测还揭示降雨将导致顺坡向土压力增大的规律，从而证实了膨胀变形引起土层剪应力增大的事实。[8-9]

图 3-1-3 枣阳渠坡失稳及裂隙面

3.1.3 皖西渠道边坡滑坡特征

淠史杭灌区地处长江和淮河之间的丘陵区，于 1958 年 8 月 19 日开工建设，

1972 年基本建成通水。渠道穿行于岗冲之间,逢岗切岭,遇冲筑坝。竣工数年后,切岭段渠坡开始出现滑坡崩塌,并逐年增多以致堵塞渠道。经过多年探索,人们吸取经验教训,逐渐认识到滑坡起因于丘陵地带存在的 10～15 m 厚的坚硬膨胀土层。皖西膨胀土划分为中或强的胀缩土,富含蒙脱石和伊利石,遇水膨胀失水收缩。在漫长的地质年代中遭受过各种成因的侵蚀,一般都具有较大的先期固结压力和侧向压力。淠史杭灌区典型滑坡主要有长堰滑坡、白沙岭滑坡、张大庄滑皮、淠河总干渠高桥滑波和瓦东干渠新增滑坡。[10]

1. 长堰滑坡

1)现场调查

根据野外调查和勘探成果,长堰滑坡位于淠杭干渠左岸桩号 12＋492～12＋784,滑坡段总长约 292m。在该段内存在两处滑坡体。

第一处滑坡体位于交通桥至上游 64m,滑坡体平行渠道方向宽约 70m,垂直渠道方向长度约 35m,滑体前缘至渠底或渠底上 20cm 处尖灭,渠底未见隆起或滑坡舌土体。滑坡后部有圈椅状滑坡壁,坡面呈台阶状,上部陡,中下部变缓。渠坡面最大切深为 4.25m,一般切深为 1.3～2.65m,滑坡后滑壁高度为 0.3～0.7m,侧壁高度为 0.10～0.40m,中下部不明显,滑壁后侧及两侧一般均具有裂缝,宽度为 5～40cm 不等。

第二处滑坡体位于电站附近,距第一处滑坡体上游 60～90m,滑坡体平行渠道方向长 127m,垂直渠道方向长 11～30m,滑体前缘已将渠底护坡块体推翻,渠底未见隆起或滑坡舌土体。坡面最大切深为 5.80m,一般切深为 2.1～4.10m。滑坡后部有圈椅状滑坡壁,坡面呈台阶状,上部陡,中下部变缓。滑坡后壁高度为 0.3～0.6m,侧壁高度为 0.05～0.30m,中下部不明显,滑壁后侧及两侧一般均具有裂缝,宽度为 5～20cm 不等。经滑坡体中探坑揭露,滑坡带内的土比滑床土含水率大得多,且结构松软。

根据现场调查,两处滑坡体整体形态基本清晰,滑坡轮廓可辨滑坡体主要由粉质黏土组成,下部先滑,使上部失去支撑而变形滑动,呈现上小下大的塔式外貌,横向张裂隙发育,表面呈阶梯或陡坎状,滑动深度小于 10m。据滑坡变形特征和运动形式分析,该滑坡属浅层牵引式滑坡。滑坡舌未进入渠道内。淠杭干渠长堰滑坡如图 3-1-4 所示。

2)地层岩性

该滑坡段在勘探深度范围内,揭露岩性为粉质黏土或重粉质壤土(Q_3^{al}),厚度大于 10m,呈黄、褐黄色,局部夹灰白色,表层结构松散或可塑状态,碎裂状裂隙、竖向小孔发育，孔内侧充填白色泥，多数孔上下连通性好，长为10～30cm。滑带下粉质黏土或重粉质壤土，硬塑至坚硬状态，结构密实，含铁锰结核。可见竖向小孔，孔壁中充填灰白色泥。根据试验资料分析，该土自由膨胀率为20%～81%，具有弱至中等膨胀潜势。根据静力触锥尖阻力值和钻孔资料，第一滑坡体滑坡面最大切深为4.25m，一般切深为1.3～2.65m，第二滑坡体坡面最大切深为5.80m，一般切深为2.1～4.10m。滑坡带处土的锥尖阻力为0.5～0.6MPa，滑床中土的锥尖阻力在1.5MPa以上。通过探坑揭露的滑坡面(或带)，带内土质松软、湿、滑，带内存有滞水；滑床土质坚硬，呈稍湿状态。

图3-1-4　淠杭干渠长堰滑坡

2. 白沙岭滑坡

1)现场调查

根据野外调查和勘探成果，白沙岭滑坡位于淠杭干渠右岸桩号21+192～21+306，滑坡段总长约114m。滑坡体平行渠道方向宽91m，垂直渠道方向长度为16～28m，滑体前缘已进入渠内1m左右。滑坡后部有圈椅状滑坡壁，坡面呈台阶状，上部陡，中下部变缓。滑坡后滑壁高度为0.3～0.8m，侧壁高度为0.10～0.50m，滑壁后侧及两侧均具有裂缝，宽度为5～15cm不等。滑坡体整体形态基本清晰，滑坡轮廓可辨滑坡体主要由粉质黏土组成，滑坡体张裂隙发育，形状为上小下大的塔形，据滑体运动性质分析，滑坡属浅层牵引式滑坡。

2)地层岩性

该滑坡段在勘探深度范围内，揭露岩性为粉质黏土或重粉质壤土(Q_3^{al})，黄、褐黄色，局部夹灰白色，表层呈松散或可塑状态，碎裂状裂隙发育，竖向小孔发育，孔内侧充填白色泥。滑床部位粉质黏土或重粉质壤土，硬塑至坚硬状态，结构密实，含铁锰结核，可见竖向小孔，孔壁中充填灰白色泥质。根据试验资料，该类土自由膨胀率为20%～81%，具有弱至中等膨胀潜势。根据静力触锥尖阻力值和钻孔资料,滑坡面深度为 2.1~1.75m。滑坡面(带)上锥尖阻力为 0.4~0.6MPa。滑坡带内土质松软、湿;滑床土质坚硬,锥尖阻力为 1.0~3.8MPa,呈稍湿状态。滑带内存有滞水。

3. 张大庄滑坡

1)现场调查

根据野外调查和勘探成果,张大庄滑坡位于渭杭干渠左、右岸桩号 31+400~31+480,沿渠道滑坡段总长约 80m。左岸滑坡体平行渠道方向长22.4m,垂直干渠河道方向长度长约 13.0m,滑体前缘入渠内 0.5m 左右。滑坡后部有圈椅状滑坡壁,坡面呈台阶状。滑坡后壁高度为 0.3~0.7m,侧壁高度为0.10~0.4m,滑壁后侧及两侧一般均具有裂缝,宽度为 5~15cm 不等。右岸滑坡体平行渠道方向长约 35.0m,垂直干渠河道方向长度长约 24m,滑体前缘入渠内 0.5m 左右。滑坡后部有圈椅状滑坡壁,坡面呈台阶状。滑坡后壁高度为0.2~0.7m,侧壁高度为 0.15~0.4m,滑壁后侧及两侧一般均具有裂缝,宽度为2~10cm 不等。

经现场调查滑坡体整体形态基本清晰,滑坡轮廓可辨滑坡体主要由粉质黏土或重粉质壤土组成,从滑坡变形特征和运动性质分析,滑坡属浅层牵引式滑坡。滑坡舌已进入渠道内。

2)地层岩性

该滑坡段在勘探深度范围内,揭露岩性为粉质黏土或重粉质壤土(Q_3^{al}),黄、褐黄色,局部夹灰白色,可塑状态,碎裂状裂隙发育,竖向小孔发育,孔内侧充填白色泥。下部粉质黏土或重粉质壤土,硬塑至坚硬状态,结构密实,含铁锰结核。可见竖向小孔,小孔中沿孔壁充填有灰白色泥。该层土自由膨胀率为 20%~81%,具弱至中等膨胀潜势。通过静力触锥尖阻力值和钻孔资料,滑坡面最深处 1.75~2.1m。滑坡面上锥尖阻力为 0.4~0.6MPa。通过钻探揭露滑坡带内土质松软,湿;滑床土质坚硬,锥尖阻力为 1.0~3.8MPa,呈稍湿状态。滑带内存有滞水。

4. 渭河总干渠高桥滑坡

高桥切岭位于渭河总干渠 83+800~84+200 处,该渠段为高切岭地段,渠道边坡较高,切岭最大高差为 16m。2010 年,高桥切岭发生了轻微滑坡,后基本稳定,但排水沟毁坏断裂,坡面裂缝明显。2015 年 5、6 月份连续几场暴雨,致使坡面再次失稳,目前滑坡土体已滑入渠底,并且滑坡有持续发展的趋势,至今未进行治理,只是采用了雨布遮盖裂缝的临时措施防止滑坡持续扩大。目前 4 处滑坡均出现明显滑塌现象,滑坡体发育较多张性裂隙,裂面贯通,滑坡体继续向渠底方向蠕动变形，原有干砌石护坡损毁严重，存在极大的安全隐患。

2017年，应急治理工程初步设计地质勘察时发现，高桥滑坡总体宽为30～54m，滑坡坡长为13～32m，厚度一般为2～4m。滑坡体前缘分布有滑坡鼓丘，滑舌宽为10～20m，滑舌伸入渠底3～5m，中部呈阶梯状，发育有拉张裂隙，后缘滑坡壁一般高为1～3m。因滑坡，渠道下方干砌石护坡损毁严重，左岸84+120处踏步也发生了断裂。其中高桥左岸1♯滑坡目前处于蠕变阶段，仅局部发生滑动破坏，该处滑坡沿坡面发育拉张裂隙，裂隙长50m左右，裂隙宽为5～20cm、最大宽为30cm。沿裂隙，地表土体局部有塌落解体现象，塌落陡坎高为20～50cm。

现场观察及勘察结果表明，左岸高桥1♯滑坡及右岸高桥2♯滑坡为阶坎状滑坡，滑坡体上有洼坑，地面有裂缝。滑体滑舌已滑至渠道内约2m，滑动带（面）埋藏深度最深在5.2m左右，属浅层至中层滑坡。左岸高桥2♯滑坡及右岸高桥1♯滑坡为阶坎状，滑动带（面）埋藏深度最深在2.6m左右，滑体滑舌已滑至渠道内约1.0m，局部有多次滑动迹象，依据滑坡分类（滑坡体厚度在6m以内，体积为0～5000m³），确定该滑坡为浅层小型滑坡。

根据《高桥滑坡初步设计报告》，该滑坡属浅层牵引及牵引-推移式滑坡，滑裂面（带）为膨胀黏土层中的裂隙黏土，在坡体自重应力、坡形及地下水（上层滞水）的长期作用下，遇暴雨等诱发因素，斜坡土体沿坡体内的贯通裂隙面（滑带），向渠底发生了牵引或牵引-推移式滑坡，如图3-1-5所示。

图3-1-5　渭杭干渠高桥滑坡

5. 瓦东干渠新增滑坡

瓦东干渠灌区位于渭河灌区东北角，东淝河和瓦埠湖以东的江淮分水岭北侧丘陵区。干渠总长108.6km，干渠全线处于江淮分水岭北侧的丘陵地带，渠道线路长、切岭多，干渠建成以来，两岸切岭陆续发生了多处滑坡。2020年汛期，瓦东干渠高刘镇段产生4处滑坡（桩号2+700～14+370），分别是华佗庙切岭滑坡、陈桥填方滑坡、楚塘切岭滑坡和王岗切岭滑坡(见图 3-1-6~图 3-1-8)。滑坡发生后仅进行简单治理,目前,滑坡仍在持续,坡面均出现明显滑塌现象,滑坡体继续向渠底方向蠕动变形。

图 3-1-6　瓦东干渠华佗庙切岭滑坡

1)地层岩性

本区地层属大别山区六安分区。区内河湖相沉积较为发育,新生代以来,新构造运动以间歇性交替升降运动为主,形成了各级阶地以及复杂的第四纪地层。工程区出露及钻孔揭露地层叙述如下。

(1)白垩系下统朱巷组:在淠河以东、六安-合肥以北大部分渠段第四系地层以下有揭露。岩性为棕红色细砂岩、长石石英砂岩夹粉砂质泥岩,局部为砖红、紫红色砂砾岩。

(2)第四系上更新统,主要为褐黄、灰黄、棕黄、灰色粉质黏土、重粉质壤土,含铁锰结核。

(3)第四系全新统,上部以灰、灰黄色重粉质壤土为主,局部夹少量砂壤土及淤泥质土,下部为细砂至中粗砂、砂砾石、卵石等,主要分布于河流两侧及冲洼中。

(4)人工填土,分布于填方段及建筑物附近表层,主要为重粉质壤土或粉质黏土,局部由风化碎屑、残积土组成,土质不均一。

2)工程地质

根据野外地质测绘和勘探结果,本次勘察的 3 处滑坡均存在多个滑坡点,滑坡体规模大小不一,滑坡整体形态基本清晰,滑坡轮廓可辩。各处滑坡土层主要由重粉质壤土、粉质黏土组成,从各处滑坡变形特征和运动性质分析,各滑坡属浅层牵引及牵引-推移式滑坡。

根据勘探成果,滑坡段揭露的地层从上而下有②$_1$屋重粉质壤土和④$_1$层粉质黏土。

图 3-1-7　瓦东干渠楚塘切岭滑坡

图 3-1-8　瓦东干渠王岗切岭滑坡

②$_1$ 层重粉质壤土（Q$_4^{al}$）：局部为粉质黏土，灰黄色，很湿，软可塑，含铁锰质锈斑，自由膨胀率最大值为 85%，平均值为 57%。该层在地表局部钻孔揭露，最大揭露 3.20m。

④$_1$ 层粉质黏土（Q$_3^{al}$）：局部为重粉质壤土，灰黄、棕黄色，滑体软可塑至软塑状，结构松散，自由膨胀率最大值为 80%，平均值为 56%。滑床硬可塑至硬塑，含铁锰质结核。在勘探深度范围内均未揭穿，最大揭露厚度为 15.0m。

3.2　膨胀变形引起的边坡浅层失稳

膨胀土的边坡失稳现象是错综复杂的，有些边坡在开挖过程中失稳，有些边坡在施工完成后或运行期失稳，而有些边坡在运行数年甚至十余年以后才逐渐发生滑动。对此,大多数研究成果认为,主要原因是土层的抗剪强度随时间而衰减,而这种抗剪强度的衰减主要是膨胀土的水敏性和降雨等因素诱发引起的。上述分析无疑有一定的道理,但是,有相当一部分边坡在滑坡后进行反分析发现,实测岩土体强度远远高于反分析强度,说明岩土体强度衰减尚不是膨胀土边坡失稳唯一且主要的原因[11—12]。为此,采用室内物理模型试验再现膨胀土浅层滑坡的发生过程,并依此展开对滑坡机理的分析。

3.2.1　室内模型试验

为了探求膨胀土边坡的失稳机理,在室内开展了大型常重力模型(静力模型试验)和超重力离心模型的边坡模型试验研究。[12—13]同时,结合皖西膨胀土渠道破坏特征,引江济淮工程膨胀性泥岩边坡施工期滑坡的调查分析,以及岩土参数测试、数值模拟等多种手段,再现了膨胀土边坡的失稳过程,找到了不同于一般黏性土边坡失稳的主要原因。[14—15]

静力模型试验在长江科学院研制的大型物理模型试验系统进行,该系统包括钢制模型箱、环境模拟系统、量测系统等。[3]钢制模型箱整体尺寸为 $600cm \times 200cm \times 280cm$(长×宽×高),一侧有八块有机玻璃制成的观察窗,单块窗体尺寸为 $80cm \times 70cm$,如图 3-2-1 所示;环境模拟系统包括降雨发生器、蒸发模拟装置、供排水系统等;量测系统包括各种位移传感器、土压力盒、水分探测仪及流量计等,可对边坡变形、土压力、含水率、水位及流量、温度以及坡面径流等进行实时监测。

图 3-2-1　大型岩土物理模型试验系统

离心试验采用长江科学院 CKY-200 大型岩土离心机,如图 3-2-2 所示,其主要技术性能如下:离心机容量为 $200gt$,最大加速度为 $200g$,有效半径为 $3.7m$。

二维平面应变模型箱尺寸为 1.0m×0.4m×0.8m。

图 3-2-2 200gt 岩土离心机

为最大限度地发挥膨胀变形的作用，特采用取自河北邯郸自由膨胀率 120％的强膨胀土，其基本物理力学指标见表 3-2-1、表 3-2-2 所列。

表 3-2-1 模型试验土的基本物理性质

颗粒组成/mm			液限	塑限	塑性指数	自由膨胀率
粉粒	黏粒	胶粒	W_{L17}/％	W_p/％	I_{P17}/％	δ_{ef}/％
0.075～0.005	<0.005	<0.002				
52.3	47.8	30.8	82.2	32.9	49.3	124

表 3-2-2 模型试验土的力学性质

天然含水率 固结快剪		饱和固结 快剪		天然含水率 快剪		饱和快剪		天然含水率 慢剪		饱和慢剪	
C_{cq}/ kPa	φ_{cq}/ °	C_{cq}/ kPa	φ_{cq}/ °	C_q/ kPa	φ_q/ °	C_q/ kPa	φ_q/ °	C_s/ kPa	φ_s/ °	C_s/ kPa	φ_s/ °
23.8～ 45.1	7.2～ 12.5	4.3～ 24.5	12.2～ 16.0	45.7～ 54.7	3.5～ 6.8	15.7～ 27.8	3.0～ 8.4	28.4～ 52.7	8.1～ 11.7	22.8～ 45.1	7.8～ 12.9

综合考虑模型箱尺寸和原型边坡状态，确定静力模型试验比尺为 1∶1，离心试验比尺为 1∶20。为此，设计静力模型的实际尺寸为 560cm×200cm×250cm（长×宽×高），坡比为 1∶1.5，高为 2m，坡顶宽为 1.75m，地基厚度为 0.5m，坡脚距模型箱边界 0.85m。

边坡填筑土料按照标准的含水率制备方法制备初始含水率 20％，再根据

1.60g/cm^3(对应压实度为0.95)的设计干密度,经人工分层夯实并削坡成型。

为消除膨胀土裂隙以及开挖卸荷等因素对边坡稳定的影响,再现降雨引起的膨胀土失稳过程,试验起始阶段边坡表层未经表面风干过程,模型制作完成后,立即采用多点布设的雾化喷头实施连续的人工降雨。

研究人员对模型边坡土体位移和含水率进行了实时监测。含水率测量有两种方法:一种是分别在坡顶及坡面靠近坡脚部位埋设进口 PR_2 土壤水分探测仪,可测量土体从表层向下连续 0.4m 深度内的含水率变化;另一种是在试验过程中在近坡肩处钻孔取样,测量不同深度土体的含水率。坡面的膨胀变形采用位移传感器进行测量,由坡底向坡顶轴线共设置8个测点,其中,坡顶面测点为L1,坡肩测点为L2,坡脚测点为L7,坡底地基表面测点为L8。此外,还在坡顶和坡中部不同深度布置自制的内部沉降标,进行内部沉降监测。同时,在模型中部断面对应各表面位移测点的位置进行人工钻孔(孔径为3cm,孔深为50cm),在其内部填充细砂,以引导水分尽快渗入边坡,并可以在试验结束后标识并观察边坡内部剪切变形情况。边坡模型试验的监测设备布置示意如图3-2-3所示。

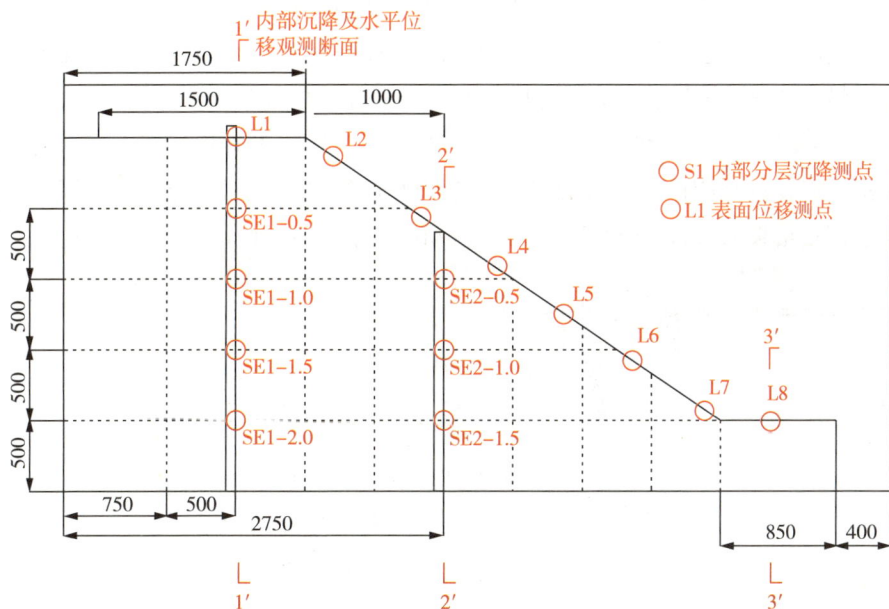

图3-2-3　边坡模型试验的监测布置示意

3.2.2　模型边坡破坏过程

模型制作完成后,埋设相应的观测设备,安装表面位移传感器及降雨设备。降水原则为低强度并连续分布,为此,采取降水阀开 2min 停 10min 的方法,基本保证边坡面不产生表面径流。降雨入渗平均强度根据进水口和排水口的流量计可反算得到约 0.53mm/h。降雨过程历时多日,其中,虽然有阶段性降水停歇期,但由于室内模型箱中的温度和湿度变化不大,因此,可以认为边坡土体并未经历干湿循环过程。

降雨过程中通过监测仪器实时观测边坡含水率及变形发展情况。试验持续约 18 天,后边坡发生整体塌滑。

边坡在降雨过程中发生的典型现象简要描述如下:试验开始 44h 后,边坡下部(距坡脚约 0.5m 高处)首先发生横向裂缝,可观察到裂缝下方土体明显向坡脚处滑移堆积,说明此时边坡在坡脚附近已局部失稳。随降水持续,裂缝进一步向两侧扩展,从模型箱侧面观察窗可发现中下部位的坡体内部已产生多处局部拉裂隙,同时,坡顶也产生贯穿性的张拉裂缝。至试验 384h,边坡上部近坡肩部位出现第三条贯穿性横向裂缝,边坡下部个别测点 L4 和 L5 已发生较大位移而被破坏。试验 426h 坡体下部第一条裂缝处土体首先发生快速塌落,继而边坡上部土体在 2min 内相继滑塌,滑坡上缘跌坎高度约 10cm。

试验结束后切除一半边坡,可以清楚地看到边坡不同部位处的变形标都发生了不同程度的倾斜或剪切位移,边坡中下部的若干变形标甚至在多个深度表现出明显的断开错位情况。试验后对边坡轮廓以及各变形标的位置进行了测量,与试验前进行对比,得到模型试验边坡的滑动面(见图 2-3-4),可以发现边坡在不同深度存在多重滑动面,滑动范围从边坡下部浅层逐渐向上向深处扩展,最终导致大范围滑坡产生。从测量结果来看,在埋深约 0.3m 处滑动面的最大剪切位移可达 20cm 左右。

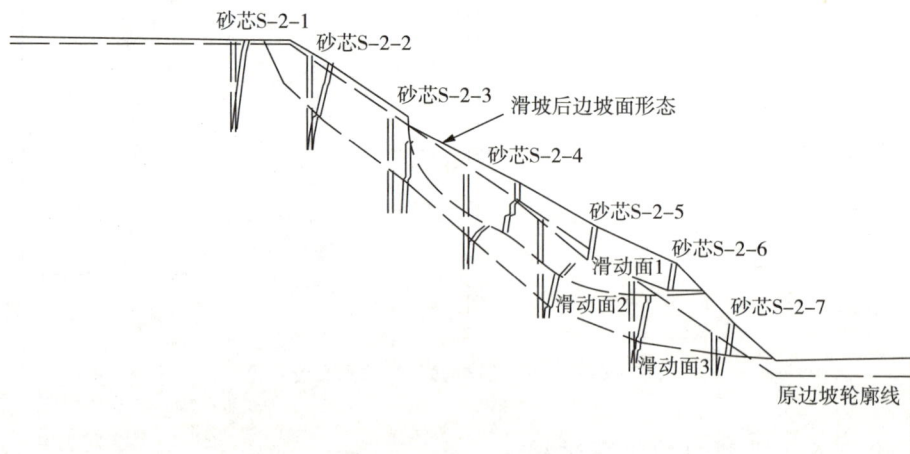

图 3-2-4　模型滑坡后的滑动面示意

3.2.3　膨胀变形引起的边坡失稳机理

1. 模型试验测试分析

为了更深入了解滑坡后边坡土体物理力学性质的变化,分别取滑动面处以及滑带下 20cm 处的土样进行了室内物理力学试验,结果见表 3-2-3 所列。与试验前相比,边坡土体密度发生较大变化,干密度从 1.60g/cm^3 下降到 $1.18\sim1.26\text{g/cm}^3$,强度也明显降低。

表 3-2-3　滑坡后滑带土的物理力学性质

土样编号	取样部位	物理性指标					强度指标			
		含水率	湿密度	干密度	孔隙比	饱和度	天然含水率快剪		饱和慢剪	
		$W/\%$	$p/$ (g/cm^3)	$p_d/$ (g/cm^3)	e	$S_r/\%$	C_q/kPa	$\varphi_q/°$	C_{cq}/kPa	$\varphi_{cq}/°$
1—1	滑带	42.4	1.68	1.18	1.331	87.6	—	—	13.1	6.2
1—2		42.1	1.68	1.18	1.331	87.6	10.3	4.4		
2—1	滑带下 20cm	40.0	1.77	1.26	1.183	94.1	—	—	7.8	7.1
2—2		41.0	1.76	1.25	1.200	93.5	14.7	2.2	—	—

模型试验中对边坡内部不同深度处土体含水率及坡面膨胀变形进行了连续观测。图 3-2-5 是试验不同时段钻孔取样测得的含水率随埋深的分布曲线,可见降水开始前测得不同深度土体的初始含水率为 $19.6\%\sim24.4\%$。随着降雨,浅层 0.2m 内土体含水率很快增大到近饱和含水率,然后水分逐渐向下运移。在试验 $168\sim257$h 停止降水期间,表层土体含水率基本稳定在 $40\%\sim45\%$,埋深 $0.3\sim0.4$m 范围内的土体含水率有明显增大。随降雨的持续,埋深 0.5m 处的土体含水率在试验 $288\sim353$h 变化显著。当试验 426h 发生滑坡后,在滑坡体上缘钻孔量测含水率,埋深 0.6m 以下的土体水分变化不大,但在滑坡中下部,入渗影响深度为 $0.8\sim1.0$m。

分析坡面测点的位移变化,结合试验过程中观察到的典型现象,可知边坡的膨胀变形呈现以下特点。

(1)深 0.1m 处,从降雨开始,含水率逐渐上升,至 120h 再降雨,土体很快饱和;0.4m 处,降雨初期,含水率不变,至 170h,湿润峰应到达该处,含水率开始变化,停止降雨,含水率持续增加,至 250h 再降雨,土体很快饱和。成果符合非饱和土增湿规律。

(2)边坡面的最大变形发生在坡体下部约 1/3 处,滑坡范围内的土体均表现出膨胀变形,变形增长与降雨过程有很好相关关系,且与土体含水率变化趋势基本一致,即含水率增大,膨胀变形也随之增大,最大变形量达 82mm。

(3)坡肩和坡顶在试验初期随着土体含水率的增大,表现为膨胀变形,但一段时间之后,随着浅表层土体水分迅速增大到饱和状态及坡肩张拉裂隙的发生,这些部位的表面变形表现为沉降,显示出边坡被牵引整体向下滑移的趋势。

(4)坡体中部的水平位移观测点在滑坡后的位移量已达到 30cm,坡顶测点的水平位移约 10cm。

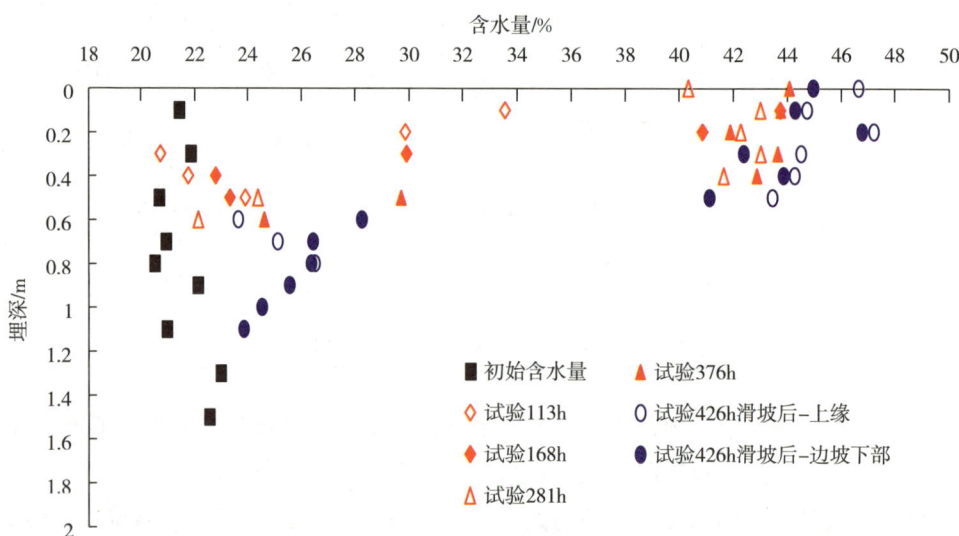

图 3-2-5 　边坡模型试验不同埋深部位含水率分布示意

2. 模型试验数值分析

首先采用传统的极限平衡法对模型试验边坡进行稳定性分析。根据表 2-3-2 中土体的饱和强度参数,得到模型边坡的安全系数达 5.20,分析结果与试验现象明显不符。若采用破坏后滑带土的强度参数计算,安全系数仍为 1.90,说明传统的极限平衡法难以真实地反映边坡的稳定状态。同时,该结果也反映出膨胀土边坡失稳不能简单归结为遇水后土体强度降低这一个因素。由于该模型的制作过程已经排除了非膨胀裂隙和干湿循环这两个影响因素,模型的坡高和自重也不大,而且也非超固结土体,因此,唯一的影响边坡稳定的因素就是膨胀性。

为了真实反映膨胀土边坡在降雨入渗时坡体内的应力应变场变化,我们引入

一种可以考虑膨胀性的非线性有限元数值计算方法。采用该方法对模型试验边坡
建立有限元计算模型(见图 3-2-6)。根据试验观测结果,将边坡浅层 0.5m 范围
内土体概化为吸湿后含水率变化层,含水率由初始含水率 22% 逐渐增大到饱和含
水率 44%,0.5m 以下土体含水率无变化。有限元计算得到边坡的水平位移等值
线如图 3-2-7 所示,塑性广义剪应变如图 3-2-8 所示。可见坡脚附近塑性广义
剪应变明显集中,最大水平位移达 90mm,最大变形发生在坡体下部约 1/3 处,与
模型试验测得的最大位移 82mm 基本一致。边坡坡脚附近形成完整的塑性广义剪
应变贯通区域,再根据强度折减分析,得到边坡的安全系数为 0.92,分析结果与模
型试验结果完全一致。

　　边坡模型试验定性地揭示了膨胀土边坡的失稳规律:对于膨胀土边坡,降雨将
导致边坡失稳。其中,土的膨胀性是导致失稳的主要因素。数值分析再现了膨胀
性导致边坡失稳的力学机制,也证明了项目提出的数值分析方法的合理性。

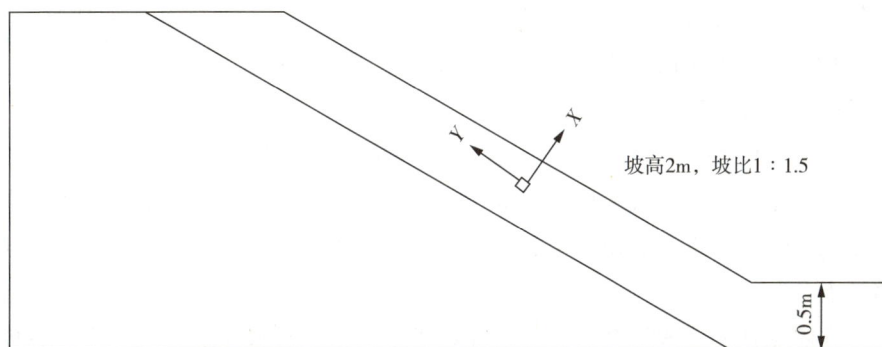

坡高2m,坡比1:1.5

0.5m

图 3-2-6　模型试验的有限元数值计算概化模型示意

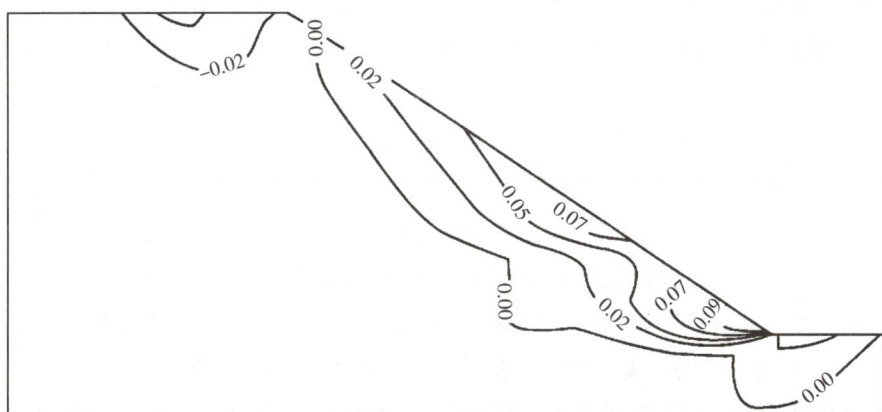

图 3-2-7　模型边坡的水平位移等值线

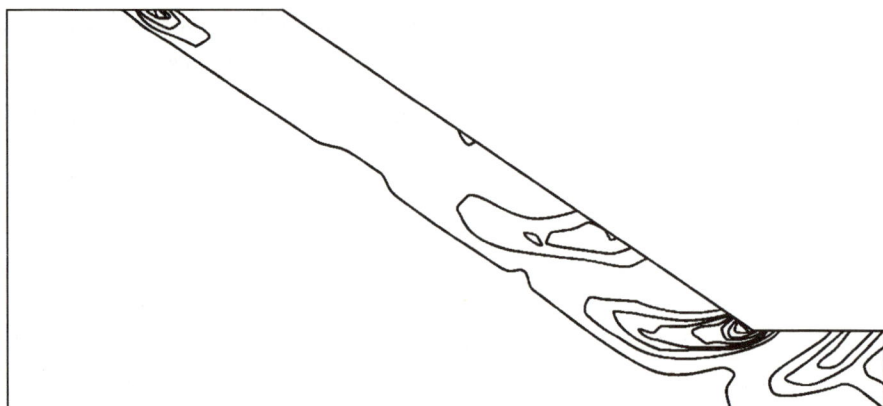

图 3-2-8　模型边坡的塑性广义剪应变

3. 膨胀作用下的边坡破坏机理

上述室内试验和现场试验研究均表明,虽然边坡的土质、形态、边界条件、加湿过程等各不相同,但边坡破坏具有两个相同的规律。其一,常规分析方法显示"稳定"的边坡,在降雨作用下均可能发生边坡失稳;其二,滑坡具有多重破坏面,且具有明显的浅层性和牵引性。

比较不同坡比、不同膨胀等级的边坡试验成果可以发现,膨胀土的超固结性、裂隙性和膨胀性都与边坡的稳定性有关,但影响边坡产生该类破坏的主要因素仍是膨胀性——上述不具有超固结性和裂隙性的模型边坡的降雨试验成果充分证明了这一点。

考虑膨胀性的非线性有限元数值计算成果揭示了雨水入渗导致膨胀性边坡失稳的力学机制:膨胀土边坡随着外部水分的侵入,受水区的土体含水率增加,土体产生膨胀变形,从而导致边坡应力重分布,湿润峰上下区域的土体将出现较大的剪应力,当剪应力达到土的抗剪强度时,土体将发生破坏,一旦破坏区域贯通,将最终导致边坡失稳。

研究人员通过现场原型试验、室内大型静力模型试验和数值分析,揭示了膨胀土边坡破坏的双重模式,研究了地质条件、物质成分、气候环境等多种因素对边坡稳定的影响。研究表明,两种边坡失稳模式的稳定性分析方法和治理措施是不同的。

综合室内模型试验以及现场降雨试验,研究人员提出"膨胀变形引起的边坡失稳机理",并对其破坏的力学机制阐述如下:即使膨胀土边坡不具有超固结性和裂隙性,只要有外部水分入渗,边坡浅表层土体会形成局部饱和带,含水率不同的土体之间产生不均匀膨胀变形,导致边坡应力场重新分布,在土体不连续变形界面上产生较大剪应力,同时,伴随土的强度降低,局部应力达到塑性平衡状态而发生破坏,并逐渐向周围土体延伸,最终导致一定范围内边坡的失稳。这种由于膨胀变形导致的边坡失稳一般是由于土的剪切错动而形成多重滑动破坏面,具有明显的浅层性和牵引性,滑动与软弱层面(裂隙面或结构面)无关。

3.3　结构面强度控制下的边坡整体失稳

膨胀变形引起的边坡失稳大多发生于膨胀土边坡的浅层,一般这类滑坡都在"大气影响深度"范围以内。工程中还有另一类滑坡,它们范围更大、滑动面更深,属于边坡深层的整体滑动。地质勘察和滑坡调查发现,这类滑坡通常沿地层深处的裂隙面或地层结构面发生,是由于结构面上的土体抗剪强度较低所导致的。[3][11]这类结构面属于自然形成,且往往延伸性较大,室内模型试验难以模拟,故只能采用现场原型观测和试验研究的方法来分析。为方便叙述,以下除特别指出"结构面"的情况下,将膨胀土地层中的沉积形成的地层分界面——结构面和裂隙面统一称谓,并根据膨胀土的习惯称之为裂隙面。

3.3.1　引江济淮工程膨胀土边坡施工期滑坡

引江济淮工程 J007 标左岸施工期曾先后四次出现滑坡险情,每次滑坡均是在第一次滑坡的基础上往上下游方向延伸或者深度方向扩展。[14]该段河渠边坡为上土下岩结构,渠道一级边坡主要由泥岩和粉砂岩构成,泥岩具有弱膨胀性,岩层呈互层状,结构面发育,层面光滑,为近顺坡向缓倾角结构面。[15]如图 3 - 3 - 1、图 3 - 3 - 2 所示。边坡上缘弱膨胀土中还发育有多组陡倾角结构面,为滑坡形成提供了必要的地质条件。

图 3 - 3 - 1　滑坡现场俯视图

图 3-3-2　滑坡段地层情况

通过现场滑坡体开挖探槽发现,滑坡均沿弱膨胀泥岩与粉砂岩的层面发生,泥岩滑面实测倾角为 11°,呈蜡状光泽结构面,如图 3-3-3、图 3-3-4 所示。

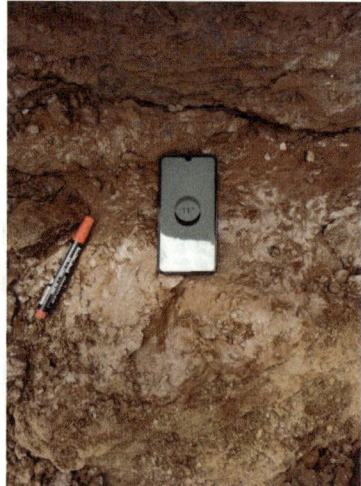

图 3-3-3　取样地点　　　　　　　　　图 3-3-4　泥岩层面

研究人员分别在 J007 标的 5 个典型断面取得滑动带的上下岩盘(中至强风化泥岩、粉砂岩)及泥岩滑面、滑带土等各类岩土试样,依据《土工试验方法标准》进行测试,试验成果见表 3-3-1 所列。

分析成果表明,泥岩夹层滑面及以下滑带土均为高液限黏土。泥岩滑面相对滑带土含水率明显偏大,密度偏小,自由膨胀率也略高。而滑带土的级配粉粒含量偏高而黏粒含量偏低,这主要是由于滑坡大变形过程中将滑面颗粒磨细所致。

在取样的 5 个典型断面中,除个别桩号泥岩无膨胀性外,其余 4 个桩号的泥岩均为弱膨胀,且膨胀性随着风化程度的增大而增大,泥岩滑面的自由膨胀率甚至高于滑带土,达到 60%。颗粒级配除个别桩号泥岩为低液限黏土外,其他断面泥岩均为高液限黏土。粉砂岩颗粒级配中主要以粒径大于 0.075mm 的砂粒为主,小于 0.075mm 的黏粒和胶粒含量不超过 17.3%;强风化泥岩颗粒级配中以细粒为主,小于 0.075mm 的黏粒和胶粒含量超过 85%;而中风化泥岩的颗粒级配则变化较大,小于 0.075mm 的黏粒含量为 42%~79%,说明该岩层的风化程度严重不均一。此外,岩层的风化程度还可以从物理性指标找出规律,即桩号越大,岩层的风化程度越低。

表 3 - 3 - 1　软岩及夹层物理性试验成果

桩号	岩性	天然含水率 W/%	干密度 p_d/(g/cm³)	自由膨胀率 δ_{ef}/%	液限 W_{L17}/%	塑限 W_p/%	颗粒级配/%		
							大于 0.075mm	0.005~ 0.075mm	小于 0.005mm
J43+179.4	强风化泥岩	30.0	1.53	60	53.4	23.9	—	64.7	35.3
J44+295.8	强风化泥岩 (上盘)	21.7	1.69	56	51.6	26.9	11.4	29.9	58.7
	强风化泥岩 泥化夹层	25.3	1.69	59	48.0	24.1	—	60.0	39.9
J44+700	粉砂岩	15.8	1.84	16	—	—	82.7	11.0	6.3
J44+678	强风化泥岩	24.3	1.58	50	53.5	28.2	—	47.0	53.0
J45+310.4	中风化泥岩	14.0	1.85	10	38.8	17.2	47.5	39.5	13.0
	粉砂岩	17.0	1.77	11	—	—	89.0	11.0	—

研究人员在取样过程中成功采集到了滑动面和滑动带的原状样,并采用四联直剪仪分别进行试样的直剪反复剪切试验。考虑到滑坡部位均为浅表层,其上覆压力较低,结合以往工程经验,试验上覆压力分别为 12.5kPa、25kPa、50kPa、100kPa、200kPa、300kPa、400kPa,剪切试验速率为 0.016mm/min。按标准要求,每个剪程剪切位移 8mm,分别进行 6 个剪程往返剪切,累计剪切位移 48mm,直至试样最终达到残余强度状态。

图 3 - 3 - 5 为滑面试样的剪切应力与位移关系曲线,该曲线具有明显的峰值和应变软化现象,当剪切位移超过 40mm 以后,试样基本达到残余强度状态。图

3-3-6为滑面试样的摩尔-库伦强度包线。图3-3-7为直剪反复剪切试验完成后剪切面形成的颗粒定向排列。表3-3-2为泥岩夹层滑动面及滑动带强度指标。

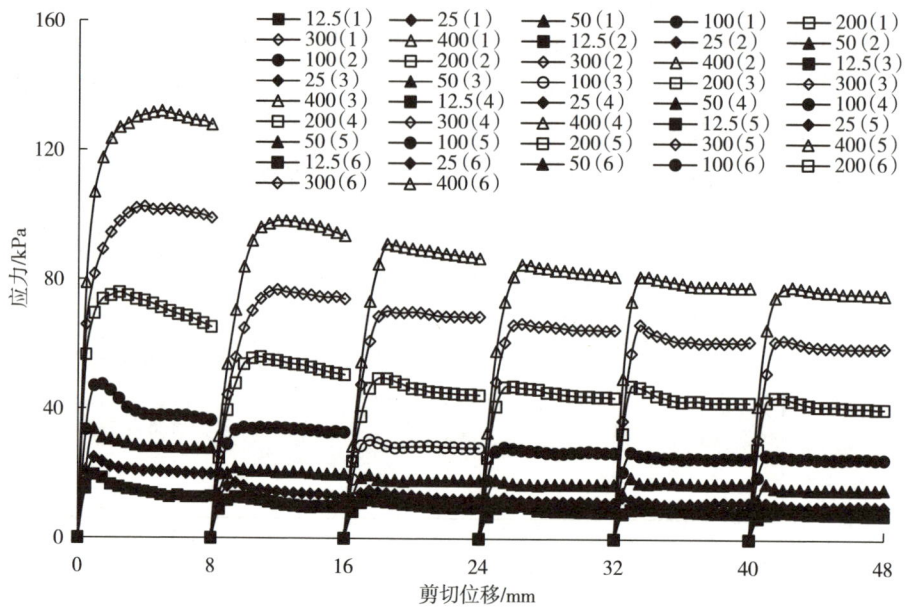

图3-3-5 滑面试样的剪切应力-位移关系曲线

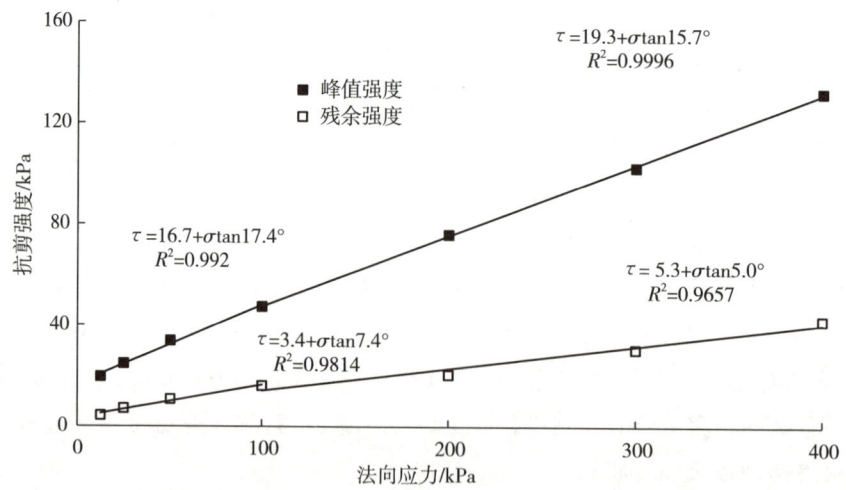

图3-3-6 滑面试样的摩尔-库伦包线

图 3-3-7　剪切面颗粒定向排列

表 3-3-2　泥岩夹层滑动面及滑动带强度指标

取样部位	强度类别	低应力段 $\sigma_n = 12.5 \sim 100\text{kPa}$		常规应力段 $\sigma_n = 100 \sim 400\text{kPa}$	
		c/kPa	$\varphi/°$	c/kPa	$\varphi/°$
夹层滑动面	峰值强度	16.7	17.4	19.3	15.7
	残余强度	3.4	7.4	5.3	5.0
滑动带	峰值强度	22.4	15.7	25.6	12.8
	残余强度	6.4	7.8	2.0	9.2

　　试验成果显示,滑动面上的土体残余强度已经达到 5°、5.3kPa,而滑动带土体的残余强度也仅有 9.2°、2.0kPa,整个河渠边坡岩土体强度处于极低状态,若遇开挖卸荷、降雨等情况,极易发生沿软弱层面的整体滑动。

3.3.2　结构面强度控制下的边坡破坏机理

　　上述工程边坡失稳实例揭示了膨胀土边坡破坏的另一种机制,即破坏受结构面(裂隙面)强度控制。要理解这类边坡破坏机理,几个要点是值得强调的。

　　(1)膨胀土作为一种"裂土",要区别对待"胀缩性裂隙"和"非胀缩性裂隙",这里更关心的是非胀缩性裂隙——原生裂隙面和结构面对膨胀土边坡稳定性的影响。

（2）膨胀土中的非胀缩性裂隙具有定向性，裂隙的倾向与边坡的倾向的相关度决定了裂隙对边坡稳定性影响。

（3）结构面（裂隙面）的强度远小于两侧土块的强度，含有结构面（裂隙面）的土体强度具有明显的各向异性，土体的强度不宜采用单一指标表达，宜采用结构面（裂隙面）强度和块体强度两套指标，结合层面的空间分布来反映岩土体强度，其强度宜采用 CT 三轴试验确定。

（4）结构面（裂隙面）强度控制下的边坡失稳实质上是由一个或多个结构面构成的潜在滑动面，其阻滑力低于下滑力造成的。

综合滑坡后的现场勘察成果，以及现场含水率、变形观测数据和结构面（滑动面）抗剪强度试验成果，此类边坡的破坏机理如下：地层中具有一定优势倾向的结构面存在，层面强度的低下和渠道开挖后侧向约束的卸载，边坡土体在重力作用下，结构面逐渐贯通，形成长达数十乃至数百米的滑动面，最终引起大面积滑坡。其中，结构面强度低下是滑坡产生的首要因素。滑坡启动时，降雨仅在浅层土体内引起含水率增大，尚未在滑动面所在的部位产生影响，而降雨对边坡稳定的影响主要体现在两个方面：一是引起边坡土体重力增大，导致边坡下滑力增大；二是在滑坡启动以后，雨水渗入滑面，加速滑坡的发展。

综上所述，膨胀土渠道边坡的破坏模式归纳为两种：其一为膨胀作用下的边坡破坏，其二为结构面强度控制下的边坡失稳。两种模式从力学机制上差别较大，这也体现了膨胀土的特殊性。皖西和引江济淮工程施工期所发生的渠坡失稳，再次验证了上述滑坡机理的普适性。

参考文献

［1］刘特洪．工程建设中的膨胀土问题［M］．北京：中国建筑工业出版社，1997.

［2］郑健龙，杨和平．膨胀土处理理论、技术与实践［M］．北京：人民交通出版社，2004.

［3］程展林，龚壁卫．膨胀土渠坡［M］．北京：科学出版社，2015.

［4］长江流域规划办公室陶岔地质、土工、设计组．引汉工程陶岔引渠边坡滑坡处理［R］．武汉：1972.

［5］蔡耀军，阳云华，赵昱，等．膨胀土边坡工程地质研究［M］．武汉：长江出版社，2013.

［6］龚壁卫，刘艳华，包承纲，等．膨胀土渠坡的现场吸力观测［J］．土木工程

学报,1999,32(1):9-13.

[7] 王钊,龚壁卫,包承纲.鄂北膨胀土坡基质吸力的量测[J].岩土工程学报,2001,23(1):64-67.

[8] 龚壁卫,NG C W W,包承纲,等.膨胀土渠坡降雨入渗现场试验研究[J].长江科学院院报,2002,19(S1):94-98.

[9] 詹良通,吴宏伟,包承纲,等.降雨入渗条件下非饱和膨胀土边坡原位监测[J].岩土力学,2003,(2):151-158.

[10] 长江水利委员会长江科学院.引江济淮工程膨胀土地段生态河道关键技术研究总报告[R].武汉:2022.

[11] 龚壁卫.膨胀土的裂隙、强度及其与边坡稳定的关系[J].长江科学院院报,2022,39(10):1-7.

[12] 丁金华,陈仁朋,童军,等.基于多场耦合数值分析的膨胀土边坡浅层膨胀变形破坏机制研究[J].岩土力学,2015,36(S1):159-168.

[13] 程永辉,李青云,龚壁卫,等.膨胀土渠坡处理效果的离心模型试验研究[J].长江科学院院报,2009,26(11):42-46+51.

[14] 甘旭东,龚壁卫,胡波,等.引江济淮工程江淮分水岭软弱夹层对边坡稳定的影响研究[J].长江科学院院报,2022,39(6):145-149.

[15] 李涛.引江济淮工程江淮分水岭膨胀土治理方案优选[J].江淮水利科技,2018(3):12-14.

第4章

膨胀土渠道安全控制理论与设计方法

在膨胀土地区进行公路、铁路、输水渠道、机场以及其他各类工程建设时,经常需要对膨胀土地段的地基及边坡进行加固治理,治理后的地基应满足变形控制标准。边坡工程则更为复杂,除应保证边坡变形满足上部结构变形要求外,还必须保证边坡在施工期和运行期始终处于安全稳定状态。同时,应尽可能减少占地,节约土地资源,并充分利用开挖弃料,减少工程对环境的影响。因此,渠道工程安全控制首先应满足变形和稳定要求,同时,应尽可能减少投资、缩短工期。膨胀土的治理也应坚持工艺简单、施工便利的原则,并满足生态友好、绿色环保的生态治理标准。

4.1 渠道安全控制总体思路及原则

4.1.1 渠道边坡治理总体思路

膨胀土边坡失稳主要包括膨胀作用下边坡失稳和结构面强度控制下边坡失稳两类。要保证边坡的稳定,应针对其失稳的内在机理确定治理方法。

膨胀作用下边坡失稳的主要原因是边坡的膨胀土体吸水膨胀受到侧向约束,由此在地层中产生顺坡向的剪应力,当该剪应力超过土体自身的抗剪强度后,在地层一定范围内将产生塑性变形,随着塑性变形区域的增大并向四周扩散、发展,将出现沿坡面的塑性变形贯通区域,当边坡整体的下滑力超过抗滑力时,边坡将出现失稳。因此,要防止此类边坡失稳,先应该抑制膨胀变形的产生。抑制膨胀变形的方式主要是增大上覆荷载压重,可以是换填土层压重或浅层锚杆(增大土体的围压以抑制膨胀变形、增大抗滑力)等。

结构面强度控制下边坡失稳的主要原因是边坡岩土体内存在裂隙面、地层分界面、土岩分界面等非胀缩变形产生的结构面。层面上的抗剪强度很低,当层面呈顺坡向发育时成为潜在滑动面,在边坡开挖、降雨和地下水位变化、工程荷载作用下,因抗滑能力不足而产生滑坡。因此,防止此类边坡失稳应该是通过深层锚固、支挡增加抗滑力,从而保证边坡的抗滑稳定性。

对于渠道坡脚及渠底,需采用防止水流冲刷的方法,对有航行要求的河渠,还需考虑船行波浪的不利影响。具体的治理方式可以采用混凝土面板衬砌、桩-墙结构、混凝土格构梁、浅层锚杆、格宾石笼网等方式或其组合。归纳而言,即"浅层限胀缩,整体抗滑动,护底防冲刷"的设计原则和治理思路。

4.1.2　渠道边坡治理原则

膨胀土渠坡设计应综合考虑岩土体的地质特性与工程特性、膨胀等级、降雨及环境因素、大气影响深度等因素,在渠道加固设计中应重点关注膨胀作用下的渠坡失稳和结构面强度控制下的渠坡失稳两类破坏模式,主要设计原则有以下几点。

(1)膨胀土是对水分状态敏感的岩土体,水分的变化将使膨胀土体产生湿胀干缩变形,并导致渠坡的失稳。因此,膨胀土渠坡设计的关键之一是保持岩土体含水率的相对稳定。

(2)膨胀土的结构性对渠道边坡影响显著,当地层中结构面的优势倾向与渠坡倾向一致时,渠道边坡的稳定受其数量与空间分布状态所控制,设计中应重点关注各类结构面(裂隙尤其是长大裂隙、不同地质年代的沉积层面、土岩界面等)的形态对渠坡稳定的影响。

(3)膨胀土渠坡设计应充分考虑到土体强度的变化特性。在地层的非饱和带、饱和带以及水上、水下等不同地层分带内,应考虑采用不同的土体力学参数进行边坡稳定计算。具体分析中还应根据膨胀土边坡的特点,分别验算膨胀变形和结构性对边坡稳定的影响。

(4)膨胀土具有遇水膨胀的特性,因此,渠坡施工应采取"先排水,后开挖,及时防护,及时支挡"的原则。防止渠坡长期暴露和雨水入渗。

(5)膨胀土渠坡的截水、排水设施,应采取必要的防渗措施,确保地表水、地下水能顺畅排走。

4.1.3　治理措施

膨胀土渠道边坡治理应针对不同的破坏机理和模式,选择符合渠道工程要求的治理方案。开挖工程膨胀土渠坡的失稳主要包括两大类：即膨胀作用下的渠坡滑动和结构面强度控制下的渠坡滑动。渠坡治理首先应解决稳定性问题，其次应达到符合工程的变形控制要求，最后应采用一定的防护措施，解决坡面抗冲刷问题等。此外，对于一级马道以上非过水断面渠坡和一级马道以下渠坡，由于运行环境和工程要求不同，其治理措施也应有所不同，一级马道以上渠坡对变形和稳定的要求可适当放宽。

（1）膨胀变形引起的渠坡稳定。有荷膨胀率试验成果揭示，膨胀土在一定的上覆荷载作用下，可以从吸水膨胀转换为固结压缩。即膨胀土在一定厚度的土层压重作用下，膨胀变形已被完全抑制，膨胀土的浅层失稳不再发生。

膨胀作用下的渠坡稳定性问题主要是膨胀土吸水膨胀，产生膨胀变形，引起了应力重分布，土体内局部应力水平较高，产生塑性区并逐渐发展，导致边坡失稳，一般属浅层破坏，深度一般在大气影响深度范围内。对这类破坏，应以边坡土体不产生或少产生膨胀变形为原则进行边坡治理设计。可行的措施是以换填压重的方法来抑制膨胀变形，控制边坡一定深度范围内的膨胀土体不产生膨胀或膨胀变形在可控范围。换填压重土层一般采用非膨胀黏性土，换填厚度应通过下卧膨胀土地层的有荷膨胀率试验确定。此外，由于膨胀土地区一般缺乏非膨胀的黏性土，可通过研究采用膨胀土开挖弃料进行改性或其他结构措施或物理、化学改性方法。如采用膨胀土水泥或石灰改性、土工格栅加筋膨胀土、膨胀土双层护坡结构等。

（2）结构面强度控制下的渠坡稳定。结构面强度控制下的渠坡失稳主要是由于膨胀土体内裂隙或结构面较发育，结构面强度较低，且具有优势方向，当优势方向为顺坡向时，由于抗滑力不足引起的重力失稳。此类渠坡的稳定性问题主要采用降低下滑力（放缓渠坡）和提高抗滑力（增大土体侧向压力）的方法进行治理。具体可采用锚固支挡的方式进行加固治理，如锚杆、抗滑桩等，其作用机制分别是为边坡土体提供侧向土压力和抗滑力。

当边坡结构面非常发育，单个潜在滑坡的下滑力不大时，可考虑采用锚固法治理；当边坡仅存在长大贯穿结构面、下滑力很大时，可考虑采用抗滑桩治理；当边坡结构面非常发育且存在长大贯穿结构面时，可考虑采用抗滑桩与锚杆或抗滑桩与坡面框格梁、抗滑桩与挡墙相结合等方法治理。此外，对于边坡高度大于 15m 且结构面发育的边坡，每 5～10m 应设置一级马道，重点考虑在边坡中下部设置抗滑桩。

（3）渠基变形控制。对于变形要求较严格的一级马道以下渠坡，含水量很难控制，为减小吸水产生的膨胀变形，主要治理方法应该是加大处理层厚度，以增加压重抑制膨胀变形。

（4）坡面防冲刷问题。在保证边坡抗滑稳定性要求后，还应采取坡面防护措施，可选用砌石联拱、混凝土框格、菱形结构、水泥砂浆抹面、植草等，具体措施应根据边坡的实际情况确定。

（5）边坡治理方案确定后，应针对两类破坏模式进行抗滑稳定性复核，分析中应考虑可能遇到的各类工况，当稳定性不满足要求时，应重新设计直至满足要求为止。

（6）在满足以上要求的前提下，可通过工程投资、施工工期、施工工艺复杂性以及工程的其他限定条件等进行综合比较分析，选定经济合理的治理方案。

4.2　边坡稳定分析方法

边坡稳定的分析方法主要有极限平衡法和有限元强度折减法。极限平衡分析理论的主要思想是将滑动土体进行条分，根据极限状态下土条受力和力矩的平衡来分析边坡的稳定性。按照对平衡方程组增设的边界条件不同，极限平衡理论又分为瑞典圆弧法、毕肖普法、简布条分法、斯宾塞法、摩根斯坦-普赖斯法、沙尔玛法以及不平衡推力传递系数法等。极限平衡理论是最经典的定量分析方法，该方法因模型简单、计算公式简便、可研究复杂剖面和考虑各种载荷形式而得到广泛应用。此外，有学者提出用有限元来分析边坡的稳定性，提出采用同时降低土体凝聚力和摩擦系数的方式逐次迭代，直至土体单元破坏，则实际的抗剪强度参数和破坏时的抗剪强度之比即为所分析边坡的安全系数，该方法也被称为有限元强度折减法。这两类方法都有其合理性和广泛运用的基础，而设计中大多采用极限平衡理论。无论采用哪种分析方法，实际应用中常常出现分析成果与实际现象不符的情况，由此，人们首先想到的是岩土体的强度参数问题。因此，在极限平衡法中一再进行强度折减，并从各种角度考虑影响膨胀土强度降低的因素，如干湿循环引起的强度衰减、降雨入渗引起的非饱和膨胀土强度降低等，但不少的膨胀土工程边坡即使采用残余强度设计仍然发生了滑坡。于是，有学者建议在计算中考虑雨水入渗后静水压力的作用影响，或将膨胀力作为外力作用在土体条块之上。这些方法都不是从膨胀土边坡破坏的根本机制出发，因此，很难取得符合实际的边坡安全系数。

根据第 3 章有关膨胀土边坡破坏机理的研究，膨胀土边坡失稳从力学机制上分为"膨胀作用下的边坡失稳"和"结构面强度控制的边坡失稳"两类破坏模式。两种破坏活动模式是相对独立的,膨胀土边坡只有在两种模式下都稳定,膨胀土边坡才是安全的。因此,对膨胀土边坡应分别验算两种破坏模式的安全性:对于可能出现的膨胀作用下的边坡稳定问题,应采用"考虑膨胀性的边坡稳定有限元分析方法";对于结构面强度控制的边坡稳定问题,应采用"考虑结构面的空间分布特征的极限平衡分析方法",而土体的强度参数则应根据边坡实际地层条件和状态选取,并注意区分土块强度及结构面强度。

4.2.1　膨胀作用的边坡稳定分析

考虑膨胀作用的膨胀土边坡稳定分析应正确模拟膨胀土的膨胀特性及其影响因素。要正确反映变形与稳定性的关系,通常采用满足变形相容条件的有限元方法。解决该问题的前提是通过室内膨胀变形试验研究膨胀土的吸湿膨胀过程,得到准确、客观的吸湿膨胀模型,在此基础上,应采用考虑膨胀性影响的膨胀土边坡稳定有限元分析方法。

1. 考虑膨胀变形的边坡稳定分析方法

1)长江科学院膨胀模型

为揭示膨胀土边坡在膨胀变形作用下内部应力的变化规律,长江科学院提出了采用理想弹塑性本构模型,强度准则选择 Mohr - Coulomb 准则的本构模型。[1-2]一方面其可以较好地反映边坡的破坏特征,另一方面模型参数简单且容易获取。

模型参数可依据饱和原状样的三轴试验确定,并结合"膨胀作用的边坡失稳"为浅层滑动的特点,合理地选择三轴试验压力。[3-4]弹性模量与泊松比取常量,弹性模量取土体达到峰值应变时的割线模量;强度参数可选用饱和峰值强度参数。

Mohr - Coulomb 强度理论为最常用的抗剪强度理论,表示在某一平面上的剪应力等于土的抗剪强度时,就发生剪切破坏。抗剪强度与正应力成线性关系。可以用如下形式表示:

$$\tau = c + \sigma \tan\varphi \qquad (4-2-1)$$

式中,τ 为受剪切面上的剪应力;σ 为受剪切面上的法向正应力;c 为土体凝聚力;φ 为内摩擦角。

2)膨胀土的膨胀模型及数值实现

湿度场是受到温度应力场的启发而被提出来的,湿度场理论的基本思想如下。

(1)膨胀土吸水后产生体积膨胀和软化,恰好类似材料的温度效应。一般材料当温度升高时会产生体积膨胀和软化。

（2）当物体上受到某个热源作用时，体内会形成一个热传导方程控制的温度变化场。而当岩土体受到某个水源（或湿空气）作用时，岩土体内也会形成一个受水分扩散方程控制的湿度变化场。

对于湿度应力的计算可采用初应变法，即以类似温度应力场的形式施加到岩土体上。

以往基于非饱和三轴试验及非饱和土力学理论建立的膨胀本构模型大多是假定基质吸力的变化引起膨胀应变，理论体系值得商榷。其模型过于复杂，参数难以获得，试验周期性长，成果重现性差，也不便于工程应用。为建立解决实际工程问题的实用膨胀模型，人们开展了两种不同应力状态的膨胀模型试验研究，一是在固结仪上试验得到的 K_0 应力状态膨胀模型，二是通过三轴膨胀试验得到的三轴应力状态膨胀模型，两种膨胀模型有统一的表达式：

$$\varepsilon_v = a + b\ln(1 + \sigma_m) \tag{4-2-2}$$

式中，ε_v 为充分吸湿引起的体积膨胀率（%）；在 K_0 应力状态膨胀模型中 σ_m 为上覆荷载（kPa），在三轴应力状态膨胀模型中 σ_m 为平均主应力（kPa）；a、b 为与初始含水率有关的模型参数。

由于三轴膨胀试验的应力状态和应力路径清晰，有限元计算中膨胀模型参数采用三轴膨胀试验确定。

3）考虑膨胀性的边坡安全系数判别准则

有限元强度折减法的一个关键问题是如何根据有限元计算结果来判别边坡是否处于破坏状态。一种是采用广义塑性应变的塑性开展区作为失稳判据，可以比较准确地预测边坡潜在破坏面的形状与位置及相应的稳定安全系数；另一种判别方法是将有限元静力平衡方程组是否有解，有限元计算是否收敛作为边坡破坏的依据。

膨胀土边坡的有限元稳定性分析有其特殊性，膨胀变形在岩土体中以内力重分布的形式释放出来，是一个逐步自平衡的过程，理论上不存在收敛性的问题，因此采用有限元强度折减法分析膨胀土边坡稳定时，不能采用有限元静力计算的不收敛作为边坡失稳的标志。经过长时间的探索，人们提出在膨胀土边坡稳定计算中可将等效塑性应变从坡脚到坡面某一范围完全贯通作为边坡失稳的标志。

4）稳定分析方法实现步骤

（1）分析确定边坡岩土体的本构模型及膨胀模型的模型参数。

（2）建立边坡有限元分析模型，概化增湿区范围，确定增湿区含水率变化量。由有限元法计算自重应力，并计算增湿区单元由天然含水率至饱和状态的膨胀应变。

（3）将各单元的膨胀应变作为初始应变，由初始应变法计算边坡最终应力和应变。计算中逐步观察岩土体的等效塑性应变分布范围和大小，将等效塑性应变完全贯通作为边坡失稳的判别准则。

（4）采用传统的有限元强度折减法概念对岩土的强度进行折减，重新进行初始应变法计算至等效塑性应变刚好完全贯通为止，其折减系数即为边坡的安全系数。

2. 物理模型试验的数值模拟

为验证膨胀变形引起的边坡失稳，我们在室内采用人工填筑的方式制作了一个膨胀土边坡模型。模型材料的强度及变形参数见表4-2-1所列，其中，强度参数为从模型内取样试验得到的固结排水剪强度指标。

表4-2-1　强膨胀土强度参数（从模型内取样）

抗剪强度		密度/(g/cm³)	弹性模量/MPa	泊松比
C/kPa	$\varphi/°$			
26.6	15.9	2.00	1.0	0.3

对应的初始含水率条件下的强膨胀土膨胀变形表达式如下：

$$\varepsilon_v = 31.173 - 6.306 \times \ln(1 + \sigma_m) \tag{4-2-3}$$

有限元的计算模型及局部坐标示意如图4-2-1所示，表层0.5m范围内含水率由初始含水率变化到饱和含水率，而0.5m以下含水率基本无变化，表层含水率的变化均值为22%。

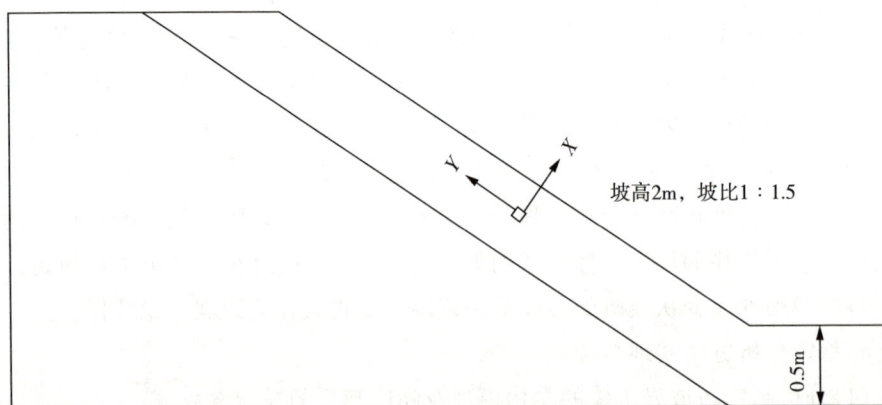

坡高2m，坡比1：1.5

0.5m

图4-2-1　有限元的计算模型及局部坐标示意

有限元强度折减法计算表明该边坡稳定安全系数为 0.92,说明在含水率增大,土体发生膨胀变形后,边坡将会发生破坏。

图 4-2-2 为坡面法向的正应力随含水率增大的变化情况。在重力作用下,应力梯度非常均匀,当含水率逐步变化时,表层土体自由膨胀,对法向正应力影响很小,当含水率变化逐渐增大,虽在坡中法向正应力变化不大,但在坡脚、坡顶区域形成应力集中。这表明膨胀变形将明显地引起坡体内应力重分布,各应力分量的变化情况又有所不同。坡面法向正应力的变化相对较小,在坡脚部位相对剧烈。

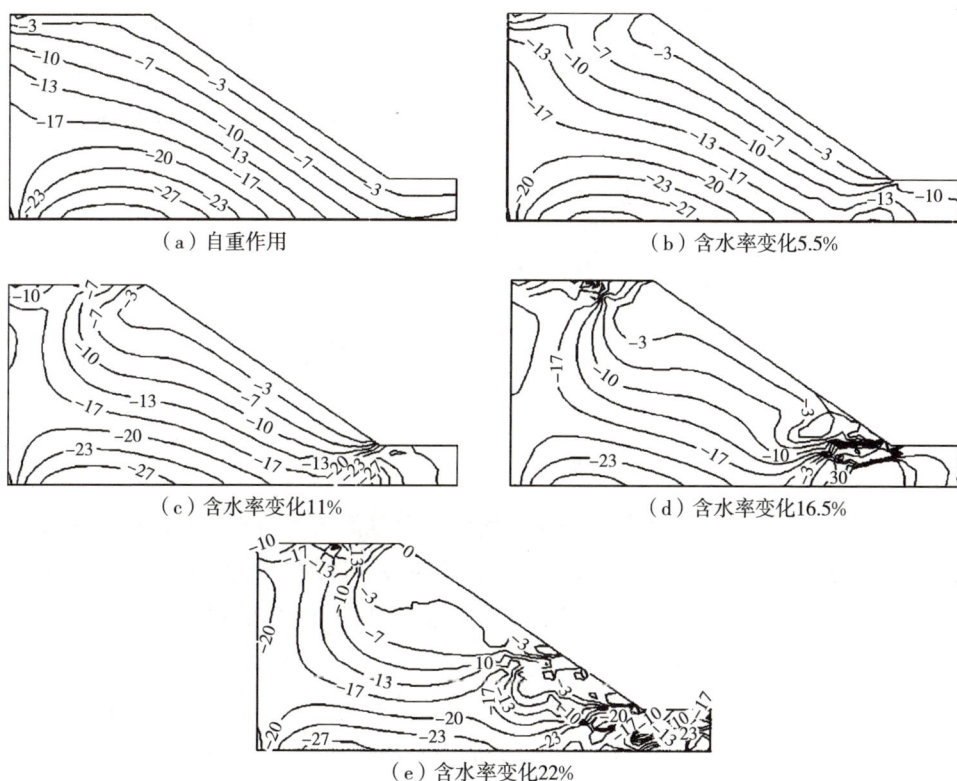

（a）自重作用　　　　　　　　　　　　（b）含水率变化5.5%

（c）含水率变化11%　　　　　　　　　（d）含水率变化16.5%

（e）含水率变化22%

图 4-2-2　坡面法向正应力等值线(单位:kPa)

图 4-2-3 为不同含水率条件下顺坡向正应力分布图。顺坡向正应力的变化最为明显。在吸湿区,该应力明显增大,吸湿区内的土体沿顺坡向有伸长趋势,因非吸湿区约束其伸长,使吸湿区内的顺坡向正应力增大,非增湿区的正应力减小。在吸湿区与非吸湿区交接处,应力梯度相对较密。当土体某个区域逐步破坏后,相邻区域土体相继超过峰值强度,破坏区逐渐扩大。

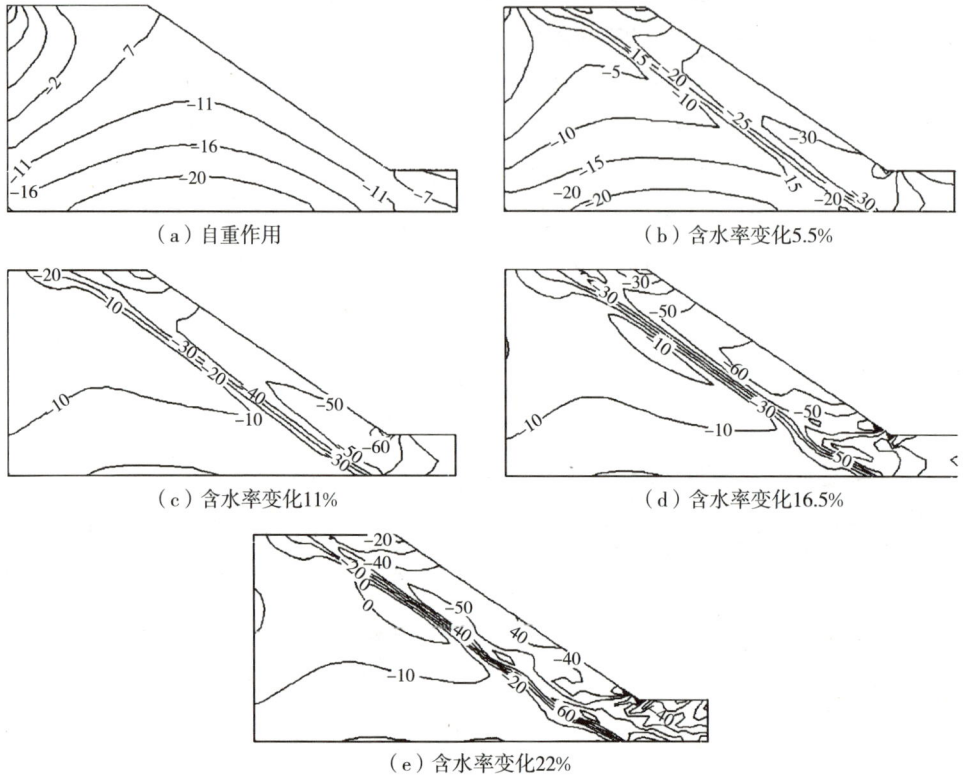

（a）自重作用

（b）含水率变化5.5%

（c）含水率变化11%

（d）含水率变化16.5%

（e）含水率变化22%

图4-2-3　顺坡向正应力等值线（单位：kPa）

　　图4-2-4为不同含水率时顺坡向的剪应力等值线。由于在吸湿区与非吸湿区间存在约束与被约束关系，故在两区之间产生较大顺坡向的剪应力，尤其在吸湿区上下两端变化更加剧烈。边坡表层0.5m范围内发生膨胀变形后，由边坡表层0.5m内某一点开始分别产生两个方向相反的顺坡向的剪应力，边坡中下部为向下的剪应力，边坡中上部位为向上的剪应力，两者沿着某一中性点逐步自平衡并在薄弱点处引起破坏。当某一区域破坏，抗剪能力不能增加时，又会在未破坏区域形成剪应力平衡点，并又会在新的薄弱点开始破坏。

　　图4-2-5为等效塑性应变随含水率变化过程。当含水率变化达11%时，边坡坡脚处土体开始出现塑性应变，表明该处剪应力达到抗剪强度，即首先发生破坏（本构模型为理想弹塑性模型）；此后开始逐步应力迁移，剪切破坏范围向周围土体延伸。当含水率变化达22%时，在边坡坡脚处已经形成了一个完整的等效塑性应变完全贯通区域，表明边坡达到破坏状态。该塑性应变完全贯通区域与模型试验滑坡剖面示意图隆起最大部位基本吻合。

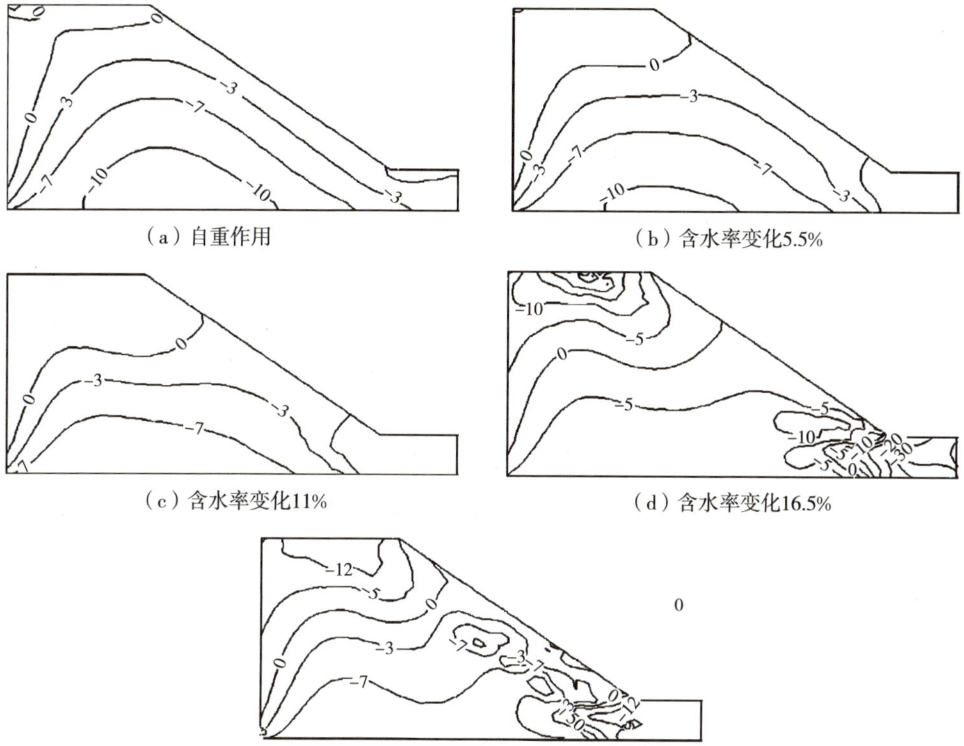

（a）自重作用

（b）含水率变化5.5%

（c）含水率变化11%

（d）含水率变化16.5%

（e）含水率变化22%

图4-2-4　顺坡向的剪应力等值线（单位：kPa）

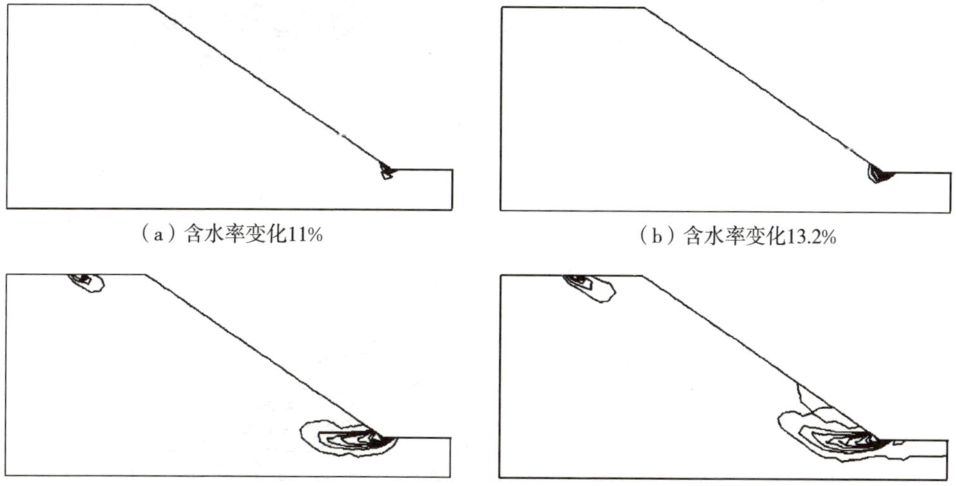

（a）含水率变化11%

（b）含水率变化13.2%

（c）含水率变化15.4%

（d）含水率变化17.6%

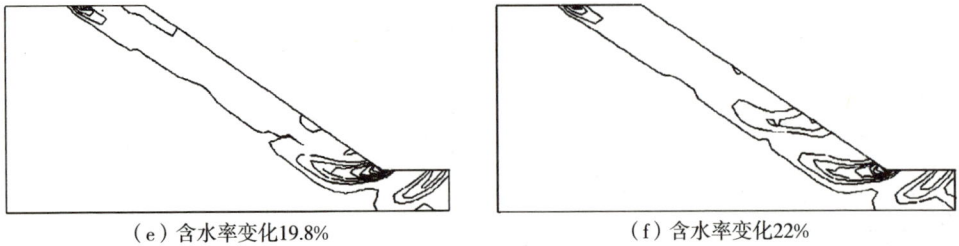

（e）含水率变化19.8%　　　　　　　（f）含水率变化22%

图 4-2-5　等效塑性应变等值线

　　这是因为边坡在自重作用下,剪应力水平很低。随着膨胀变形增大,首先在坡脚出现塑性区(产生塑性应变),并逐渐向上扩展,随后,在其之上出现第二个塑性区,并逐渐出现多个塑性区,最终塑性区相互贯通,边坡失稳。

　　对抗剪强度折减进行稳定分析,计算结果如图 4-2-6、图 4-2-7 所示。当将强度折减到 1/0.92 时,已经形成大片塑性区域,但这时还未完全贯通;当峰值强度折减到 1/0.93 时,边坡中下部已经形成了一个完全贯通的等效塑性应变区域,由此可推断,在当前的计算参数取值条件下,含水率为 22% 时,安全系数为 0.92。

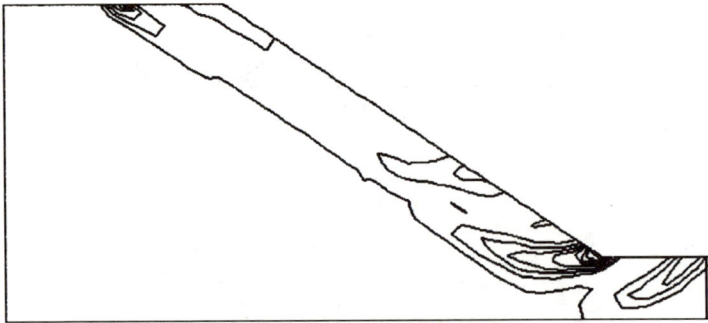

图 4-2-6　当强度折减到 0.92 时塑性区分布

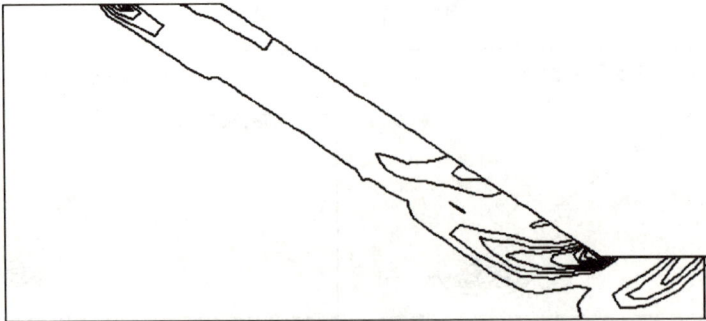

图 4-2-7　当强度折减到 0.93 时塑性区分布

图 4-2-8~图 4-2-9 分别为当含水率变化范围为 22% 时的水平、竖向位移等值线。最大水平位移为 9cm 左右,最大变形发生在坡体下部约 1/3 处,与模型试验测得的最大位移 8.2cm 数量级、位置均吻合良好,进一步证明了膨胀模型的合理性。

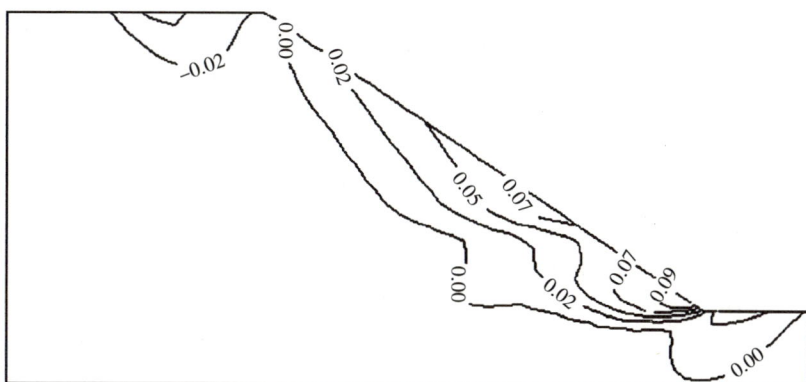

图 4-2-8　当含水率为 22% 时的水平位移等值线(m)

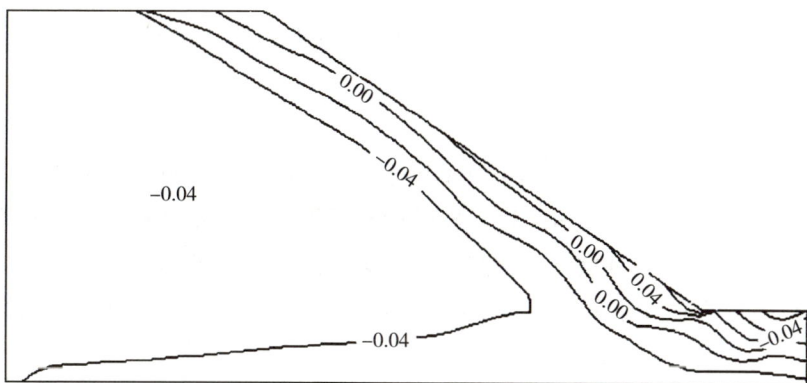

图 4-2-9　当含水率为 22% 时的竖向位移等值线(m)

以上计算结果可以说明两点:①土体吸水膨胀变形将明显地引起坡体内应力重分布,使土体内剪应力水平增大;②对于实际失稳的膨胀土模型边坡,采用室内试验得到强度指标,常规稳定分析方法得到的安全系数为 5.2,若稳定分析中考虑土的膨胀变形,得到的安全系数为 0.92。由此表明,膨胀变形是引起膨胀土边坡失稳的一个重要因素;同时,只要在膨胀土边坡稳定分析中考虑膨胀变形,其计算结果与边坡的稳定状态有很好的一致性。

判定边坡稳定计算方法是否合理,其准则是运用合适的试验方法测定土的抗剪强度,在边坡稳定分析中,采用试验得到的强度试验值,且稳定分析成果能正确地反映边坡的稳定状态。

3. 现场降雨试验的数值模拟

1)数值分析算例

以南水北调中线工程新乡膨胀岩渠段边坡降雨现场试验为分析对象[1]。根据地质勘探资料分析,该试验段裸坡 1—1 区左、右岸分别代表泥灰岩和黏土岩的地层条件。两块场地的人工降雨试验在 2008 年 9 月至 11 月进行,其中,左岸泥灰岩边坡(坡比为 1 : 1.5)在一场降雨后,发生大面积滑坡。右岸黏土岩边坡(坡比为 1 : 2.5)在三场降雨后,发生明显的膨胀变形和滑坡。根据边坡变形观测资料,降雨开始后,土体沿边坡向渠道内发生变形,变形主要发生边坡表层。从坡内变形随时间的关系曲线可见,初次降雨试验前期,最大水平变形均不超过 5mm,当累计降雨约 6h 以后,坡内的变形突然启动,水平变形急剧增加至 12mm,导致土体发生整体塑性变形,一级马道以下大面积滑坡。间歇后再次人工降雨,坡内土体第二次发生大的剪切破坏,变形量达到 21.7mm。在随后的大气降雨中,变形逐渐发展,最终导致变形 28mm,形成前缘宽 13.2m,后缘宽 5.6m,后缘跌坎高 1.5m,方量超 106m³ 的大面积滑坡。在滑坡后的一段时间内,坡内水平位移仍在持续增长。

2)计算参数取值

采用理想弹塑性本构模型,强度准则采用 Mohr-Coulomb 准则,弹性模量依据围压 100kPa 条件下的饱和 CD 三轴试验成果取值。现场降雨试验是在开挖完成九个月后才进行的,裸坡可能存在一定程度的软化作用,但计算中强度参数仍按饱和峰值强度选取。对现场试验滑坡地段泥灰岩、黏土岩原状样强度与变形参数具体取值见表 4-2-2 所列。

表 4-2-2　泥灰岩、黏土岩原状样强度及变形参数取值

岩土类别	峰值强度平均值		残余强度平均值		密度/ (g/cm³)	弹性模量/ MPa	泊松比
	C/kPa	φ/°	C/kPa	φ/°			
泥灰岩	38.6	21.1	19.2	12.7	2.30	4	0.3
黏土岩	43.2	17.1	9.5	10.0	2.12	6	0.3

泥灰岩、黏土岩的膨胀模型根据三轴膨胀试验确定,参数 a、b 见表 4-2-3 所列。

表 4 - 2 - 3　1 - 1 区泥灰岩、黏土岩膨胀模型参数

岩土类别	天然含水率/%	参数 a/%	参数 b/%
泥灰岩	9.2	5.49	−1.24
黏土岩	19.9	11.54	−2.77

3）数值分析模型及计算成果

据现场试验段观测成果,在有限元计算中,设定边坡表层 2m 深度范围内为增湿区,含水率达到完全饱和。有限元强度折减法计算表明该边坡稳定安全系数为 1.05。数值分析模型及局部坐标如图 4 - 2 - 10 所示,计算结果中应力的符号为受拉为正,受压为负(下同)。

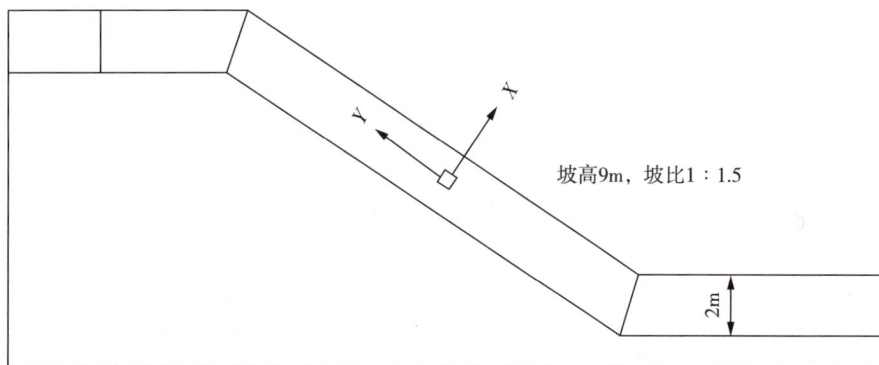

坡高9m,坡比1：1.5

图 4 - 2 - 10　计算模型及局部坐标

图 4 - 2 - 11 为不同含水率条件下坡面法向正应力等值线,因表层土体自由膨胀,坡面法向正应力在自重应力基础上变化不大,在坡脚及局部稍有变化。

图 4 - 2 - 12 为不同含水率条件下顺坡向正应力。因增湿区的膨胀作用及非增湿区的约束作用,边坡内顺坡向正应力变化明显,顺坡向正应力随着含水率的增加逐步增大,在坡脚存在应力集中,该处会先发生剪切破坏。

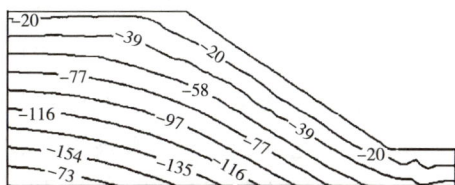

（a）含水率增量20%　　　　（b）含水率增量40%

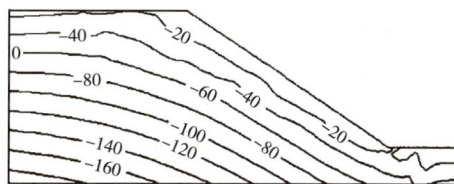

（c）含水率增量60%　　　　　　　　　（d）含水率增量80%

（e）饱和时

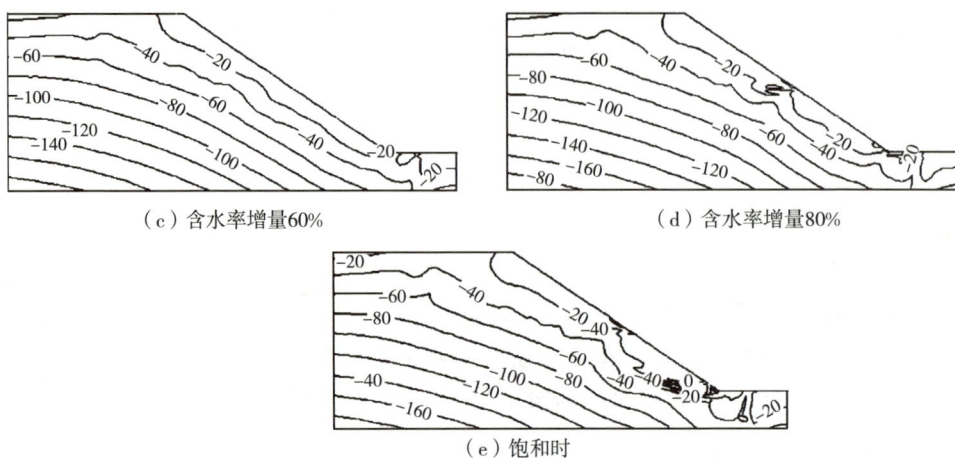

图4-2-11　坡面法向正应力等值线（kPa）

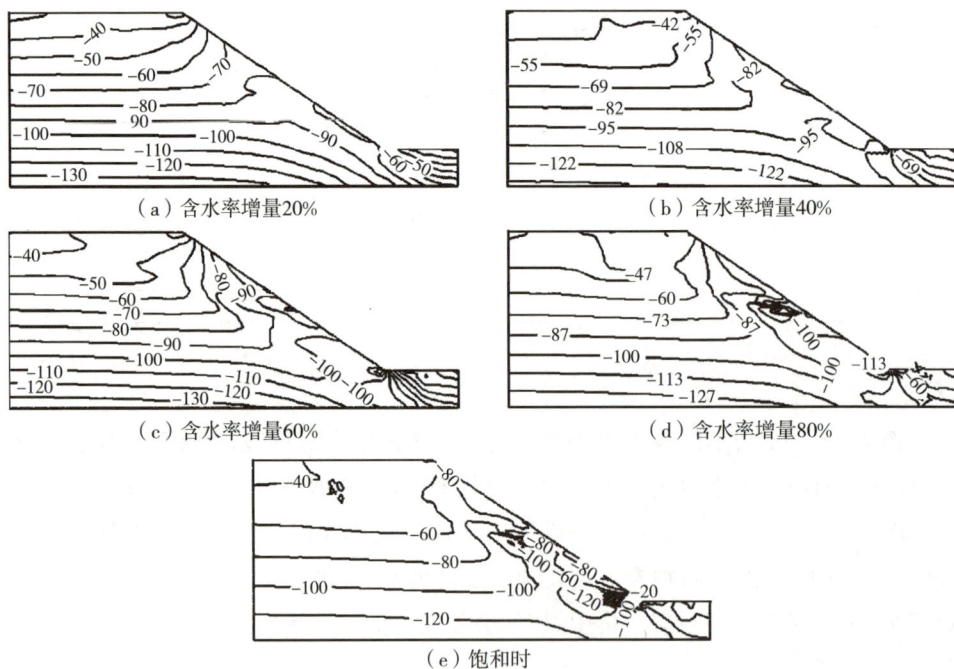

（a）含水率增量20%　　　　　　　　　（b）含水率增量40%

（c）含水率增量60%　　　　　　　　　（d）含水率增量80%

（e）饱和时

图4-2-12　顺坡向正应力等值线（kPa）

图4-2-13为顺坡向剪应力等值线，其规律与模型边坡规律一致。充分体现了增湿区与非增湿区间的约束与被约束关系，故在两区之间产生较大顺坡向的剪应力 τ_{XY}。在某一平衡点两侧顺坡向的剪应力方向相反。当某一区域破坏，抗剪能力不能增加时，又会在未破坏区域形成剪应力平衡点。

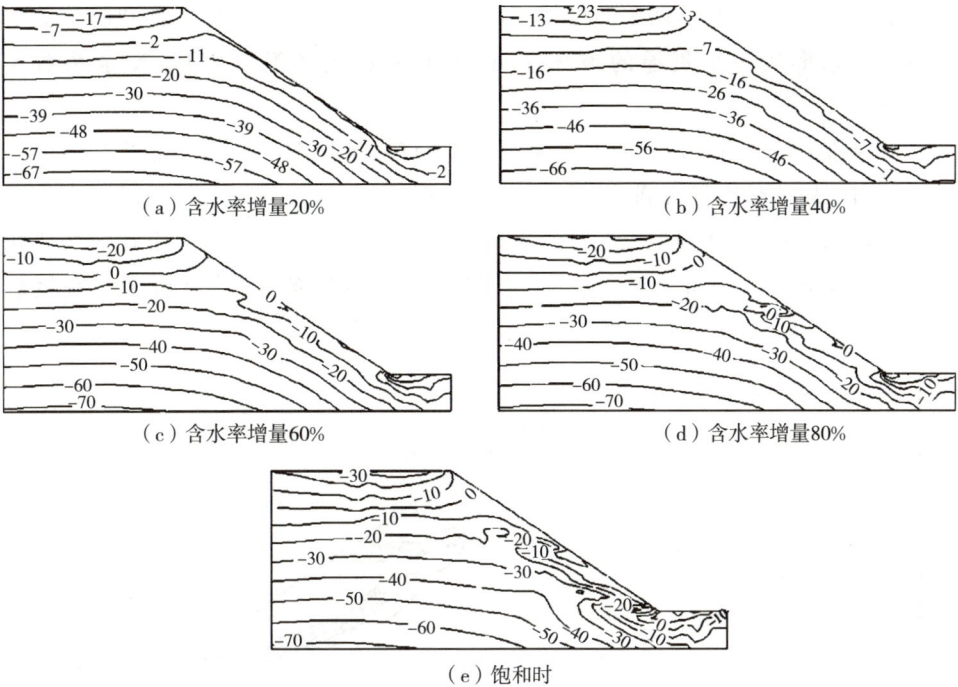

（a）含水率增量20%　　　　　　　（b）含水率增量40%

（c）含水率增量60%　　　　　　　（d）含水率增量80%

（e）饱和时

图 4-2-13　顺坡向剪应力等值线（kPa）

　　图 4-2-14 为随含水率变化引起的边坡等效塑性应变发展过程。当含水率增量为 40% 时,坡脚首先出现塑性应变区域,即剪切破坏;随着含水率增大,在边坡中部又出现一剪切破坏点,该位置为弱膨胀性泥灰岩之间的中膨胀性黏土岩夹层。

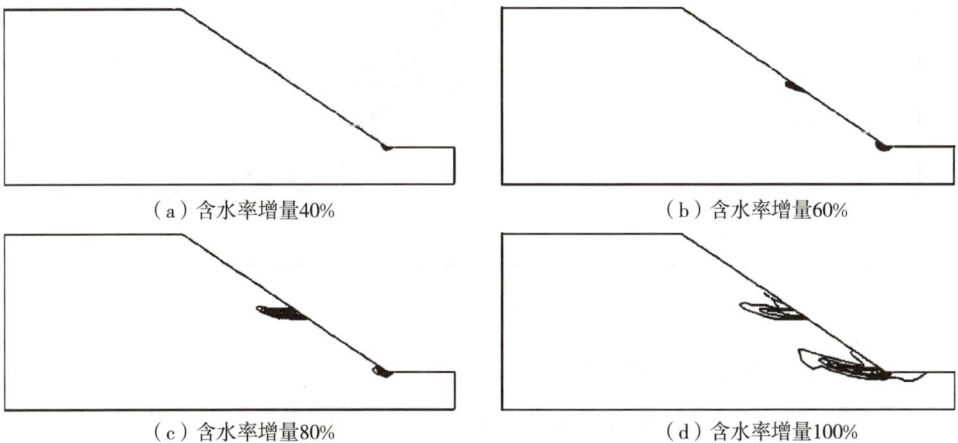

（a）含水率增量40%　　　　　　　（b）含水率增量60%

（c）含水率增量80%　　　　　　　（d）含水率增量100%

图 4-2-14　等效塑性应变区域发展过程

随着膨胀变形加大,两破坏区域逐渐扩大,并有贯通的趋势,但饱和时等效塑性应变还未形成一个贯通的破坏区,说明此时边坡还没有破坏,安全系数大于1.0。

对峰值强度进行折减计算其安全系数,计算结果如图4-2-15、图4-2-16所示。当将峰值强度折减到1/1.05时,已经形成大片塑性区域,但这时还未完全贯通;当峰值强度折减到1/1.06时,边坡中下部已经形成了一个完全贯通的等效塑性应变区域。由此可推断,在当前的计算参数取值条件下,该坡的安全系数为1.05。

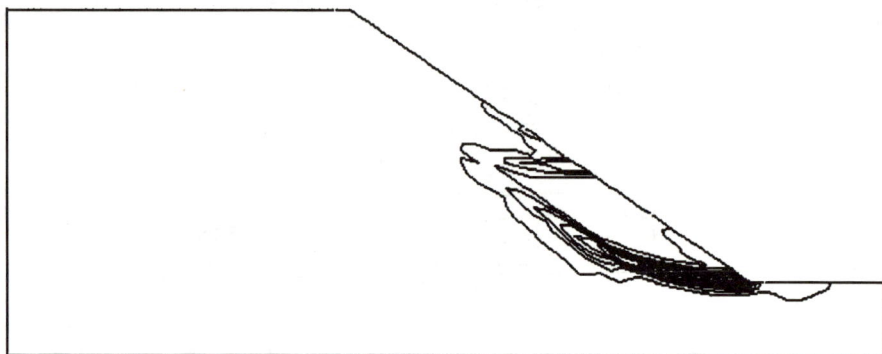

图 4-2-15   当强度折减到 1.05 时塑性区分布

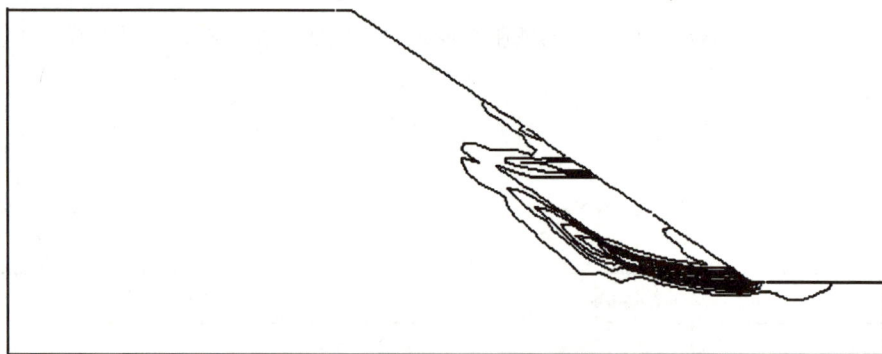

图 4-2-16   当强度折减到 1.06 时塑性区分布

4. 膨胀性引起的边坡应力变形规律性分析

大型物理模型试验与现场裸坡降雨试验充分证明了膨胀性对边坡稳定的重要影响,因此,在膨胀土边坡稳定计算中要充分考虑膨胀性的作用。我们采用考虑膨胀性的边坡稳定分析方法,通过对计算的全程跟踪,动态揭示了降雨入渗引起膨胀土边坡牵引式、渐进性、浅层滑动的破坏过程,并归纳出膨胀作用下膨胀土边坡破坏的力学机理。

(1)降雨入渗引起边坡表屋含水率增大,含水率的变化引起边坡一定深度范围内的土体发生非均匀膨胀变形,并改变边坡的应力状态。边坡法向应力和顺坡向应力均有变化,但变化量及规律不同,充分体现了增湿区与非增湿区间的约束与被约束关系。

(2)由于坡脚处边坡形态,膨胀作用将导致坡脚处土体的剪应力出现应力集中现象,首先达到土体抗剪强度而破坏,随着膨胀作用加大,破坏区域逐渐扩大,形成剪切带并逐步向上发展。

(3)随着膨胀性的进一步发挥,边坡中下部的顺坡向应力越来越大,与法向应力的差值越来越大,从而在边坡中下部的某一点会形成新的剪切带,并逐步与坡脚处的剪切带开始贯通。当等效塑性应变从坡脚到坡中某一范围完全贯通时,边坡中下部就会产生失稳滑动。

(4)当边坡中下部产生失稳后,会削弱对边坡上部未滑动土体的支撑力,剪应力水平极值部位会转移到未滑动土体的中部区域,在膨胀变形的继续作用下,未滑动土体的边中形成新的剪切带直至出现另一个局部滑动。从而形成牵引式、渐进性、浅层滑动破坏,并最终在整个边坡范围内出现叠瓦状的破坏形态。

4.2.2　结构面强度控制下的边坡稳定分析方法

1. 考虑结构面分布的边坡稳定分析方法

膨胀土地层在沉积过程中往往会形成层状结构面或结构面,而结构面具有方向性,结构面强度远低于土块强度,边坡的稳定性受结构面空间分布及其强度控制,具有各向异性的特征。

以往,膨胀土边坡稳定分析方法总体上与一般黏性土边坡无异,是将具有结构面结构的膨胀土边坡简化为分层均质的土边坡,如图4-2-17所示,并采用传统的极限平衡法计算其安全系数。这些方法的区别是如何根据室内试验或现场试验确定各土层强度的综合参数。这种稳定分析方法显然难以反映结构面结构对边坡稳定的作用。对于图4-2-18所示的膨胀土边坡,这种算法得到的左、右坡的安全系数应该是完全一致的,这显然是不符合实际的。原因在于,对于裂隙性土,以"单一土体强度指标"来反映土层强度是不合适的。

值得说明的是,膨胀土边坡的两种失稳模式是基本独立的。膨胀性引起的边坡失稳是浅层的,深部土体因所受应力的球应力较大,增湿引起的膨胀变形小(或无膨胀),不会引起土体破坏。结构面强度控制下的边坡失稳实质上是由一个或多个结构面构成的潜在滑动面,其阻滑力低于下滑力造成的整体失稳。

该类型边坡稳定性分析的难点在于膨胀土边坡中结构面的概化,以及稳定性分析中对结构面及其空间分布的模拟。边坡中结构面概化的基础是地质素描,在地质勘察中,选择代表性地段,通过探槽可给出边坡断面的结构面分布规律。对于渠道工程,可结合工程施工,在渠道沿线先按一定间距或在适当位置保留隔堤,勘察隔堤坡面的结构面分布规律,将隔堤坡面的结构面分布视为渠道边坡断面的结构面分布。

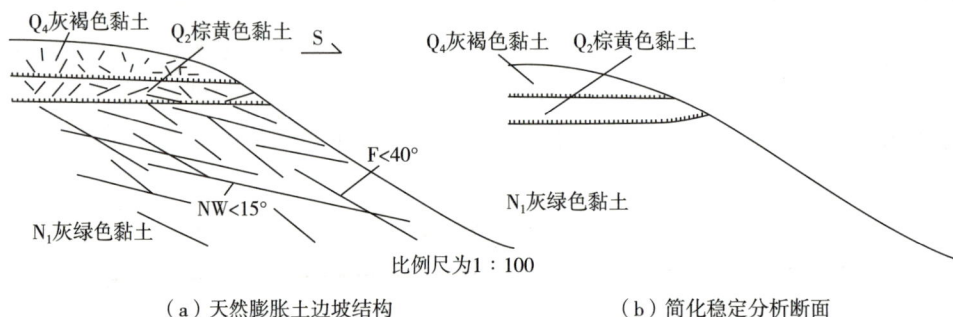

（a）天然膨胀土边坡结构　　　　　　　（b）简化稳定分析断面

图 4-2-17　膨胀土边坡常规稳定分析简化断面

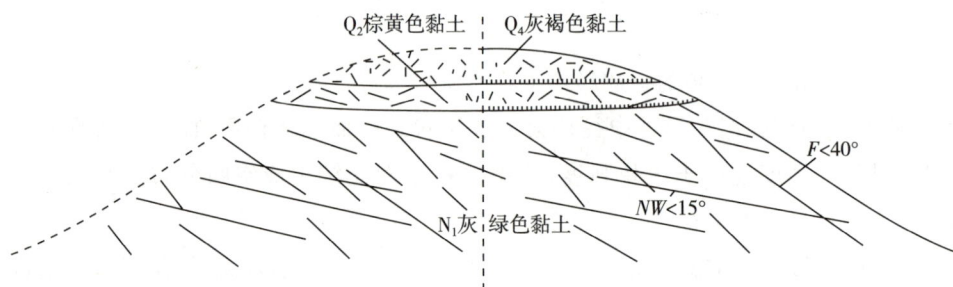

图 4-2-18　天然膨胀土边坡素描图

针对上述特征,我们提出了考虑结构面空间分布的膨胀土边坡稳定分析方法,具体分析方法如下。

(1)建立边坡结构面网络计算模型。如图 4-2-19 所示,基于地质素描,对边坡结构面进行概化,根据结构面的空间分布状态构建边坡结构面网络计算模型。

(2)定义网络单元。网络单元有两类,其一为结构面单元,强度为结构面强度;其二为土块单元,强度为土块强度。其中,结构面单元的长度、倾斜度依据边坡中结构面实际情况而定,其宽度应依据计算成果的合理性而定。网络单元定义完成意味着边坡断面土体的抗剪强度空间分布确定。

(3)稳定分析。采用极限平衡法求解边坡的安全系数通常采用条分法,这在土力学学科是非常成熟的技术。计算中,自动寻找"最危险滑动面",因其结构面强度远低于土块强度,计算得到的滑动面一定是受结构面控制的滑动面。

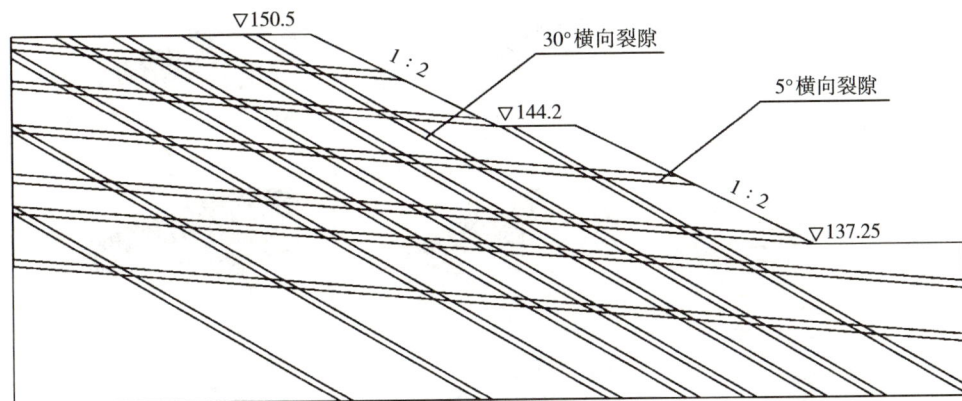

图4-2-19 结构面网络计算模型

2. 结构面对边坡稳定的影响

1)计算模型

构建边坡结构面网络计算模型如图4-2-19所示。设定该边坡为中膨胀土,坡比为1:2,坡高为13.25m,宏观上有两组结构面,一组为缓倾角结构面(倾角约为5°),一组为陡倾角结构面(倾角约为30°)。表4-2-4为相关的边坡强度参数。

表4-2-4 边坡强度参数

土类	饱和密度/(g/cm³)	C'/kPa	φ'/°	备注
土块强度	2.04	22.2	23.9	室内试验值
结构面强度	2.04	9.0	10.0	经试验和滑坡反分析综合

2)结构面的形态对膨胀土边坡稳定的影响

针对图4-2-19的边坡结构面网络计算模型,研究有、无地下水两种工况条件下不同结构面形态的边坡稳定性,计算成果见表4-2-5所列,其中实线为结构面单元,其余为土块单元。表4-2-5同时给出了相应的最危险滑动面及边坡稳定安全系数。

表 4-2-5　结构面的形态对膨胀土边坡稳定的影响

裂隙形态	无地下水位安全系数	考虑地下水位安全系数
	 1.79	 1.43
	 1.61	 1.26
	 1.46	 1.13
	 1.40	 1.08
	 1.40	 1.05
	 1.25	 0.97
	 1.09	 0.84
	 1.01	 0.78

上述算例取得如下规律性的认识：

(1)有地下水工况比无地下水工况安全系数低,符合一般规律;

(2)对于该边坡,如果无结构面,无地下水工况安全系数为 1.79,有地下水工况安全系数为 1.43,边坡处于稳定状态;如果结构面位置和方向"合适",完全由结构面构成滑动面,边坡仅在自重作用下也是不稳定的;

(3)边坡"最危险滑动面"因结构面的存在而不同;

(4)构成"最危险滑动面"的有效结构面越长,边坡的稳定安全系数越小;反过来,不是所有的结构面均成为潜在滑动面。

3)结构面的强度对膨胀土边坡稳定的影响

针对图 4-2-20(a)所示的边坡,改变其结构面强度参数进行结构面强度参数敏感性分析,逐步将结构面强度凝聚力从 9kPa 提高到 29kPa,研究结构面强度对边坡稳定的影响,得到的成果见表 4-2-6 所列。

由表 4-2-6 可知,提高结构面凝聚力,安全系数即有较大程度的提高,表明结构面的强度对边坡稳定影响较大。当结构面凝聚力提高到 19kPa,无地下水条件下安全系数达到了 1.28,有地下水条件下安全系数达到了 1.03,其典型的滑弧位置如图4-2-20(b)(c)所示。

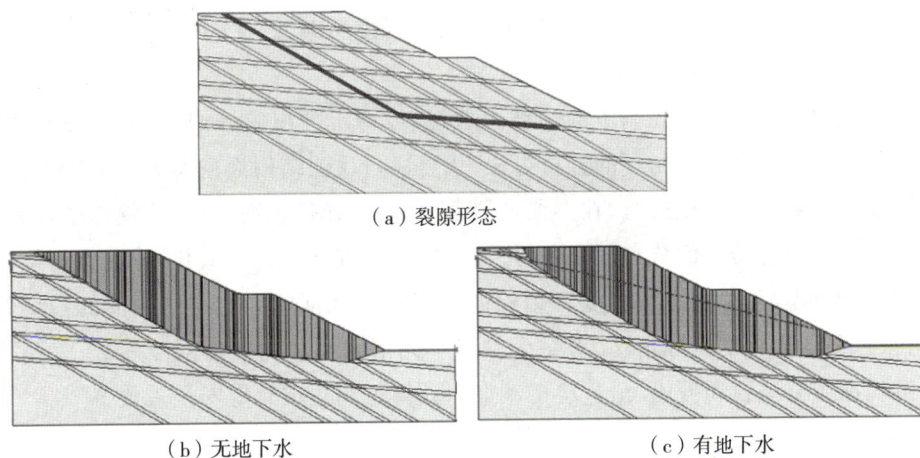

(a)裂隙形态

(b)无地下水

(c)有地下水

图 4-2-20　典型的滑弧位置示意

表 4-2-6　结构面强度对边坡稳定的影响

裂隙土凝聚力/kPa	无地下水	有地下水
9	1.01	0.78
11	1.09	0.83

（续表）

裂隙土凝聚力/kPa	无地下水	有地下水
13	1.14	0.88
15	1.18	0.93
17	1.23	0.98
19	1.28	1.03
21	1.33	1.07
23	1.37	1.12
25	1.42	1.18
27	1.47	1.23
29	1.51	1.27

4.2.3　稳定分析方法总结

常规极限平衡分析法因为不能考虑土的膨胀性而无法评价由于膨胀变形作用所引起的边坡失稳，因此，必须采用具有膨胀本构模型的有限元数值分析方法，在准确了解边坡应力应变场分布的基础上，结合强度折减法，获得边坡安全系数，对边坡的稳定性进行合理评估。

对于由结构面强度控制下的边坡失稳，边坡稳定分析应采用有别于传统以岩土体强度作为强度控制指标的分析方法，代之以可反映结构面空间分布的"结构性土边坡稳定类岩分析模式"。在渠段地质勘察中，选择代表性地段，开挖探槽，勘察得到边坡断面的结构面分布形态，对边坡地层的宏观结构进行概化，建立边坡结构面网络计算模型；采用土块强度和结构面强度分别表征膨胀土与结构面的强度特性；根据具体边坡的实际情况，对每个网络单元给定相应的抗剪强度参数；采用折线滑动面条分法自动搜索"最危险滑动面"，计算得到边坡稳定安全系数。

4.3　渠坡安全控制的设计方法

4.3.1　膨胀作用下的边坡失稳治理

换填压重治理是防治膨胀土边坡浅层滑坡的主要措施，换填土层既要防止下伏膨胀土体的胀缩变形,同时,其本身也不能产生胀缩变形或不因胀缩变形而产生剪切破坏。换填土压重治理可选择非膨胀黏性土、水泥改性土和石灰改性土、土工格栅加筋等措施。现场有非膨胀黏性土时,优先选择非膨胀黏性土换填,若无非膨胀黏性土时,应通过环境保护、造价及施工难易程度等方面对其他措施进行合理比选。

1. 换填非膨胀黏性土

换填非膨胀黏性土是指在边坡浅层一定深度内采用非膨胀黏性土进行换填,其作用机理主要体现在换填深度内的非膨胀黏性土没有膨胀性,基本不产生膨胀变形,不会因干湿循环作用而产生开裂和强度降低。换填层的压重作用可抑制下伏膨胀土体的膨胀变形。

非膨胀黏性土填料应是在经过工程地质勘探且合格的料场取得的土料,或从渠道本身开挖获得的合格土料。填筑前,应根据膨胀等级鉴别标准和方法,对所用土料进行膨胀性检测,确认为非膨胀土方可填筑使用。对土料场应经常检查所取土料的土质情况,不应含有冰、树根、表土、杂质等,土料含水率应采用满足设计及施工要求。对不同土料场应进行室内击实试验,确定填料最大干密度和最优含水率。

非膨胀黏性土治理层施工应重点控制原材料、碾压工艺和压实效果三个环节。其中,原材料应严格按照招标文件有关材料的技术指标进行控制,碾压施工参数和压实质量控制标准应根据现场碾压试验确定。

2. 换填改性土治理

膨胀土改性包括石灰改性、水泥改性、工业矿渣(粉煤灰)及其他新型改性材料改性等,近年来,各种类型土壤固化剂被用作改良膨胀土,如美国 Condor 公司的电化学土壤处理剂、美国的离子土壤固化剂,国内的 CMA 固化剂、HPZT 膨胀土改性剂等。不同改性剂的改性原理不同,效果也有较大差异。其改性机理均是利用改性材料中的活性成分与膨胀土的黏土矿物颗粒进行结合,形成新的胶结成分,实现减轻或消除膨胀性的目的。对于缺乏非膨胀性黏性土的地区,常用的换填材料一般选择采用开挖弱膨胀土料水泥(或石灰)改性后制成的水泥改性土(或石灰改性土),水泥改性土一般适用于大面积施工,而石灰改性土一般用于路基或小范围改性施工。水泥改性土的加固原理:换填层为水泥改性土,基本没有膨胀性,膨胀变形很小,不会因干湿循环作用导致开裂和强度降低;换填层的压重作用可约束下伏膨胀土体的膨胀变形,此外,换填层对大气环境影响也有一定的阻隔作用。

3. 土工格栅加筋治理

土工格栅作为一种高强度的加筋材料,埋设于土中形成复合加筋土后,一方面可提高土体的强度,另一方面可以限制土体的侧向变形,近年来广泛应用于公路、铁路、水利、机场、市政等领域。特别是 1998 年后,随着国家对土工合成材料工程应用的重视,国内已有多项工程(包括渠道、铁路、高速公路等)采用了土工格栅对膨胀土进行治理,积累了较为丰富的工程实践经验。例如,南昆线南宁—百色段采用石灰土夹层和土工格栅加固方法治理膨胀土路基病害问题,长江埠—荆门铁路(长荆线)采用土工格栅和土工网垫对中弱膨胀土路堤进行加固治理,交通部运输"西部膨胀土地区公路建设成套技术"重大项目,以及云南楚大高速公路、西安—安康铁路等用土工格栅治理中强、中弱膨胀土路堤等,均表明格栅治理膨胀土的措施是可行的,经若干年运行监测,状况良好。

此外,可以采用土工合成材料制成的编织袋包裹弱膨胀土或土工纤维改性膨胀土等技术。土工袋是将弱膨胀土装填入土工编织袋,通过编织袋的约束作用控制膨胀变形;纤维土是将各种纤维材料与膨胀土掺拌,通过纤维材料提高膨胀土的强度,抑制膨胀变形。

4.3.2 结构面强度控制下的边坡失稳治理

1. 治理措施的选择

结构面强度控制下边坡失稳的主要原因是其自身的抗滑力不足。因此,应采用锚固支挡的方法进行治理,主要治理措施包括锚杆、土钉、抗滑桩、挡土墙与砌石拱等。

"结构面强度控制下边坡失稳"模式中,边坡内的非胀缩裂隙的强度是非常低的,直接决定了边坡失稳的形态和规模,因此,如何查明和掌握结构面的分布及发育规律,成为边坡加固治理的关键问题。

在膨胀土地区的工程勘察中,除常规内容外,必须增加结构面的调查和统计的相关内容。由于钻孔取样很难揭示结构面的真实情况,在施工前的勘察期间,结构面的调查和统计原则上应采用探槽法,同时,应结合工程开挖,进行详细调查,以全面揭示结构面的分布特征。

结构面调查的内容包括结构面的类型、结构面的走向、倾向和倾角、结构面的强度参数、结构面充填情况、结构面和充填物的物理力学特性及结构面沿纵向及横向的空间分布规律。

结构面调查和统计方法:①根据工程需要,进行勘察区段的划分,由于结构面的分布特征多变,区段划分的长度不宜超过 200m。②施工前的勘察期间,开挖探槽,进行结构面的调查和统计,每个区段的探槽数量不宜少于 3 个;探槽应具有代表性,深度不宜小于 5m,长度不宜小于 15m,必要时可增加探槽的深度和长度;施工期间,应结合开挖过程进行全断面的统计和分析,对勘察期间的成果进行复核,并为设计方案的变更提供依据。③结构面应进行分类调查和统计,重点对大裂隙和长大裂隙进行统计和分析,绘制结构面的走向玫瑰图、倾角直方图,绘制结构面走向、倾向、倾角及充填物等沿深度及长度方向的分布特征图,分析提出主导结构面走向、倾向和倾角等的组合关系和规律,为结构面的概化提供依据。④针对典型结构面,进行现场取样,包括含结构面的样品和结构面充填物样品,开展室内物理力学特性的试验。⑤进行综合分析,编制结构面调查和统计的专项勘察报告。

结构面包括微裂隙、小裂隙、大裂隙和长大裂隙,不同类型的结构面对边坡的影响是有较大差异的。微裂隙和小裂隙数量众多,规模较小,分布的随机性较强,仅对局部土体的强度有一定影响,可在土体强度参数中进行反映,即通过原状样的室内试验,获得含有微裂隙和小裂隙的膨胀土体强度参数。大裂隙和长大裂隙对边坡的稳定影响较大,往往成为边坡滑动面的组成部分,因此,其影响必须另行考虑。

根据结构面的调查和统计成果,参考边坡的倾向,以结构面的倾向、倾角和规模等参数进行组合,并从工程安全的角度出发,选取对边坡稳定最不利的 2~3 组结构面作为关键结构面,建立边坡稳定性分析的地质模型。

值得说明的是,在边坡稳定性分析中应通过搜索危险滑面,列出所有安全系数不满足规范要求的潜在滑面,而不是仅仅计算最危险滑面。因为含有结构面的边坡并非均质体,潜在滑面受结构面影响是可以不断变化的,各类组合潜在滑面对工程的影响是不同的,其加固设计也存在一定差别。

在边坡稳定性复核成果的基础上,从滑面深度、滑体规模、安全系数等方面出发,对所有潜在滑面进行归类分析,选择有针对性的治理措施进行加固设计。不同治理措施的设计参数,应根据边坡稳定性分析成果和工程实际情况确定。

(1)单一滑面,深度人,滑体规模很大,此类滑坡下滑推力很大,可考虑采用抗滑桩进行治理。

(2)滑面较多,深度不大,规模不大,此类滑坡的结构面发育,潜在滑面众多,边坡土体整体性差,需要进行全面加固,可采用锚杆联合坡面框格梁的锚固治理措施。

(3)当以上两种情况同时存在时,可采用抗滑桩和锚固的组合治理措施进行加固。

2. 支挡治理的主要方法

1)锚固法

锚固法是通过埋设在地层中的锚杆,将结构与地层紧紧地连在一起,依赖锚杆与周围地层的抗剪强度传递结构的拉力或使地层自身得到加固,以保持结构物和岩土体的稳定,如图 4-3-1 所示。岩土锚固是一种柔性加固技术,充分利用岩土体自身的承载力保持岩土体的稳定,使加固体不被破坏。其本质是通过锚固加强岩土体的整体性,控制岩土体的变形,避免应力的突然释放,从而保证工程安全。

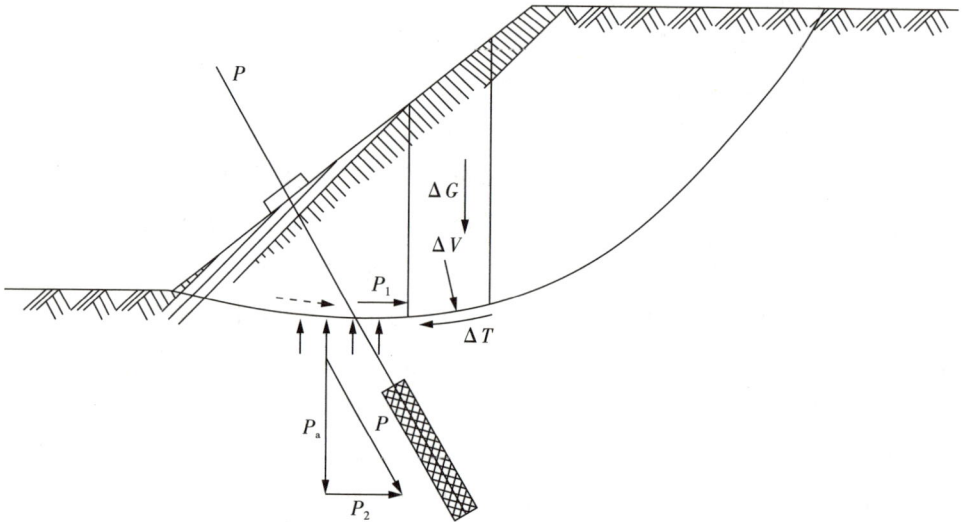

图 4-3-1 岩土锚固法加固边坡示意

对膨胀土边坡来说,通过锚杆与坡面框架梁的加固治理后,其作用主要体现在以下方面:增大边坡稳定所需的抗滑力,提高边坡的稳定性;改变土体的应力状态,对土体施压应力,提高了土体的抗剪强度;通过锚杆和表面框格梁,大大提高了赋存结构面边坡的整体稳定性。

常规锚杆由锚固段、自由段和固定端三大部分组成,其锚固力主要由锚固段锚杆与土体的黏聚力和摩擦力提供。由于常规锚杆加固边坡时,存在锚固段较长、单锚承载力低及造价高等缺点,近年来出现了多种形式的底端扩体锚杆(扩底锚)。扩底锚通过扩大锚头与土体的接触面积,充分利用土层自身的抗力,取得了效果较好,如螺旋锚、爆炸扩底锚、扩孔器形成的圆锥形扩底锚等,但受加固深度、施工工艺和质量控制等因素影响,在边坡加固中尚存在一定的问题。结合边坡的特点,借鉴伞的收张原理,提出了一种伞形锚加固技术,具有锚固力大、施工速度快、施工简单、投资少等优点,在边坡加固中具有良好的应用前景。

2)抗滑桩支挡法

抗滑桩是穿过滑坡体深入于滑床的桩柱,用以支挡滑体的滑动力,稳定边坡的加固治理措施。其对滑坡体的作用是利用抗滑桩插入滑动面以下的稳定地层对桩的抗力(锚固力)平衡滑动体的推力,以增加稳定性。抗滑桩埋入地层以下深度,按一般经验,软质岩层中锚固深度为设计桩长的三分之一,硬质岩中为设计桩长的四分之一,土质滑床中为设计桩长的二分之一。抗滑桩的布置形式有相互连接的桩排,互相间隔的桩排,下部间隔、顶部连接的桩排,互相间隔的锚固桩等。桩柱间距一般取桩径的 3~5 倍,以保证滑动土体不在桩间滑出为原则。

　　3)挡墙

　　抗滑桩是治理膨胀土滑坡的有效方法,但工程造价较高,一般用于大型深层滑坡的预防和治理。挡墙包括基础挡墙、加筋挡墙和土钉墙等,主要用于中小型渠道。对于浅表层滑坡,还可采用砌石联拱、干砌块石体等,挡墙应与排水盲沟等排水设施配合应用。

参考文献

[1] 程展林,龚壁卫. 膨胀土渠坡[M]. 北京:科学出版社,2015.

[2] 龚壁卫. 膨胀土的裂隙、强度及其与边坡稳定的关系[J]. 长江科学院院报,2022,39(10):1-7.

[3] 黄斌,程展林,徐晗. 膨胀土膨胀模型及边坡工程应用研究[J]. 岩土力学,2014,35(12):3550-3555.

[4] 李从安,许晓彤,沈登乐,等. 弱膨胀土三轴膨胀模型及其应用研究[J/OL]. 长江科学院院报:1-5[2023-06-13]. http://kns. cnki. net/kcms/detail/42. 1171. TV. 20221212. 1747. 003. html.

第5章
膨胀变形浅层滑动的边坡治理技术

膨胀作用下的边坡浅层失稳归根到底是膨胀土体发生膨胀变形而引起的。当降雨或地下水渗入时,边坡浅表层膨胀土体会形成局部饱和带,含水率不同的土体之间产生不均匀膨胀变形,导致边坡应力场重新分布,并在土体不连续变形界面上产生较大剪应力。当边坡局部应力达到塑性平衡状态时将发生土体的破坏,塑性平衡区域逐渐向四周延伸,最终导致一定范围内边坡的失稳。[1]这种由于膨胀变形导致的边坡失稳一般是由于土的剪切错动而形成多重滑动破坏面,具有明显的浅层性和牵引性。因此,对于这类边坡的浅层失稳,防渗虽可以解决一时的问题,但从长远来看,渗漏是不可避免的。因此,只有在膨胀性岩土地层上实施压重,控制其膨胀变形才是根本的治理之道。除临时工程外,压重原则上采用换填的治理方法效果最佳。具体措施包括换填非膨胀黏性土以及水泥改性土、石灰改性土等,还可以通过设置土工格栅加筋层、土工袋等其他措施。

5.1 浅层滑动压重治理方法

对于渠道等水利工程,在开挖边坡较低且无原生裂隙和结构面存在的弱膨胀土地段,应根据渠道地层土体的膨胀性和渠坡水位与地层的相互关系进行精细化的设计。具体方法如下:对渠基土体进行天然含水率、密度、饱和度及膨胀性测试,通过有荷膨胀率试验分析不同荷载条件下土体从天然状态到完全吸湿饱和以后的最大有荷膨胀率,得出土体完全吸湿饱和、膨胀变形趋于零状态所对应的上覆荷载。

根据该上覆荷载和渠基土与地下水位、渠水位的相互关系,确定是否需要进行换填土治理,以及根据当地条件,确定换填黏性土或将弱膨胀土等开挖料进行改性治理后换填。换填厚度应根据需要的上覆荷载确定。根据实测地层、地质断面,采用有限元数值分析方法和相应的膨胀变形模型,对治理渠坡边坡进行变形稳定分析,以验证治理措施的合理性。

5.1.1　换填层厚度的确定

从工程安全角度出发,以被保护层以下的地层不产生或少产生膨胀变形为标准,换填层厚度根据下卧土层的有荷膨胀率试验确定;进行不同压力条件下膨胀土的有荷膨胀率测试,测量土样从天然状态到完全吸湿饱和后最终变形(膨胀或压缩),绘制上覆荷载与最终变形的关系曲线,选取曲线上膨胀变形为零时所对应的压力值,即为需要施加的上覆荷载,将其换算成一定的换填土层厚度。

从经济合理性的角度出发,也可按以下条件确定。

(1)保证边坡稳定的换填层厚度:采用考虑膨胀变形的有限元分析方法计算边坡稳定性,提出合理的换填层厚度。对于长期暴露于大气环境中的边坡(一般为水上边坡),应结合不同治理措施对含水率的防护效果,确定合理的含水率变化深度和含水率最大变化值,选择合适的换填厚度;对于长期处于水位以下的边坡,应考虑土体起始含水率和含水率的最大变幅(起始含水率至饱和状态),选择合适的换填厚度;对于膨胀性较弱且长期处于地下水位以下的地层,可不进行换填处理,前提是考虑膨胀变形的有限元分析不产生塑性平衡区域。

(2)满足变形控制要求的换填层厚度:对于一般边坡,变形控制要求较低,能满足边坡稳定的要求即可,可不进行变形控制。对于有上层结构的边坡且对变形的要求较高时,应根据设计允许变形量,计算所需的换填层厚度。

换填厚度的最终确定,应结合工程安全和经济合理等因素,并满足变形控制和稳定性以及施工工艺和工程条件因素等综合考虑。

(3)结合治理措施的施工工艺和工程条件,最终确定换填层厚度。

5.1.2　边坡坡比和换填压实度及层面控制

在"膨胀作用下的边坡失稳"模式中,膨胀性起着主导作用,而坡比不是主要因素。对于结构面不发育、稳定性安全储备较大的地段,边坡可适当加陡。对于弱膨胀土边坡,边坡比可以考虑采用1∶1.75～1∶2.0,对于中膨胀土边坡,边坡比可采用1∶2.0～1∶3.0,具体边坡比应通过考虑膨胀变形的有限元分析和极限平衡分析进行稳定性复核。

换填层压实度的控制可遵循以下原则。

(1)换填非膨胀黏性土的压实度应满足相关设计规范规定并经现场碾压试验

后确定。

(2)开挖回填料的压实度应根据标准击实试验、强度试验、渗透试验和膨胀性试验综合确定。

(3)开挖回填料的后期膨胀性能及强度,与压实度大小关系密切。压实度越大,强度越高,但膨胀潜势也大;而压实度越小,膨胀潜势越小,但强度也越低。因此,开挖回填料的压实度既要达到最低要求,又不能过高。根据以往的研究和实践,建议开挖回填料的压实度采用双限范围进行控制,采用轻型击实标准,压实度控制为 0.95 左右,具体参数可按照实际工程情况复核和优化。

采用换填法治理边坡,当换填层与渠道原坡面渗透性存在较大差异时,应复核处理层的抗浮稳定性,防止雨季形成过大的水头差,导致出现换填层的顶托破坏。对地下水位较高或透水性较大的地层,在换填层与原边坡的接触面上,应合理设置排水盲沟或排水垫层,以减少换填层内外两侧的水头差。

5.2　压重厚度精细化确定及工程实例

膨胀土的膨胀潜势与其膨胀性等级、干密度、起始含水率等因素直接相关。在上述因素一定的情况下,可以通过试样的有荷膨胀率试验,确定不产生膨胀变形的上覆荷载,从而换算得到需要的压重厚度,这是膨胀土边坡换填治理的常规方法。[2-3]但是,对于实际工程中的边坡而言,由于地层结构的复杂性、地层形成条件的差异、气候环境和水文地质条件的变化等,保证膨胀作用下边坡稳定的压重厚度有时难以通过室内试验简单的确定。为此,本节以引江济淮工程低河堤弱膨胀土地段治理为例,提出了边坡换填厚度精细化确定方法[2-3]。该方法的前提是正确模拟膨胀土的膨胀特性及其影响因素,并采用满足变形相容条件的有限元方法进行计算分析。

5.2.1　工程基本情况

引江济淮工程初步设计将河道岸坡堤顶高程低于 7.3m 的堤段确定为低河堤段。该部分地段,如小合分线部分地段等,渠基土大多属于弱膨胀性土,河渠水上部分坡高较低(堤顶高程小于 7.3m),部分坡体长期处于水位以下,是否需要换填水泥改性土、换填厚度多少合适是值得深入研究的。[4-5]

根据勘察报告,小合分线部分堤段河渠边坡多位于输水水位以下,土体自由膨胀率为 25%～65%。其地层可分为两种结构：一种是上层为非膨胀土、下层为重粉质壤土的双层结构，另一种为均一重粉质壤土结构。该段河渠堤顶高程为 7.3m，渠底设计高程为－1.4～0.3m，开挖边坡高 7.0～8.7m，设计输水水位分别为 5.34m 和 4.18m。

5.2.2　膨胀土的膨胀特性

选取代表性膨胀土原状样进行天然含水率、干密度、自由膨胀率、无荷膨胀率、有荷膨胀率试验，试验成果如图 5－2－1 所示，典型膨胀土原状样的膨胀特性见表 5－2－1 所列。

经过分析可知，膨胀土的有荷膨胀率随着上覆荷载的增大而减小。在较小压力作用下，其膨胀率相对无荷条件下而言急剧下降，表明较小的上覆荷载对样品的吸水膨胀变形具有明显的抑制作用。土样的自由膨胀率越小，上覆荷载对膨胀的抑制作用越显著。

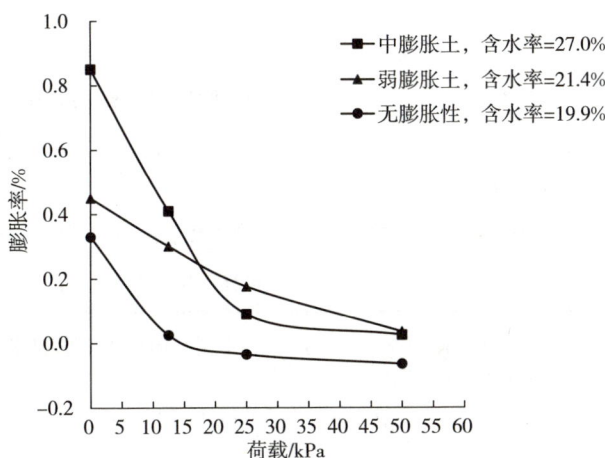

图 5－2－1　典型膨胀土原状样的膨胀率与荷载关系曲线

表 5－2－1　典型膨胀土原状样的膨胀特性

试样编号	天然含水率/%	干密度/(g/cm³)	自由膨胀率/%	不同竖向压力下的膨胀率/%			
				0kPa	12.5kPa	25kPa	50kPa
19＋700	27.0	1.52	65	0.85	0.410	0.090	0.025
6＋300(水下)	21.4	1.68	49	0.45	0.301	0.176	0.035
6＋300(水上)	19.9	1.69	25	0.33	0.025	－0.035	－0.065

　　为建立数值分析膨胀变形模型,研究人员进行了中、弱膨胀土重塑样的无荷、有荷膨胀率试验,试验成果如图 5-2-2 所示,弱膨胀土重塑样的膨胀特性见表 5-2-2 所列。

　　无论中膨胀或弱膨胀土,在相同的压实度(干密度)条件下,随着初始含水率增大,试样的有荷膨胀率减小。相同初始含水率和压实度下,膨胀土的有荷膨胀率随上覆压力增大而减小。在较小的上覆压力范围内,膨胀率随荷载增大而急剧下降,表明较小的上覆荷载对膨胀土吸水膨胀具有明显的抑制作用,但随着荷载的增大,这种抑制作用逐渐减弱。相同起始含水率、压实度和上覆荷载条件下,膨胀率随着膨胀土的膨胀性不同而不同。

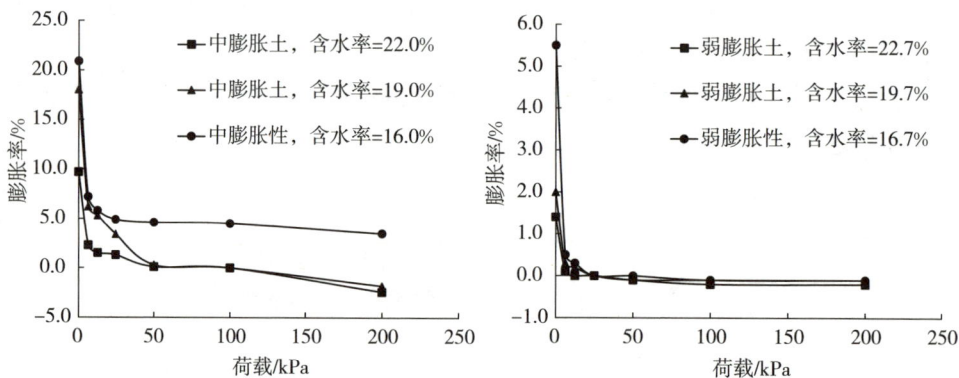

图 5-2-2　膨胀土重塑样不同起始含水率下膨胀率与荷载的关系曲线

表 5-2-2　弱膨胀土重塑样的膨胀特性

试样	桩号	高程/m	备样初始含水率/%	备样干密度/(g/cm³)	不同竖向压力下的膨胀率/%						
					0kPa	6.25kPa	12.5kPa	25kPa	50kPa	100kPa	200kPa
中膨胀土	19+700	4.5	22.0	1.52	9.7	2.3	1.5	1.3	0.1	0.0	-2.4
			19.0		18.0	6.2	5.3	3.4	0.3	0.0	-1.8
			16.0		20.9	7.2	5.8	4.9	4.6	4.5	3.5
弱膨胀土	6+300	2.0	22.7	1.68	1.4	0.1	0.0	0.0	-0.1	-0.2	-0.2
			19.7		2.0	0.3	0.2	0.0	-0.1	-0.1	-0.1
			16.7		5.5	0.5	0.3	0.0	0.0	-0.1	-0.1

　　试验研究表明,对于该段河渠的弱膨胀土,当上覆压力为 6.25kPa(对应上覆土体高度约 30cm)、天然含水率大于 20%时,土体的膨胀变形可忽略不计,意味着该段河渠边坡水下部分可不治理,水上部分边坡采用表层 30cm 耕植土植草治理即可。

5.2.3　边坡稳定分析

研究人员采用满足变形相容条件的有限元方法,分析边坡在膨胀变形作用下的稳定状态。考虑膨胀作用的边坡稳定分析应正确模拟膨胀土的膨胀特性及其影响因素,解决该问题的首要前提是通过试验研究膨胀土的吸湿膨胀过程,得到准确、客观的吸湿膨胀模型。

1. 膨胀模型

为揭示膨胀土边坡在膨胀变形作用下内部应力的变化规律,采用理想弹塑性本构模型,强度准则选择 Mohr - Coulomb 准则。Mohr - Coulomb 强度理论为最常用的抗剪强度理论,表示在某一平面上的剪应力等于土的抗剪强度时,发生剪切破坏。抗剪强度与正应力成线性关系,可以用如下式子表示:

$$\tau = c + \sigma \tan\varphi \tag{5-2-1}$$

式中,τ 为受剪切面上的剪应力;σ 为受剪切面上的法向正应力;c 为土体凝聚力;φ 为内摩擦角。

2. 膨胀土的膨胀模型及数值实现

湿度场理论的基本思想如下:①膨胀土吸水后产生体积膨胀和软化,恰好类似材料的温度效应。一般材料当温度升高时会产生体积膨胀和软化。②当物体上受到某个热源作用时,体内会形成一个热传导方程控制的温度变化场。而当土体受到某个水源(或湿空气)作用时,土体内也会形成一个受水分扩散方程控制的湿度变化场。

对于膨胀应力的计算可采用初应变法,即以类似温度应力场的形式施加到土体上。

我们通过三轴膨胀试验得到三轴应力状态膨胀模型。对于初始含水率和压实度一定的膨胀土,充分吸湿至终了含水率引起的体积膨胀率与平均主应力的对数成较好的线性关系。球应力状态膨胀率可用式(5-2-2)来表示:

$$\varepsilon_v = a + b\ln\left(1 + \frac{\sigma_m}{p_0}\right) \tag{5-2-2}$$

式中,ε_v 为充分吸湿引起的体积膨胀率(即体变)(%);σ_m 为平均主应力(kPa);$p_0 = 1\text{kPa}$;a、b 为与初始含水率有关的模型参数。

终了含水率与上覆荷载可采用式(5-2-3)模拟:

$$\omega_{\text{ult}} = d + e\ln\left(1 + \frac{\sigma_m}{p_0}\right) \tag{5-2-3}$$

式中,ω_{ult} 为充分吸湿的终了含水率(%);d、e 为拟合参数。

有关学者提出了三维膨胀本构的假说,假定"膨胀应变是由于应力第一不变量的改变所引起的"。

3. 计算参数

研究人员进行了弱膨胀土三轴应力状态膨胀性试验,建立了膨胀模型。三轴膨胀试验试样的压实度为96%、含水率为20.0%,得到不同三轴应力状态下充分吸湿引起的体积膨胀率(即体变)和终了含水率,三轴吸湿膨胀变形试验结果如图5-2-3和图5-2-4所示。三轴吸湿膨胀试验表明,膨胀应变由平均主应力的改变所引起,土体中围压越大其产生的膨胀变形越小。

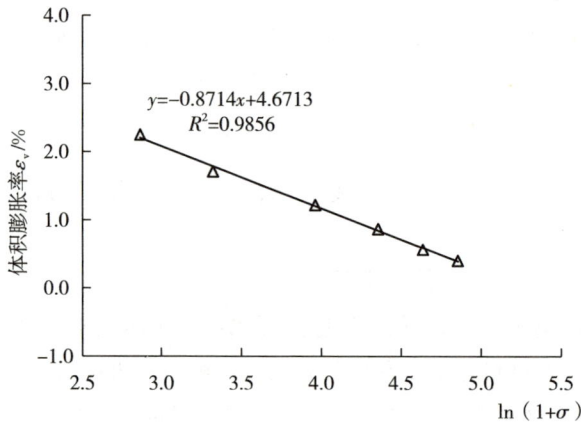

$$y=-0.8714x+4.6713$$
$$R^2=0.9856$$

图5-2-3 体积膨胀率随平均主应力变化

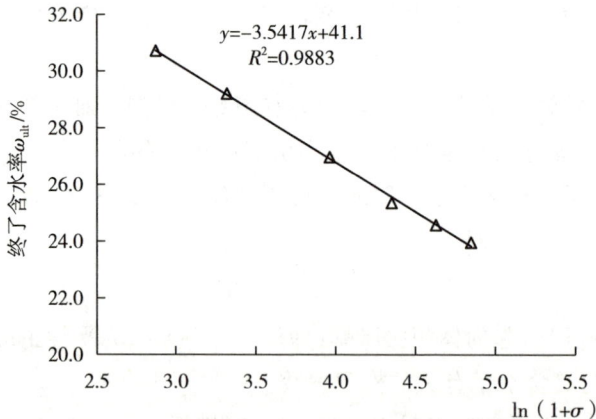

$$y=-3.5417x+41.1$$
$$R^2=0.9883$$

图5-2-4 弱膨胀土终了含水率随平均主应力变化

试验得到膨胀土体的强度参数见表5-2-3所列,球应力状态下膨胀模型参数值见表5-2-4所列。

表 5-2-3　膨胀土边坡土体强度参数

抗剪强度		干密度/ (g/cm³)	弹性模量/MPa	泊松比
c/kPa	φ/°			
40	14	1.60	8.0	0.38

表 5-2-4　球应力状态线膨胀模型参数值

参数	初始含水率/%	压实度/%	a/%	b/%	d//%	e/%
弱膨胀土	20.0	96	4.67	−0.87	41.1	−3.54
中膨胀土	20.4	96	22.7	−4.73	47.9	−4.44

4. 考虑膨胀性的边坡稳定判别准则

一般情况下,数值分析不能直接得到边坡的安全系数,尽管强度折减有限元法近年来已在边坡稳定分析中得到越来越多的应用,但对于临界状态破坏条件的判断还存在不同的看法。目前比较普遍采用的失稳判别依据主要包括以下几种:①数值计算的收敛性;②特征部位位移的突变性;③塑性区的贯通性。膨胀土边坡的有限元稳定性分析有其特殊性,膨胀变形在土体中以内力重分布的形式释放出来,是一个逐步自平衡的过程,理论上不存在收敛性的问题。因此,采用广义塑性应变的塑性开展区作为失稳判据,可以比较准确地预测边坡潜在破坏面的形状与位置。根据长江科学院已有的膨胀土边坡稳定分析方法研究成果,我们提出在膨胀土边坡稳定计算中可将等效塑性应变从坡脚到坡面某一范围完全贯通作为边坡失稳的标志。

5. 计算断面

根据河道边坡标准断面结合勘察设计成果,选取最大开挖深度为 8.7m 的 PX18+725 为典型代表性断面,该断面渠坡坡比为 1:3,一级马道高 6m,平台宽 2m,如图 5-2-5 所示。

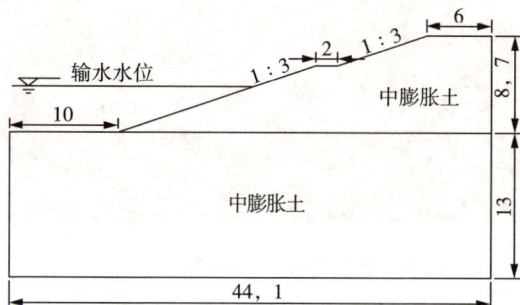

图 5-2-5　计算断面示意

6. 计算工况

以坡高为 8.7m 的弱膨胀土河渠边坡为例,在有限元计算中,将降雨工况下的湿度场分布作为边坡增湿区,地下水位以下初始饱和度为 100％,边坡浅表层初始含水率为 19.8％。基于 ABAQUS 边坡降雨入渗分析,研究人员研究了不同降雨工况后边坡浅表层含水率分别增加 10.1％、14.3％、19.6％(表层饱和)和表层 2m 深度吸湿饱和(含水率增加 19.6％)后边坡的膨胀变形。计算结果中应力的符号以受拉为正,受压为负(下同)。

7. 初始状态

以坡高为 8.7m 的弱膨胀土河渠边坡为例,设定模型输水水位为最不利工况下水位,即运行期最低输水水位为 4.1m,此时坡面受大气影响范围最大。同时将地下水位设定至输水水位高度,进行初始应力场分析。地下水位以下饱和度为 100％,边坡开挖完成后,表层裸露,考虑大气作用下地表蒸发,计算初始饱和度场,如图 5-2-6(a)所示。

根据《膨胀土地区建筑技术规范》计算得到合肥、巢湖地区大气影响急剧层深度分别为 1.44m 和 1.54m,并参考已有文献,膨胀土浅层裂隙发育深度多集中在表层 2m 深度范围以内,故数值模型主要考虑膨胀土渠坡 2m 深度范围内含水率吸湿引起的膨胀变形,不同阶段含水率增加对应模型饱和度分布场如图 5-2-6(b)~(e)所示。

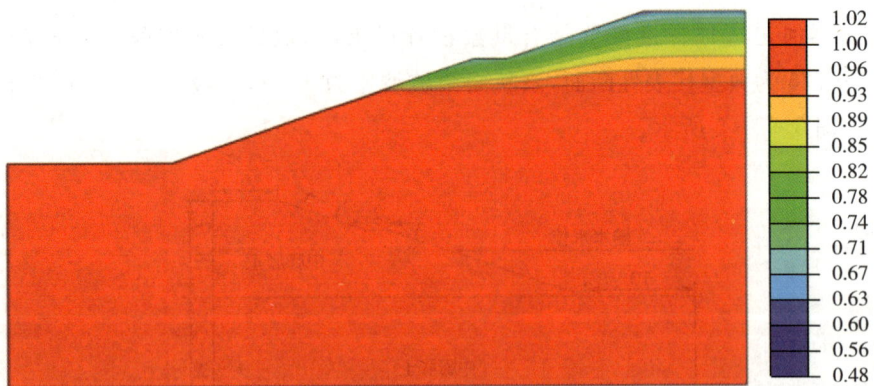

（a）初始状态饱和度分布云图

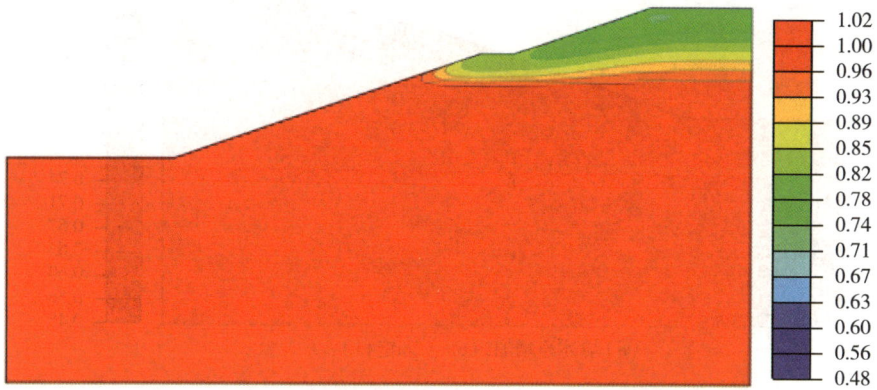

（b）含水率增加10.1%

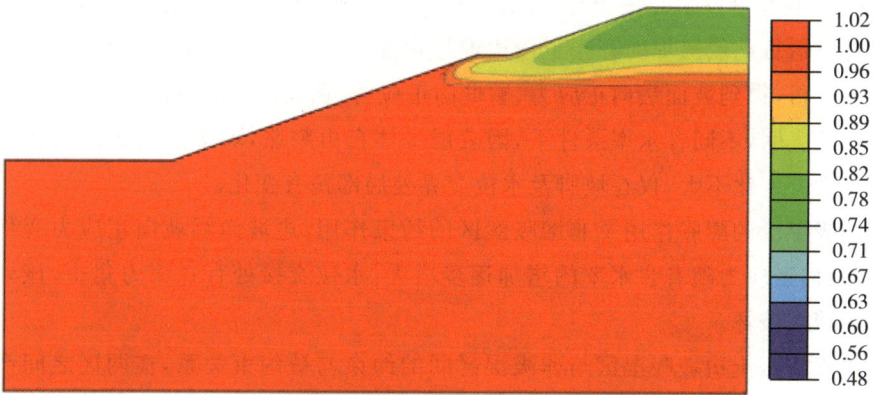

（c）含水率增加14.3%

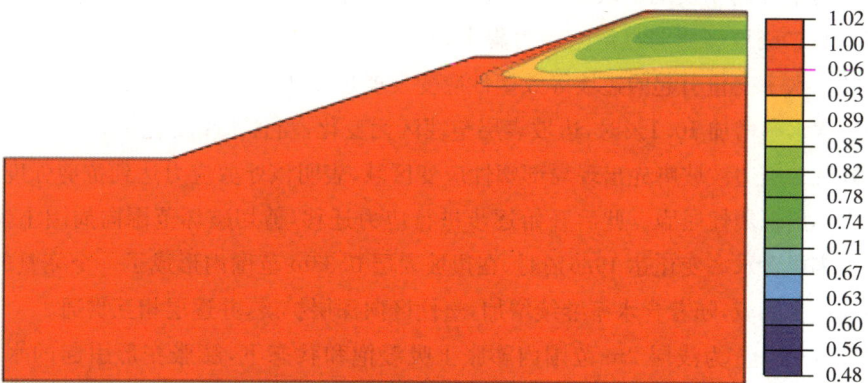

（d）含水率增加19.6%

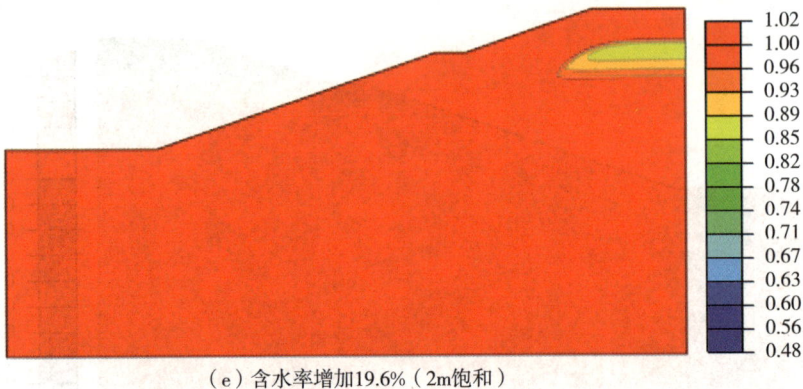

（e）含水率增加19.6%（2m饱和）

图5-2-6 饱和度分布云图

8. 低河堤弱膨胀土河道边坡稳定分析

针对运行期低河堤弱膨胀土段边坡稳定性，开展不同含水率增量情况下的渠坡稳定分析，得到坡面法向正应力、顺坡向正应力、顺坡向剪应力（图略）。

分析表明，不同含水率条件下，因表层土体自由膨胀，坡面法向正应力在自重应力基础上变化不大，仅在坡脚及水位交界处局部稍有变化。

因吸湿区的膨胀作用及非增吸湿区的约束作用，边坡内顺坡向正应力变化明显，顺坡向正应力随着含水率的增加逐步增大，水位交接处存在应力集中，该处会先发生剪切破坏。

由于膨胀土边坡吸湿区与非吸湿区间的约束与被约束关系，在两区之间产生较大顺坡向的剪应力，尤其在吸湿区上下两端变化更加剧烈。在某一平衡点两侧顺坡向的剪应力方向相反。边坡表层发生膨胀变形后，吸湿区与非吸湿区开始分别产生两个方向相反的顺坡向的剪应力，两者沿着某一中性点逐步自平衡并在水位交界和二级坡脚薄弱点产生应力集中。

随含水率变化引起的边坡等效塑性应变发展过程如图5-2-7所示。初始状态与表层含水率增加10.1%时，边坡表层塑性区无变化，当含水率变化14.3%时，水位交界处及二级边坡坡脚先出现局部塑性应变区域，表明该处剪应力达到抗剪强度，浅表层土体出现塑性屈服。此后开始逐步进行应力迁移，剪切破坏范围向周围土体延伸。当表层含水率变化达19.6%时，在边坡表层0.33m范围内形成了一个完整的等效塑性应变区域，随着含水率继续增加，塑性区向深层扩展，并逐层相互贯通。

图5-2-8为浅层2m范围内膨胀土吸湿饱和状态下，膨胀变形引起的水平、竖向位移等值线图。最大水平位移为3cm左右，最大变形发生在二级边坡中部，而最大竖向位移为5.4cm，位于坡顶位置。

（a）含水率变化10.1%

（b）含水率变化14.3%

（c）含水率变化19.6%（表层饱和）

（d）含水率变化19.2%（2m饱和）

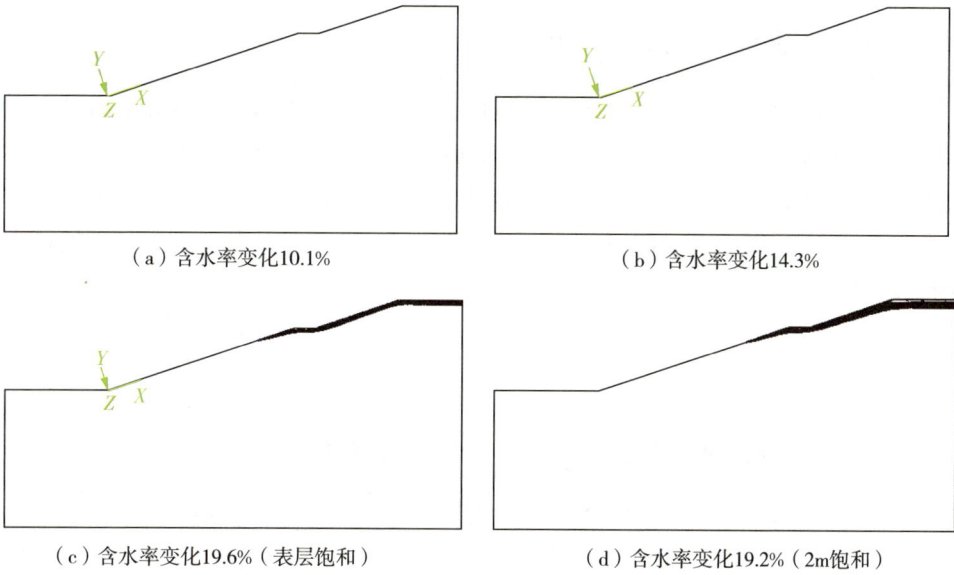

图 5-2-7　等效塑性应变区域发展过程

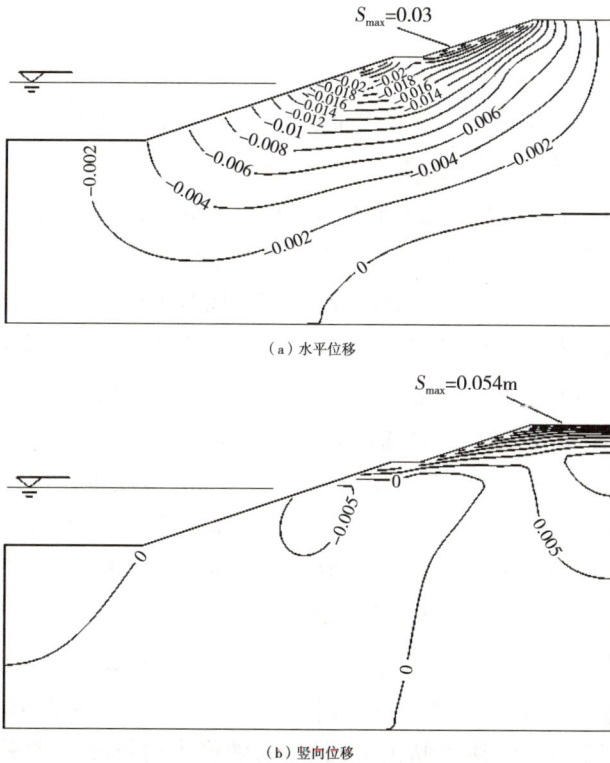

（a）水平位移

（b）竖向位移

图 5-2-8　含水率变化达 19.6%（2m 饱和）时位移等值线图

5.2.4　压重治理效果分析

为了反映换填黏土治理方案抑制膨胀土的膨胀变形效果,我们对不同厚度压重的膨胀土边坡进行膨胀变形分析。假定边坡表层深2m内含水率由初始含水率(20.0%)变化到完全饱和状态(2m深度范围含水率增量19.6%),计算无处理层与0.15m(2.7kPa)、0.3m(5.4kPa)、0.5m(9.0kPa)非膨胀的黏土压重对边坡稳定的影响,计算示意如图5-2-9所示。

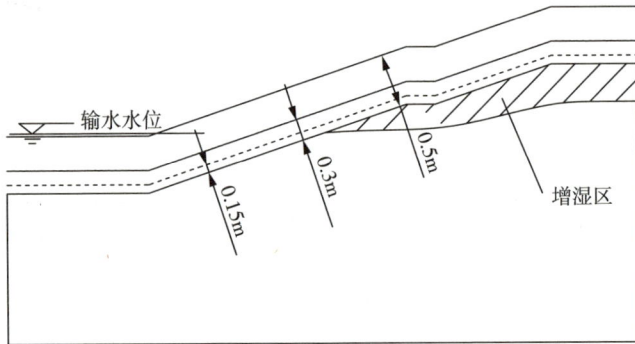

图5-2-9　不同压重厚度治理方案示意

弱膨胀土不同压重厚度下计算成果如图5-2-10~图5-2-12所示,其中,应力的符号为受拉为正,受压为负。

坡面法向应力:坡面法向应力基本为自重应力分布为主,压重厚度增加对坡面法向应力影响较小。

顺坡向正应力:顺坡向应力充分反映了膨胀性对边坡内应力的改变作用,在增湿区含水率增大过程中,增湿区具有膨胀潜势,表现为中等值线交错范围加深,压重层与非增湿区将对中间的增湿区产生约束作用,压重厚度越大,所起的约束作用越大,增湿区的膨胀潜势越小,表现为增湿区等值线越稀疏。

顺坡向剪应力:图5-2-10为弱膨胀土边坡2m深度范围内饱和时的顺坡向剪应力,伴随压重厚度的增加,增湿区等值线越稀疏,膨胀性引起的附加剪应力越小。经过0.3m压重治理后,膨胀土边坡在含水率变化较大处应力集中程度降低。

等效塑性应变:采用理想弹塑性本构模型,等效塑性应变能直观地反映剪切破坏区的位置和大小。不同含水率增量、不同厚度换填黏土工况的等效塑性应变区如图5-2-11所示。随含水率增大,剪切破坏区越大;换填黏土层厚度越大,剪切破坏区越小。经过0.3m换填黏土治理后,弱膨胀土边坡在含水率较大变化时基本无应力集中区域产生。

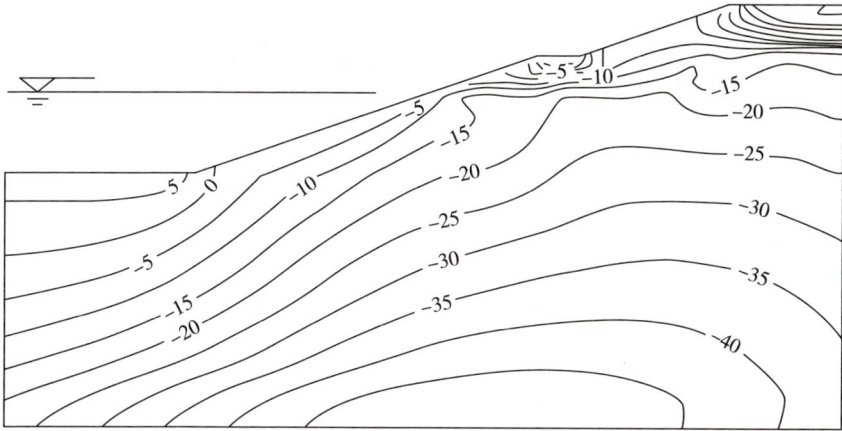

（a）无处理层顺坡剪应力

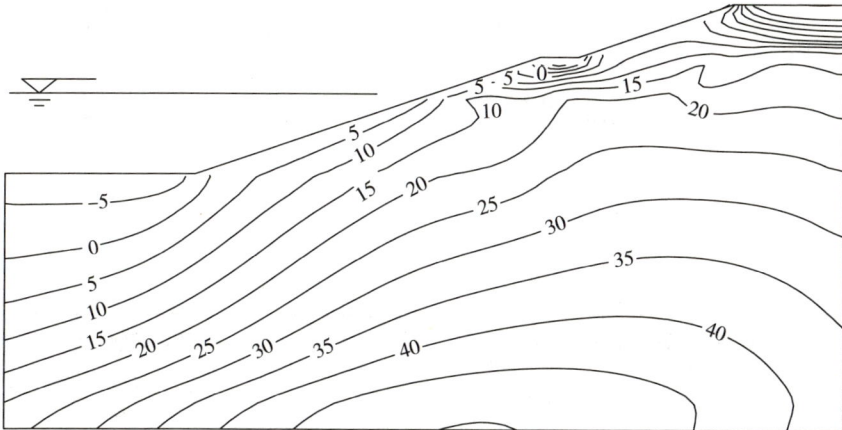

（b）0.15m处理层顺坡剪应力

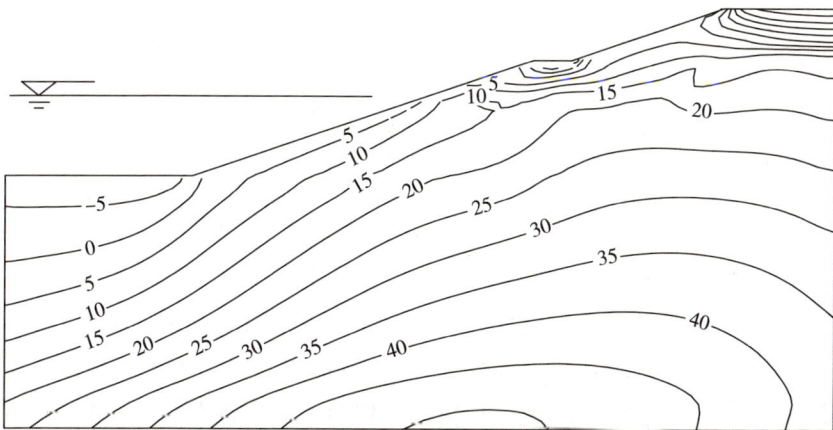

（c）0.3m处理层顺坡剪应力

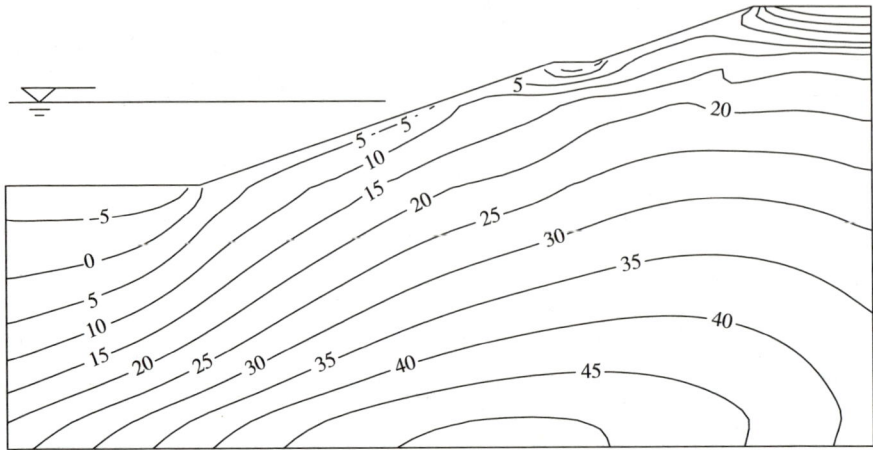

（d）0.5m处理层顺坡剪应力

图 5-2-10 含水率增量为 19.6%（2m 饱和）时各治理方案顺坡向剪应力等值线（单位：kPa）

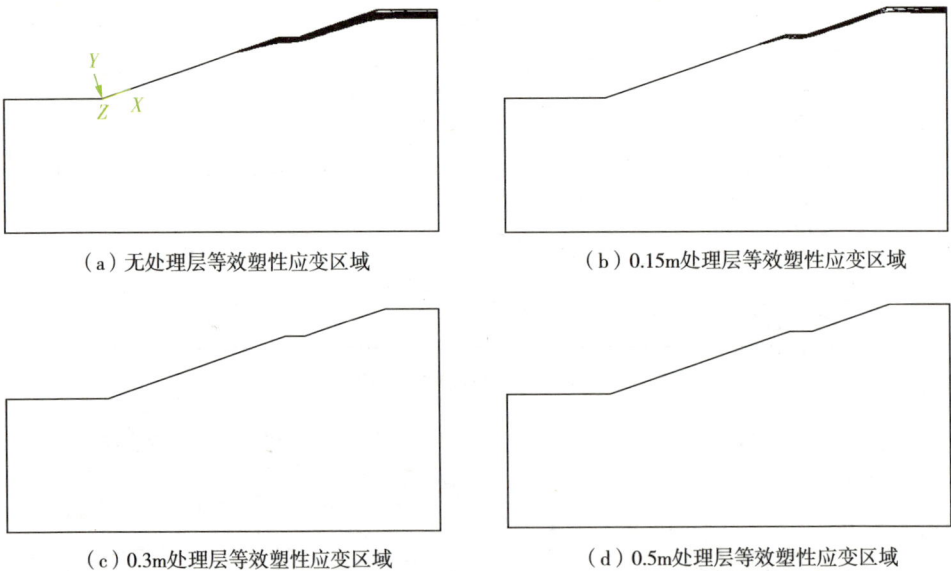

（a）无处理层等效塑性应变区域

（b）0.15m处理层等效塑性应变区域

（c）0.3m处理层等效塑性应变区域

（d）0.5m处理层等效塑性应变区域

图 5-2-11 含水率增量为 19.6%（2m 饱和）时各治理方案等效塑性
应变区域等值线（单位：kPa）

压重厚度对边坡位移的影响：图 5-2-12 为治理后坡面的法向位移（隆起），弱膨胀土无换填黏土坡面法向位移最大为 5.73cm 左右，0.3m 换填黏土坡面法向位移最大为 2.74cm 左右，而 0.5m 换填黏土坡面法向位移在 2.5cm 以内，表明换填黏土压重对坡面法向位移具有抑制作用。

S_{max}=5.73cm

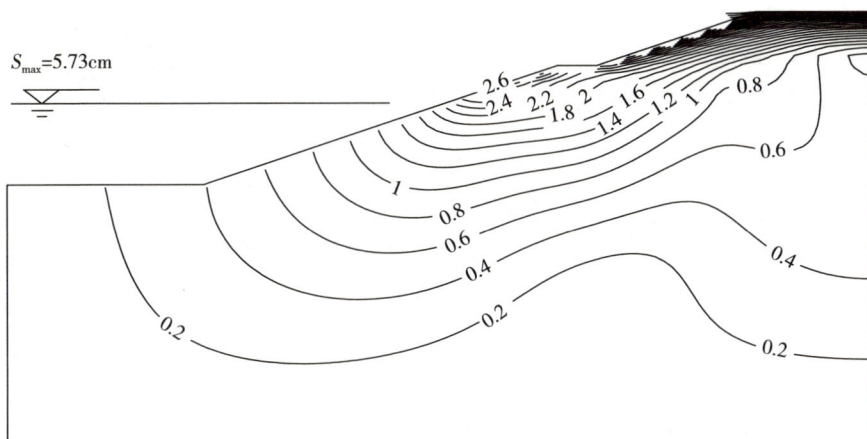

（a）无处理层总位移等值线图

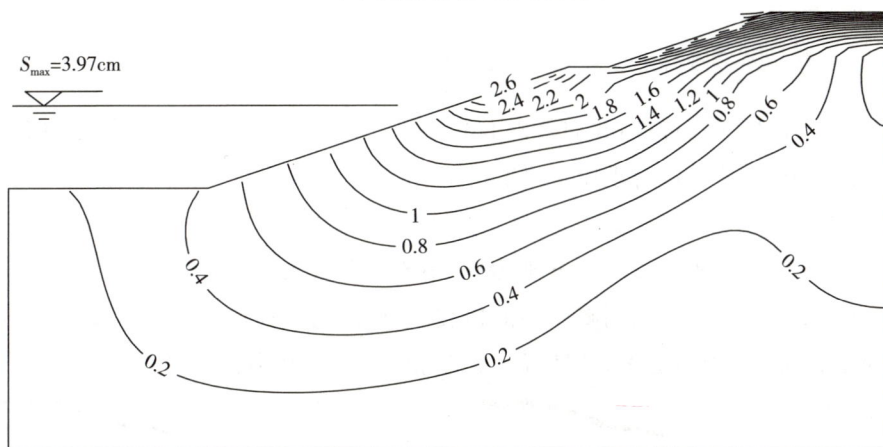

S_{max}=3.97cm

（b）0.15m处理层总位移等值线图

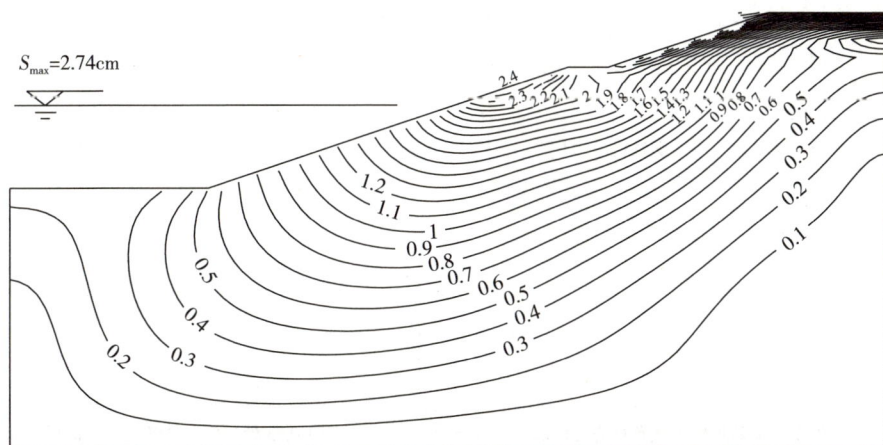

S_{max}=2.74cm

（c）0.3m处理层总位移等值线图

$S_{max}=2.41cm$

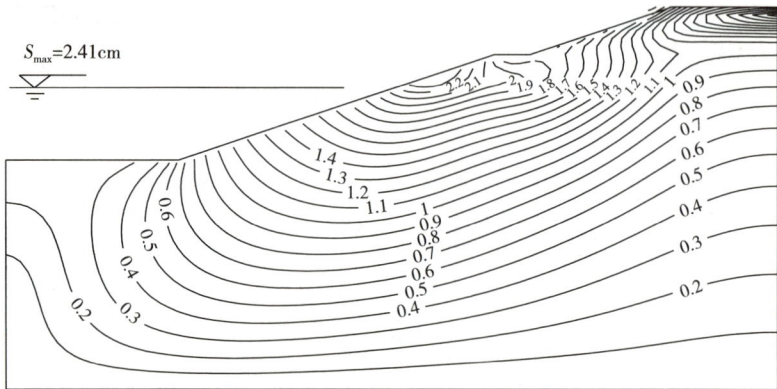

(d) 0.5处理层总位移等值线图

图 5-2-12　含水率增量为 19.6%（2m 饱和）时各处理方案总位移等值线（单位：cm）

5.2.5　不同膨胀性边坡的压重作用比较

针对不同膨胀性边坡，我们分析了不同厚度换填黏土层抑制膨胀作用的效果，研究低河堤弱膨胀土段合理压重厚度。

1. 等效塑性应变

图 5-2-13、图 5-2-14 分别为弱、中膨胀土边坡在不同压重厚度条件下等效塑性应变分布。对于相同膨胀性的边坡，塑性区均随换填黏土层厚度增加而减小；对于相同压重厚度方案，塑性区均随膨胀性降低而减小。

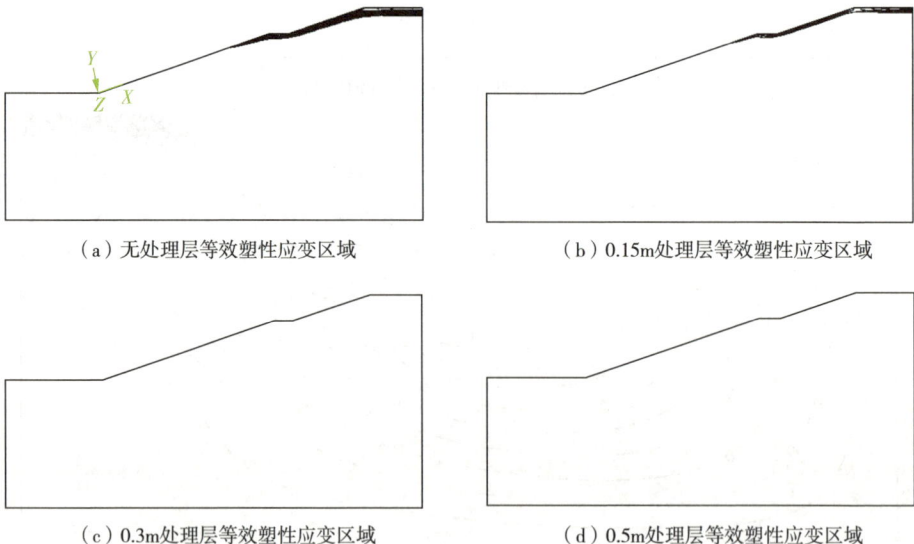

（a）无处理层等效塑性应变区域

（b）0.15m处理层等效塑性应变区域

（c）0.3m处理层等效塑性应变区域

（d）0.5m处理层等效塑性应变区域

图 5-2-13　弱膨胀土 2m 范围饱和时各治理方案等效塑性应变区域等值线

（a）无处理层等效塑性应变区域

（b）0.15m处理层等效塑性应变区域

（c）0.3m处理层等效塑性应变区域

（d）0.5m处理层等效塑性应变区域

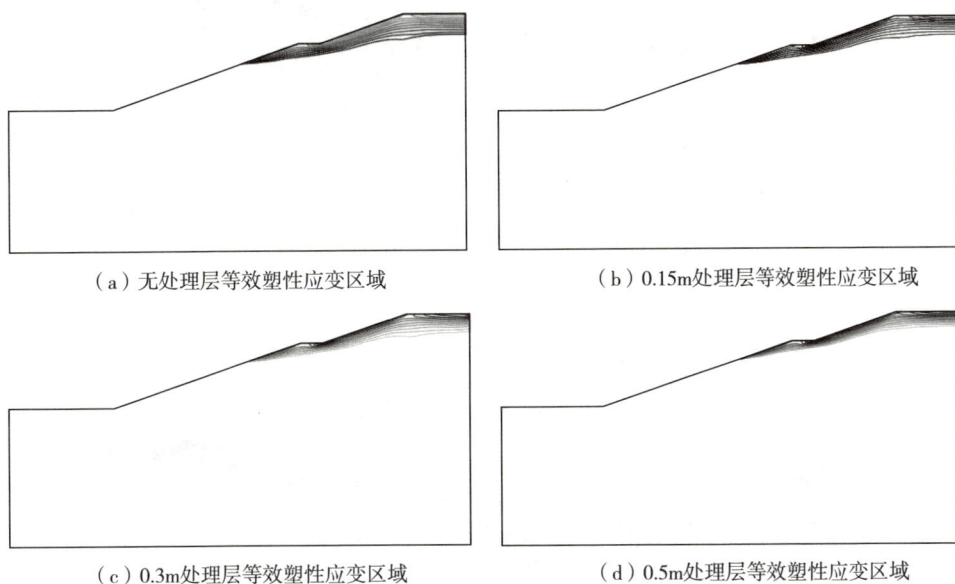

图 5-2-14　中膨胀土 2m 范围饱和时各治理方案等效塑性应变区域等值线

2. 边坡位移

图 5-2-15、图 5-2-16 分别为弱、中膨胀土边坡治理后坡面的法向位移（隆起），随着处理层厚度的增加，坡面法向位移逐渐减小。

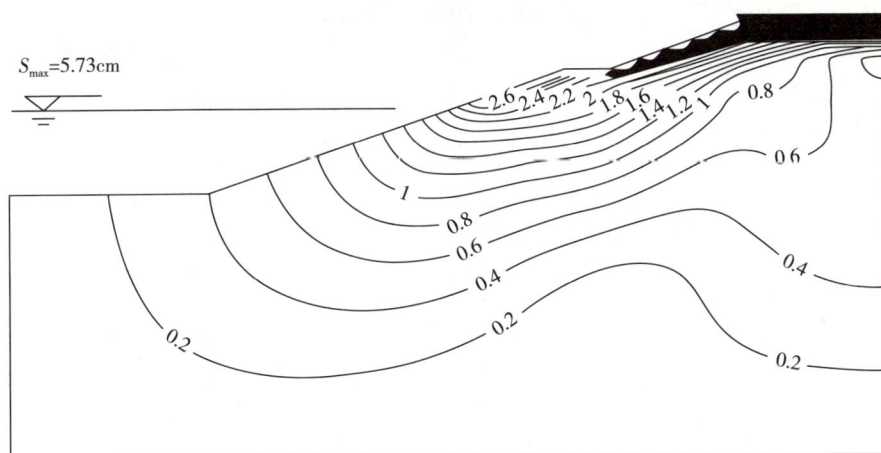

$S_{max}=5.73cm$

（a）无处理层总位移等值线图

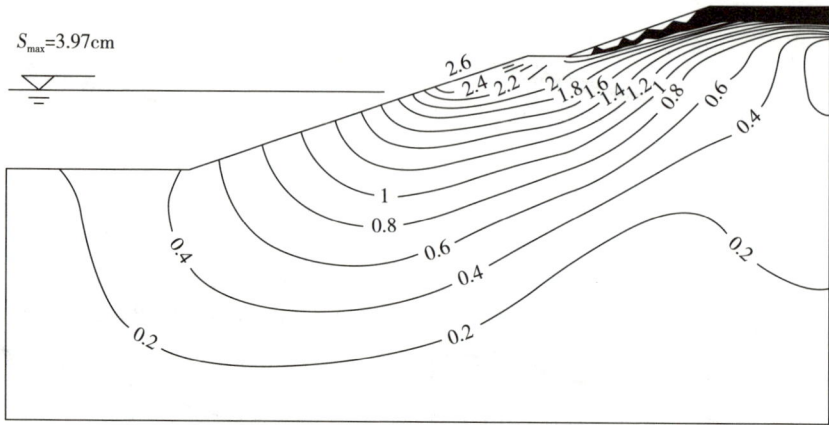

（b）0.15m处理层总位移等值线图

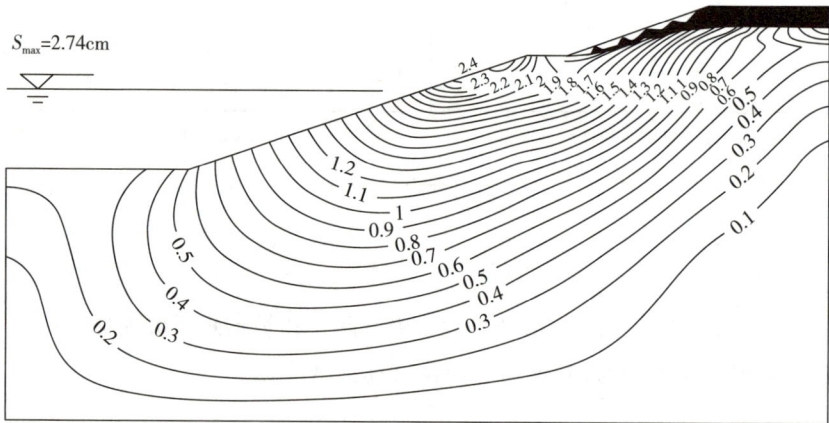

（c）0.3m处理层总位移等值线图

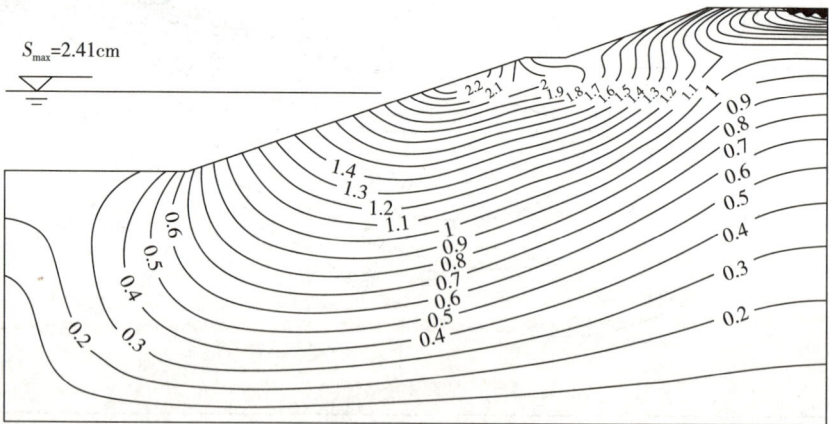

（d）0.5处理层总位移等值线图

图 5-2-15　弱膨胀土含水率增量为 19.6%（2m 饱和）时各处理方案总位移等值线（单位：cm）

S_{max}=23.42cm

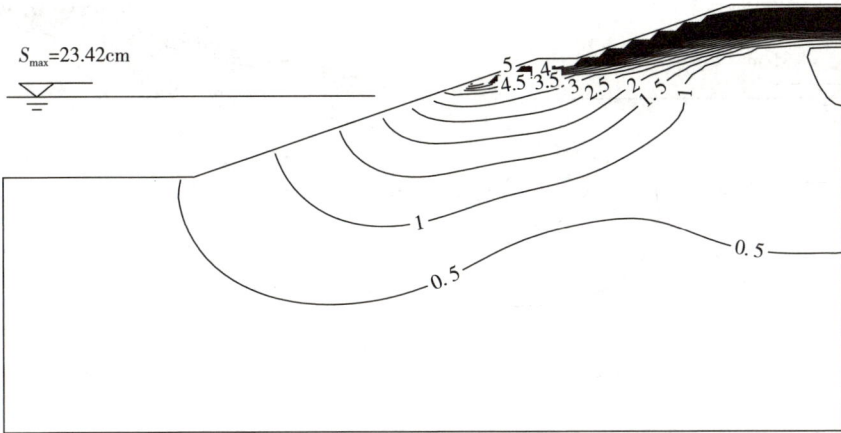

（a）无处理层总位移等值线图

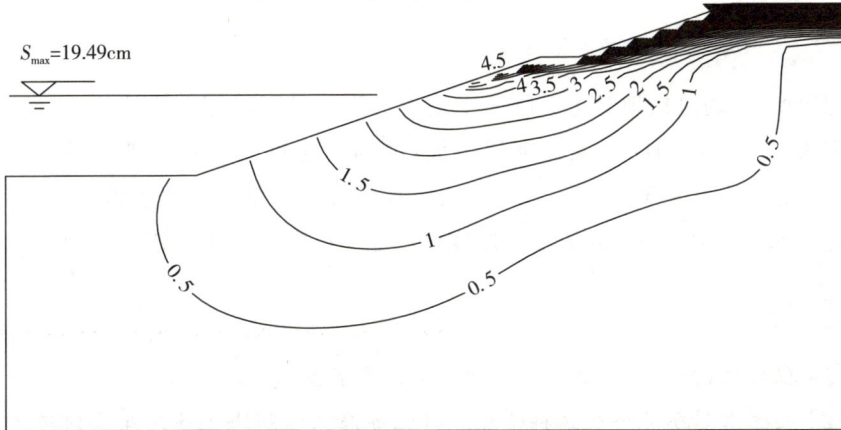

S_{max}=19.49cm

（b）0.15m处理层总位移等值线图

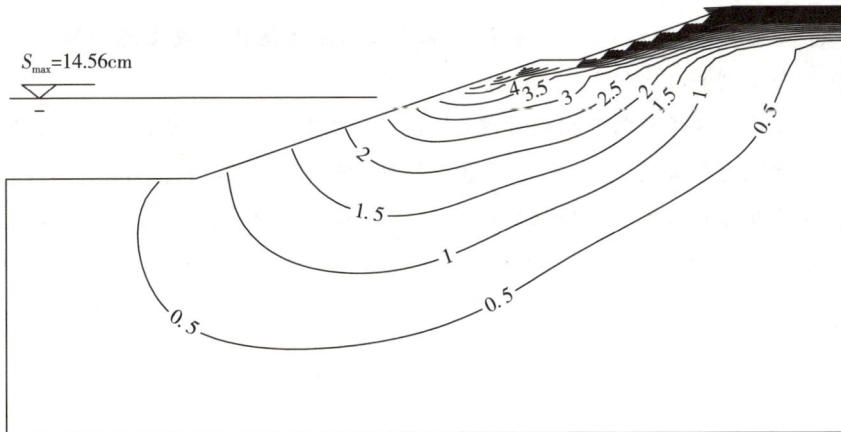

S_{max}=14.56cm

（c）0.3m处理层总位移等值线图

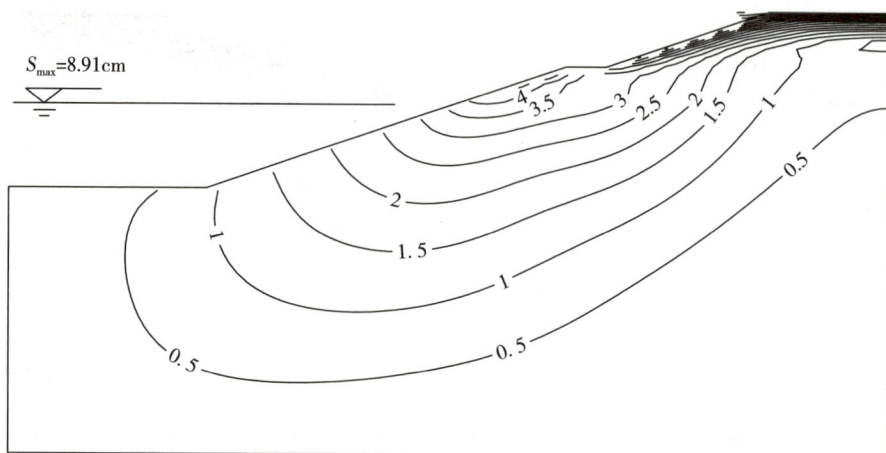

（d）0.5处理层总位移等值线图

图 5-2-16　中膨胀土含水率增量为 19.6%（2m 饱和）时各治理方案总位移等值线（单位：cm）

综上所述，通过换填黏土对膨胀土边坡的膨胀抑制作用明显增强。对于初始含水率为 20.0% 的弱膨胀土低河堤边坡（坡高不超过 8.7m）合理压重厚度应为 0.3m，即上覆压力为 5.4kPa。对于初始含水率为 20% 的中膨胀土低河堤边坡（坡高不超过 8.7m）采用 50cm 的压重厚度仍可能会产生浅层膨胀破坏。

参考文献

［1］程展林，龚壁卫．膨胀土边坡［M］．北京：科学出版社，2015.

［2］长江水利委员会长江科学院．引江济淮工程膨胀土地段生态河道关键技术研究总报告［R］．武汉：2022.

［3］龚壁卫，许晓彤，胡波．引江济淮工程膨胀土地段渠坡生态处理技术［J］．南水北调与水利科技，2023，21（5）：1007-1013.

［4］安徽省水利水电勘测设计院，中水淮河规划设计研究有限公司，安徽省交通勘察设计院有限公司，等．引江济淮工程可行性研究报告［R］．合肥：2016.

［5］安徽省水利水电勘测设计院．引江济淮工程小合分线 Y3 标施工图阶段工程地质勘察报告［R］．合肥：2018.

第6章

结构面强度控制的边坡失稳治理技术

结构面强度控制的边坡失稳主要是边坡岩土体自身的抗滑力不足所引起的，治理方式通常采用锚固、支挡的方法，主要治理措施包括锚杆、土钉、抗滑桩以及挡土墙与砌石拱等。[1]其中，抗滑桩治理技术由于抗滑效果显著和技术工艺成熟，在膨胀土边坡治理中得到了广泛的应用。从结构上讲，常规的单桩抗滑桩已经难以满足大型边坡治理的需求，群桩、双排桩以及桩-锚结合、桩-梁结合的形式已大量应用于渠道工程，抗滑桩技术的结构形式在工程实践中得到不断的改进和发展。为了减少施工占地和航道水流对边坡的冲刷，引江济淮工程膨胀土边坡治理中提出了联排管桩＋挂板的板桩墙结构形式。[2-5]本章重点介绍引江济淮工程膨胀土渠段边坡治理中的抗滑桩以及板桩墙治理技术。

6.1　抗滑桩技术

根据地勘报告显示，江淮分水岭膨胀土主要以中膨胀土为主，出露高度为15～22m，边坡下部分布有细砂岩。考虑渠道开挖深度大，边坡稳定性差，渠道未开挖前无法判断膨胀土内是否存在长大裂隙，而一旦边坡开挖换填完成，抗滑桩实施起来又比较困难，因此，研究人员预先通过假定结构面进行边坡稳定计算分析，判断是否需要增设抗滑桩是非常有必要的。

6.1.1　计算断面选择

鉴于膨胀土边坡存在潜在滑动趋势，我们对切岭段中膨胀土边坡选取 3 个典型断面进行抗滑稳定计算分析,断面特征见表 6-1-1 所列。

表 6-1-1　膨胀土边坡典型断面特征

序号	河段	桩号	土层特点
1		J45+300	第二单元,中膨胀土厚 15.0m,下部为崩解、膨胀岩
2	切岭段	J44+500	第二单元,中膨胀土厚 18.0m,下部为崩解、膨胀岩
3		J44+750	第二单元,中膨胀土厚 21.0m,下部为崩解、膨胀岩

6.1.2　计算工况

本标段河道膨胀土主要分布在 4～7 级边坡,高程为 37～58m,均位于渠道防洪水位 25.53m 以上,计算过程中不考虑水位骤降工况。河道边坡抗滑稳定计算主要分为以下三种工况。

(1)正常运用条件:稳定渗流期河道迎水坡。渠内正常输水位,地下水处于稳定渗流。

(2)非常运用条件Ⅰ:施工期河道迎水坡。渠内无水,地下水处于稳定渗流。

(3)非常运用条件Ⅱ:地震期河道迎水坡。渠内正常输水位,地下水处于稳定渗流;地震烈度 7 度,地震动峰值加速度为 0.10g。

6.1.3　参数选取

根据本区膨胀土的工程特性,将膨胀土在深度方向上分为"大气影响带"和"非影响带"。大气影响深度以上的土层为"大气影响带",大气影响深度以下的土层为"非影响带"。"大气影响带"内的膨胀土采用残余强度值,"非影响带"内的膨胀土采用折减法取值。弱膨胀土凝聚力和内摩擦角分别按"无膨胀性"建议值的75%和95%取值,中膨胀土凝聚力和内摩擦角分别按"无膨胀性"建议值的 65%和85%取值。设计考虑膨胀土的换填厚度、大气影响深度(本区大气影响深度为3.2m,大气影响急剧层深度为 1.5m)等,采用分带取参数的办法对断面进行计算。

分带参数的选取如下。

(1)水泥改性土的强度指标:黏聚力 $C=40$kPa,内摩擦角 $\varphi=15°$。

(2)岩土界面强度指标:从试验段开挖情况来看,江淮沟通段岩土界面真实存在,分布厚度不等,计算取厚度 0.6m。对于岩土交界面土体强度指标,试验段工程和地质报告分别提出各自的建议。其中,试验段室内固结快剪指标:$C=25.6$kPa,$\varphi=29.6°$,现场直剪指标:$C=54.3$kPa,$\varphi=28.2°$,地质报告指标:$C=15.0$kPa,$\varphi=$

14.0°。从几组指标可见,试验段指标与地质报告推荐指标相差较大。从试验段现场可见,地下水易从岩土界面渗出,土体渗透系数相对于其他土层较大,砂性含量高于上层膨胀土。因此,综合考虑试验段指标和地质报告推荐指标,初拟岩土界面土层固结快剪指标:$C=13.0\text{kPa}$,$\varphi=16.0°$,直接快剪指标:$C=15.0\text{kPa}$,$\varphi=14.0°$,慢剪指标:$C=10.0\text{kPa}$,$\varphi=18.0°$。

(3)结构面强度指标:结构面土体强度指标须在具体实验下得出,在无现场剪切试验且室内结构面无法重塑的情况下,根据南水北调中线工程经验,在计算过程中假定结构面土体指标,其中,固结快剪指标:$C=12.0\text{kPa}$,$\varphi=9.0°$,直接快剪指标:$C=13.0\text{kPa}$,$\varphi=5.0°$,慢剪指标:$C=10.0\text{kPa}$,$\varphi=10.0°$。同时,对陡倾角的卸荷裂隙基本为张拉裂隙,计算时 C、φ 值均取 0。

综合以上土体建议指标及土体分带参考指标,各断面不同计算工况下物理力学指标采用值见表 6-1-2 所列。

表 6-1-2　典型断面各岩土层物理力学指标采用值

计算工况			正常运行条件	非常运行条件Ⅰ	非常运行条件Ⅱ			
稳定计算控制时期			稳定渗流期	施工完建期	正常运行遭遇地震			
强度计算方法			有效应力法	总应力法	有效应力法			
岩土层物理力学指标		$\gamma/$ (kN/m³)	$\gamma'/$ (kN/m³)	$c'/$kPa	$\varphi'/°$	$C_u/$kPa	$\varphi_u/°$	$c'/$kPa	$\varphi'/°$
1	⑤重粉质壤土	中膨胀	19.9	9.9	23.0	13.0	26.0	11.0	23.0	13.0
2	⑤重粉质壤土残余强度		19.9	9.9	13.0	13.0	13.0	13.0	13.0	13.0
3	水泥改性土		20.0	10.0	40.0	15.0	40.0	11.0	40.0	15.0
4	膨胀土与岩石界面		20.0	10.0	10.0	18.0	15.0	14.0	10.0	18.0
5	⑨1、⑨2 全～强风化粉细砂岩		22.0	12.0	80.0	23.0	100.0	19.2	80.0	23.0
6	⑨3 中等风化～新鲜粉细砂岩		22.5	12.5	230.0	29.0	250.0	26.0	230.0	29.0
7	⑨粉细砂岩层面		21.0	11.0	50	19	59	15	50	19
8	膨胀土内部深层裂隙		19.9	9.9	10	10	13	5	10	10

6.1.4　计算成果

（1）考虑岩土界面、大气影响带、换填改性土、土层倾角和地下水位情况。土层倾角根据地质横剖面取5°，未考虑膨胀土内存在裂隙因素。各断面抗滑稳定计算成果见表6-1-3所列。

表6-1-3　各断面抗滑稳定计算成果（未考虑裂隙）

计算工况		正常运行条件	非常运行条件Ⅰ	非常运行条件Ⅱ	膨胀土出露高度/m
稳定计算控制时期		稳定渗流期	施工完建期	正常运行遭遇地震	
强度计算方法		有效应力法	总应力法	有效应力法	
1	J45+300	1.53	1.44	1.24	15.0
2	J44+500	1.36	1.27	1.12	18.0
3	J44+750	1.31	1.22	1.11	21.0
规范允许值		1.30	1.20	1.10	—

（2）考虑岩土界面、大气影响带、换填改性土、土层倾角、地下水位和裂隙情况。通过现场渠道开挖及地质窗口可见，边坡内存在的裂隙较多，且大多倾角小于30°。因此，在计算过程中对裂隙倾角采取最不利角度30°进行计算。各断面抗滑稳定计算成果见表6-1-4所列。

表6-1-4　各断面抗滑稳定计算成果（考虑裂隙）

计算工况		正常运行条件	非常运行条件Ⅰ	非常运行条件Ⅱ	膨胀土出露高度/m
稳定计算控制时期		稳定渗流期	施工完建期	正常运行遭遇地震	
强度计算方法		有效应力法	总应力法	有效应力法	
1	J45+300	1.48	1.37	1.20	15.0
2	J44+500	1.29	1.19	1.06	18.0
3	J44+750	1.25	1.13	1.02	21.0
规范允许值		1.30	1.20	1.10	—

（3）考虑岩土界面、大气影响带、换填改性土、土层倾角、地下水位、裂隙情况下，增加抗滑桩。在长大裂隙存在的前提下，在计算滑动面下部打入直径1.2m抗滑桩，间距为3.6m，桩深入全强风化岩内2.0m。抗滑桩计算简图如图6-1-1所示，各断面抗滑稳定计算成果见表6-1-5所列。

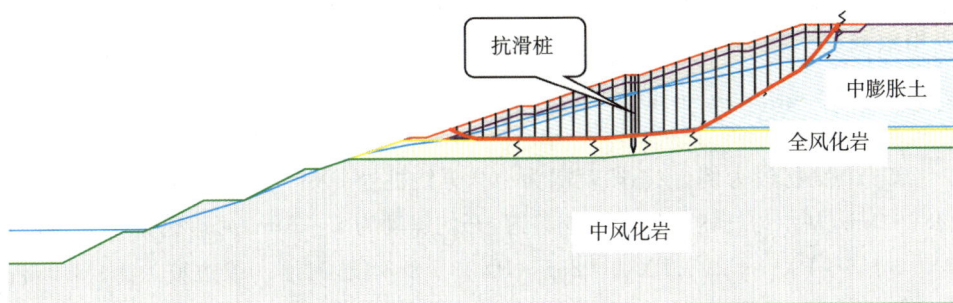

图 6-1-1　抗滑桩计算简图

表 6-1-5　各断面抗滑稳定计算成果(考虑裂隙+抗滑桩)

计算工况	正常运行条件	非常运行条件 I	非常运行条件 II	膨胀土出露高度/m
稳定计算控制时期	稳定渗流期	施工完建期	正常运行遭遇地震	
强度计算方法	有效应力法	总应力法	有效应力法	
1　J45+300	1.85	1.67	1.48	15.0
2　J44+500	1.46	1.38	1.19	18.0
3　J44+750	1.34	1.21	1.10	21.0
规范允许值	1.30	1.20	1.10	—

　　由计算成果可见,膨胀土边坡高度大于 15.0m 时,考虑岩土界面、大气影响带、换填改性土、土层倾角和地下水位,不考虑存在裂隙的情况下,断面在各种工况下都能够满足规范允许最小安全系数的稳定要求。

　　一旦考虑坡内存在长大结构面时,虽然抗滑稳定安全系数均大于 1.0,但不满足规范要求。打入拟定的抗滑桩试算,抗滑稳定安全系数均可满足规范要求。

6.2　板桩墙技术

　　引江济淮工程江淮沟通段部分中、弱膨胀土河渠开挖深度大,设计采用管桩(或灌注桩)墙+挂板的直立边坡防护结构。针对该板桩墙结构的运行状况,我们采用数值模拟、离心模型试验和现场试验等研究手段,开展了新型板桩墙结构在开挖及运行工况条件下的变形及受力分析。同时,通过预埋钢筋

计、应力、变形等监测仪器,开展了板桩墙原位观测,验证分析了板桩墙的工程
应用效果。

6.2.1　结构设计

以 Y003 标段为例,该标段范围为小合分线桩号 PX6+156~PX20+848,长为
14.692km,基本为圩区与岗地开挖渠道,开挖深度为 5~20m,河道底宽 42m,桩号
PX6+156~PX16+295、PX19+855~PX20+848 段,河道一级边坡为 1:3.0,桩
号 PX16+295~PX19+855 段为板桩墙段。板桩墙典型设计断面如图 6-2-1
所示。

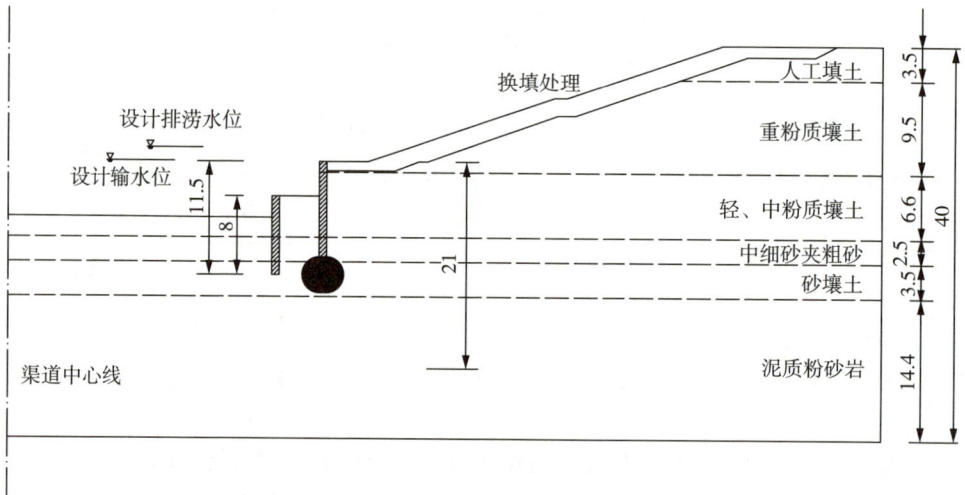

图 6-2-1　板桩墙典型设计断面(单位:m)

预应力混凝土管桩采用 PRC I 800(130)-C 型混合配筋管桩。桩身混凝土等
级为 C80,直径为 0.8m,壁厚为 0.13m,桩身横截面面积为 0.274m²。其中,前排
桩桩长为 8.0m,管桩中心距为 1.2m,桩与桩之间设 0.2m 厚 C30 预制钢筋砼挂
板,宽为 0.386~0.55m,高为 2.5m;后排桩桩长 11.5m,管桩中心距为 1.2m,桩与
桩之间设 0.2m 厚 C30 预制钢筋砼挂板,宽为 0.386~0.55m,高为 3.21~3.52m。
桩顶设 C30 钢筋混凝土框冠梁,梁高为 0.4m,宽为 1.0m,每隔 19.2~19.8m 分
缝,缝宽为 0.02m,缝内填 BW 闭孔板。悬臂段底部设置 C25 砼护底,厚为 0.2m,
宽为 1.0~1.65m。预制挂板顶部浇入桩顶冠梁中,底部坐落在现浇砼护底上。为
防止桩间土流失,挂板临土侧外设置土工布(500g/m²)。板桩墙结构平面布置如
图 6-2-2 所示。

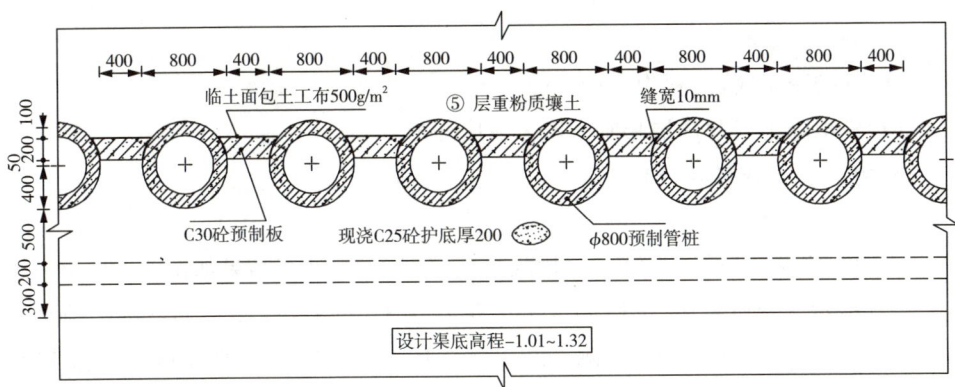

图 6-2-2　板桩墙结构平面布置(高程单位：m，尺寸单位：mm)

6.2.2　数值模拟

1. 数值模拟相关参数

数值模拟计算所采用的材料参数见表 6-2-1 所列。根据地质勘察，该段膨胀土地层为自由膨胀率 65% 的中膨胀土，土性参数由 Y003 标段取样测试所得。设计管桩为 PRC I 800(130)-C 型管桩。

表 6-2-1　数值模拟计算所采用的材料参数

材料	重度/ (kN/m³)	黏聚力/kPa	摩擦角/°	弹性模量/ MPa	回弹模量/ MPa
重粉质壤土	19.3	21	15	9	45
轻、中粉质壤土	18.9	17	22	9	—
中细砂夹粗砂	18.6	5	32	16	—
砂壤土	18.2	15	20	15	—
泥质粉砂岩	20.2	—	—	30	—
管桩	25	—	—	30000	—

2. 计算主要步骤

原型工况条件主要如下：

(1)地应力平衡，初始地面高程为 14m；

(2)斜坡开挖至 11.5m 桩顶部，高程为 4.7m；

(3)施工 11.5m 桩；

（4）开挖至 8m 桩顶部，高程为 1.2m；

（5）施工 8m 桩；

（6）开挖至渠底，高程为－1.3m；

（7）模拟降雨引起浅层膨胀土产生膨胀变形。

3. 数值模拟成果及分析

1）施工过程模拟

采用数值模型是基于 Y003 标段板桩墙原型条件，计算结果如图 6－2－3～图 6－2－5 所示。分析表明，桩长 11.5m 外侧开挖 3.5m 后，桩长 11.5m 的桩顶水平位移为 14.98mm；桩长 8m 外侧开挖 2.5m 后，桩长 11.5m 的桩顶水平位移为 37.59m，桩长 8m 的桩顶水平位移为 25.76mm；假定浸水后膨胀土产生 0.2% 的膨胀变形，桩长 11.5m 的桩顶水平位移为 49.58mm，桩长 8m 的桩顶水平位移为 31.83mm。

（a）地应力平衡（总主应力）

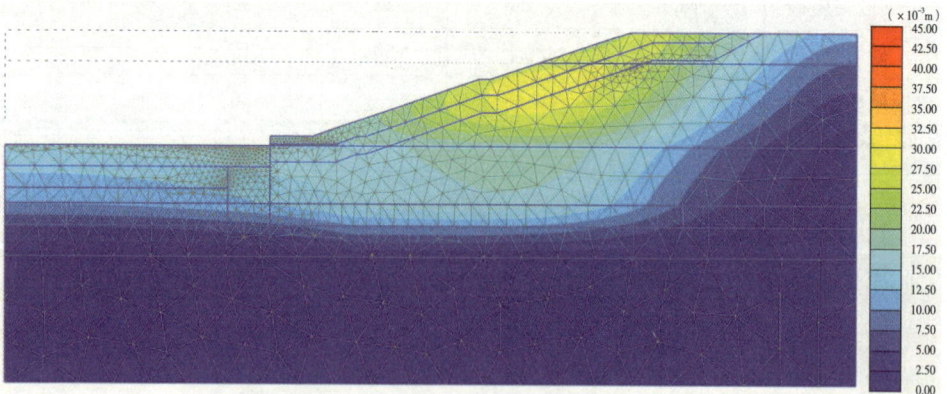

（b）开挖至 11.5m 桩顶部－总位移

（c）开挖至8m桩顶部–水平位移

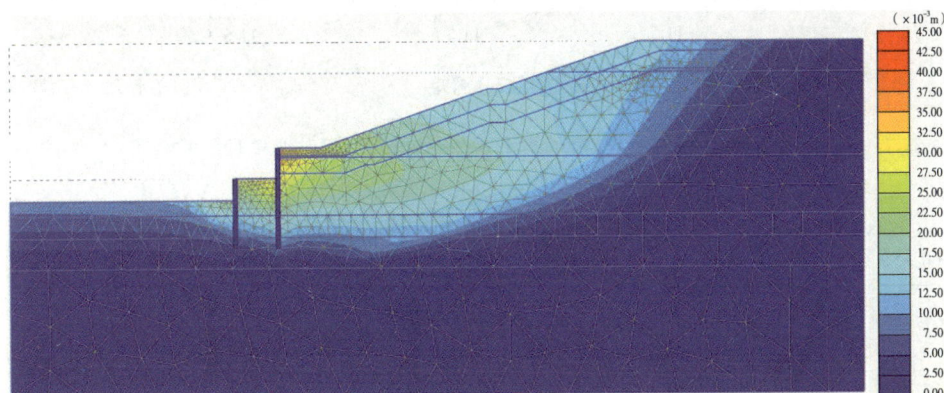

（d）开挖至渠底–水平位移

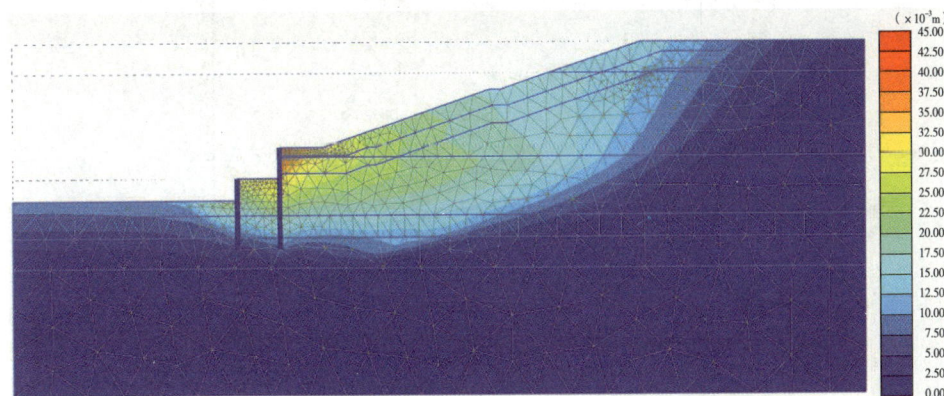

（e）降雨引起浅层膨胀土产生膨胀变形（水平方向0.2%应变）

图 6-2-3　施工过程数值模拟

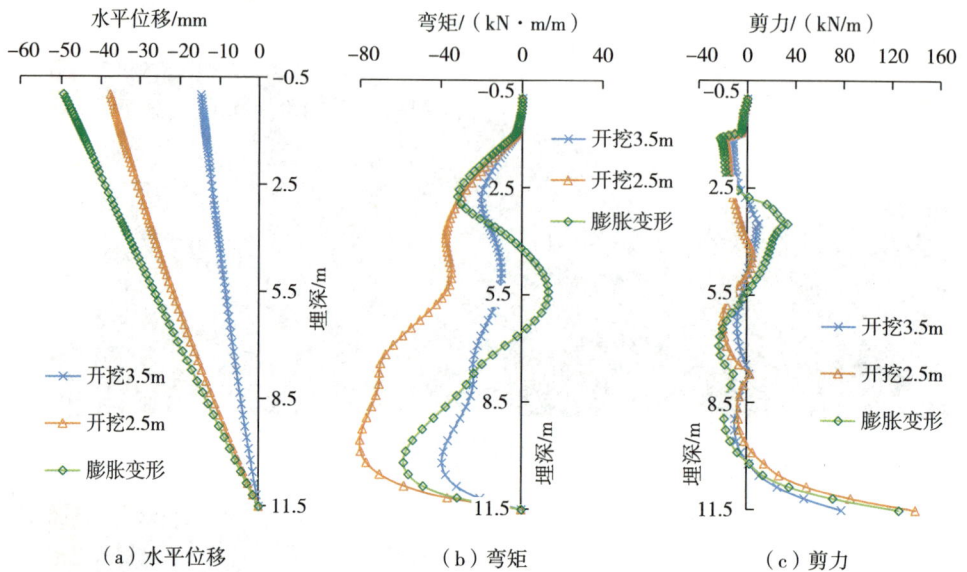

（a）水平位移　　　　（b）弯矩　　　　（c）剪力

图 6-2-4　桩长 11.5m 的水平位移、弯矩和剪力沿桩身的分布规律

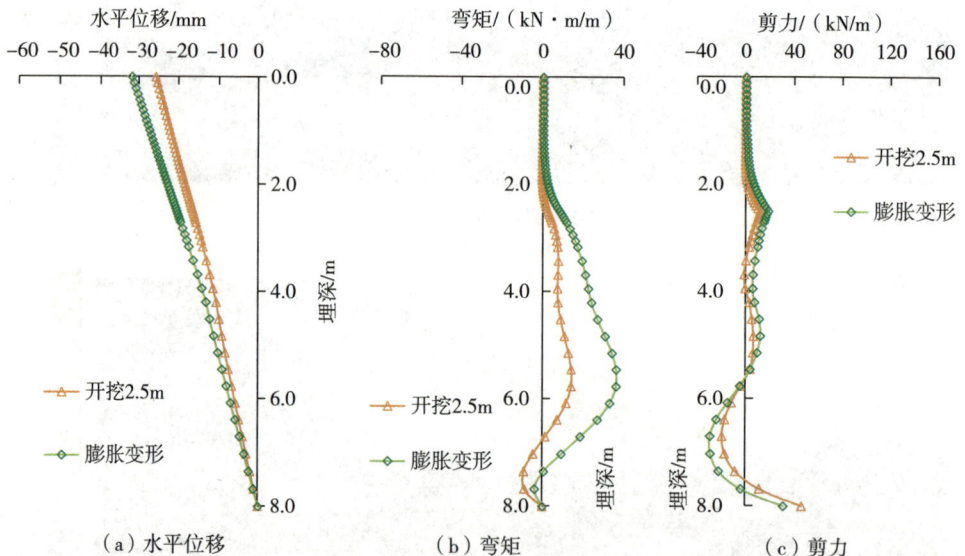

（a）水平位移　　　　（b）弯矩　　　　（c）剪力

图 6-2-5　桩长 8m 的水平位移、弯矩和剪力沿桩身的分布规律

2）降雨影响模拟

在原型条件模型的基础上，假定膨胀变形的体积膨胀率为 0.1%、0.2%、0.3%、0.5%、0.7% 和 0.9%，计算得到的不同膨胀性条件下桩长 11.5m 和 8m 的

水平位移、弯矩和剪力沿桩身的分布规律如图 6-2-6 和图 6-2-7 所示。

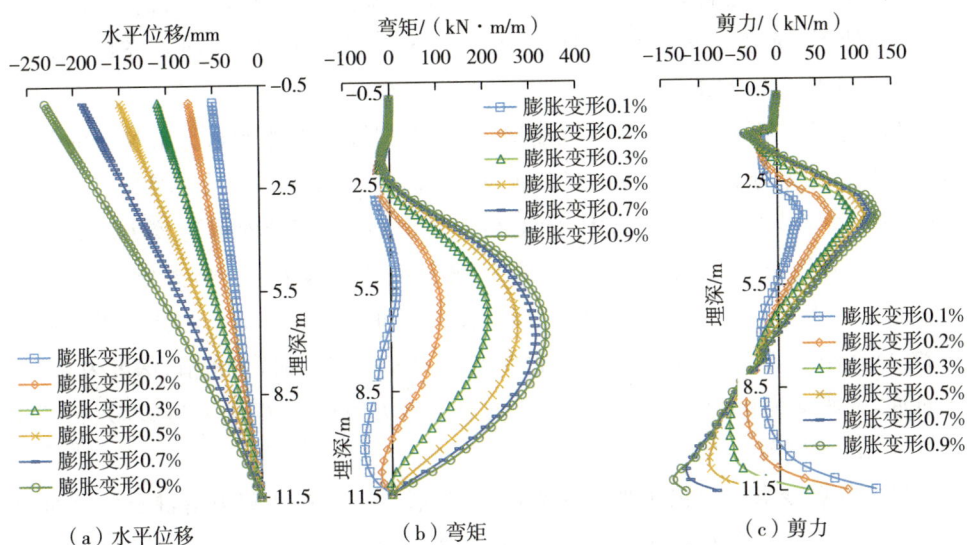

图 6-2-6　不同膨胀性条件下桩长 11.5m 的水平位移、弯矩和剪力沿桩身的分布规律

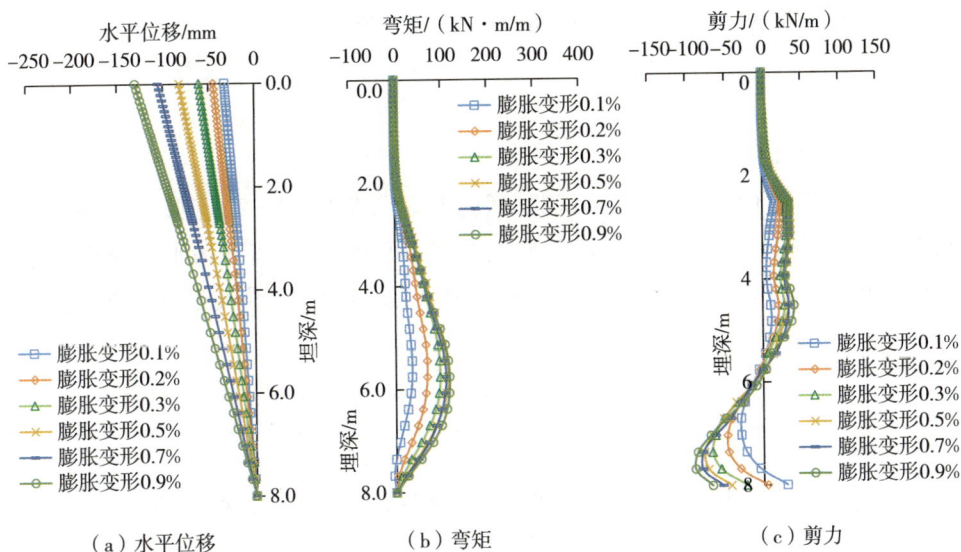

图 6-2-7　不同膨胀性条件下桩长 8m 的水平位移、弯矩和剪力沿桩身的分布规律

随着膨胀变形的体积膨胀率逐渐增大,两种桩长的桩顶水平位移均逐渐增大。对于桩长 11.5m,体积膨胀率为 0.1%、0.2%、0.3%、0.5%、0.7% 和 0.9% 条件

下，桩基水平位移分别为 49.58mm、75.90mm、108.84mm、149.57mm、189.38mm和 230.90mm。对于桩长 8m，体积膨胀率为 0.1%、0.2%、0.3%、0.5%、0.7%和0.9%条件下，桩基水平位移分别为 31.84mm、44.41mm、59.94mm、81.86mm、104.80mm 和 129.90mm。

随着膨胀变形的体积膨胀率逐渐增大，桩长 11.5m 弯矩和剪力沿桩身的分布规律不同。弯矩分布规律：当体积膨胀率为 0.1%、0.2%、0.3%、0.5%、0.7%和0.9%时，弯矩沿桩身先负向增大，深度小于 2.5m 时弯矩绝对值比较小。随着深度增大，弯矩逐渐增大，在深度 7m 左右，弯矩达到正值最大值。剪力分布规律：当体积膨胀率为 0.1%、0.2%、0.3%、0.5%、0.7%和0.9%时，剪力的分布规律基本一致，深度小于 2.5m 左右时，为负值；深度为 2.5～6.7m 时，为正值；深度为 6.7m至桩底，膨胀率为 0.1%、0.2%和 0.3%时桩底剪力为正值，膨胀率为 0.5%、0.7%和 0.9%时桩底剪力为负值。

随着膨胀变形的体积膨胀率逐渐增大，桩长 8m 弯矩和剪力沿桩身的分布规律基本一致。弯矩分布规律：弯矩沿桩身先逐渐增大，深度 6m 左右绝对值最大，然后逐渐减小，桩底弯矩为零。剪力分布规律：剪力沿桩身先逐渐增大，深度在 5m左右时达到最大值，然后逐渐减小，深度在 6.0m 左右时，剪力减小为零点，然后进一步负向逐渐增大，深度 7.5m 绝对值增大至最大值。

6.2.3 物理模拟

1. 试验方案

我们共开展了两组离心模型试验，试验方案见表 6-2-2 所列。离心模型试验先进行模型概化：以 Y003 标段新型板桩墙为原型，将其简化为平面应变模型；土层为中膨胀土，单一土层；工况模拟边坡开挖、降雨、水位变化等。加速度选择 80g。

表 6-2-2　新型板桩墙离心模型试验方案

试验编号	研究内容
T1	研究膨胀变形、渠道内水位变化等条件下，膨胀土边坡板桩墙受力变形特征。 工况：模拟开挖＋降雨
T2	研究膨胀变形、渠道内水位变化等条件下，膨胀土边坡板桩墙受力变形特征。 工况：模拟水位变化（考虑设计输水位 4.2～4.5m，设计排涝水位 5.8m）

2. 模型材料和监测

1)模型材料

模型用膨胀土取自引江济淮工程 Y003 标段现场,基本物理力学参数见表 6-2-1所列。模型用桩采用铝合金管,设置纵向 8 根,采用抗弯刚度相似原理进行模型桩的设计,模型桩的外径为 10mm,壁厚为 0.2mm。模型用挂板采用铝合金板,3×2 块板,厚度为 2.5mm。上层 3 块[其中,1 块 120mm(高)×44mm(宽)和 2 块 160mm(高)×44mm(宽)],下层 3 块[其中,1 块 120mm(高)×31mm(宽)和 2 块 160mm(高)×31mm(宽)]。表 6-2-3 为离心模型试验材料参数。

表 6-2-3　离心模型试验材料参数

类型	原型材料	模型材料
膨胀土	Y003 标段现场取样	现场取样,物理力学参数见表 6-2-1所列
管桩	桩:PRC I 800(130)-C 型管桩,C80,桩间距为 1.2m,前排桩长为 8m,后排桩长为 11.5m	不锈钢管,8 根,外径为 10mm,壁厚为 0.2mm;前排桩长为 100mm,后排桩长为 145mm(按等效抗弯刚度)
挂板	C30,上层高为 3.5m,下层高为 2.5m,宽均为 0.4m,厚度为 0.3m	铝合金板,上层高为 44mm,下层高为 31mm,厚度为 2.5mm

2)主要监测项目

图 6-2-8 为板桩墙结构离心模型试验布置示意。

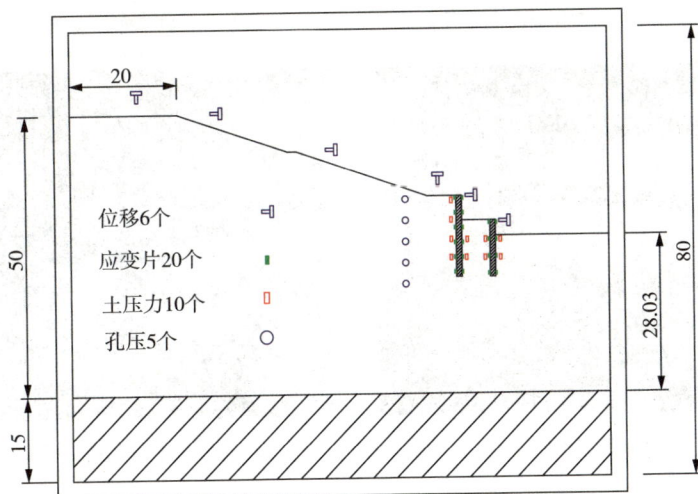

图 6-2-8　板桩墙结构离心模型试验布置示意

位移监测采用 6 个激光位移传感器,其中 4 个测量水平位移,2 个测量沉降。桩身弯矩监测采用应变片,共用 20 只,选择上排桩 1 根(应变片 12 只),下排桩 1 根(应变片 8 只)。土压力监测采用土压力传感器 10 个,选择上排桩 1 根(土压力传感器 6 个),下排桩 1 根(土压力传感器 4 个)。孔隙水压力监测采用孔压传感器 5 个,埋置在边坡内部。

3. 试验步骤和工况模拟

试验按照规范《土工离心模型试验技术规程》(DL/T 5102—2013)[6]进行。边坡模型箱尺寸为 1.0m(长)×0.4m(宽)×0.8m(高),试验离心加速度为 80g。离心模型试验过程如图 6-2-9 所示。工况模拟主要包括开挖模拟和降雨模拟。开挖模拟采用排液法。离心场中降雨模拟系统主要包括增压泵、高压水雾化喷头、电磁阀以及连接管等组成,如图 6-2-10 所示。

（a）边坡制作完成

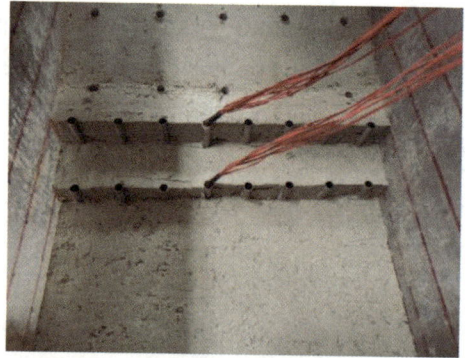

（b）布置模型桩

（c）传感器连接

（d）模型准备完成

图 6-2-9　离心模型试验过程

图 6-2-10　降雨模拟系统布置示意

4. 试验结果及分析

1) T1 试验结果分析

图 6-2-11(a) 为 T1 坡面沉降变化曲线。分析表明,随着离心机加速度逐渐提高,坡面沉降 LDS1 和 LDS4 逐渐增大,加速度 80g 运行至变形基本稳定时分别为 9.81mm 和 11.37mm。模拟开挖时,坡面的沉降均逐渐增大,但靠近坡脚附近的 LDS4 变形量相对较大,变形量约为 3.05mm,而坡顶沉降 LDS1 的变形为2.03mm。模拟降雨时,坡面的沉降均逐渐增大,但靠近坡脚附近的 LDS4 沉降量相对较小,变形量约为 0.79mm,而坡顶沉降 LDS1 的沉降量为 3.41mm。

图 6-2-11(b) 为坡面水平位移-时间变化曲线。分析表明,随着离心机加速度逐渐提高,水平位移 LDS2 和 LDS3 逐渐增大,加速度 80g 运行至变形基本稳定时为 5.73mm 和 9.35mm。模拟开挖时,坡面的水平位移均逐渐增大,但一级坡上的 LDS3 变形量相对较大,变形量约为 1.8mm,而二级坡水平位移 LDS2 的变形量为 0.82mm。模拟降雨时,坡面的水平位移均逐渐增大,但一级坡上的 LDS3 变形量相对较小,变形量约为 1.19mm,而二级坡水平位移 LDS2 的变形量为 1.88mm。

图 6-2-11(c) 为桩顶水平位移-时间变化曲线。分析表明,随着离心机加速度逐渐提高,桩顶水平位移 LDS5 和 LDS6 逐渐增大,加速度 80g 运行至变形基本稳定时为 0.90mm 和 0.56mm,比坡面变形量小。模拟开挖时,桩顶的水平位移均逐渐增大,但前排桩的水平位移 LDS6 相对较大,变形量约为 0.30mm(转化成原型为 24mm),而后排桩的水平位移 LDS5 的变形量为 0.22mm(转化成原型为17.6mm)。模拟降雨时,桩顶的水平位移均逐渐增大,但前排桩的水平位移 LDS6相对较小,变形量约为 0.04mm(转化成原型为 3.2mm),而后排桩的水平位移LDS5 的变形量为 0.14mm(转化成原型为 11.2mm)。

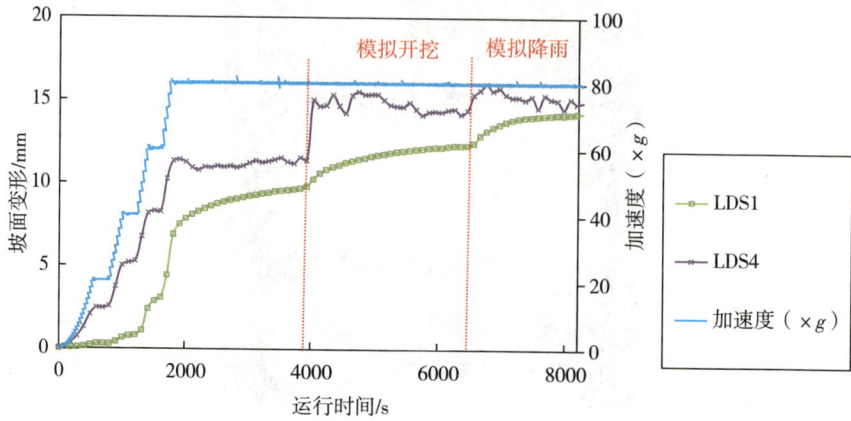

（a）边坡沉降–时间变化曲线

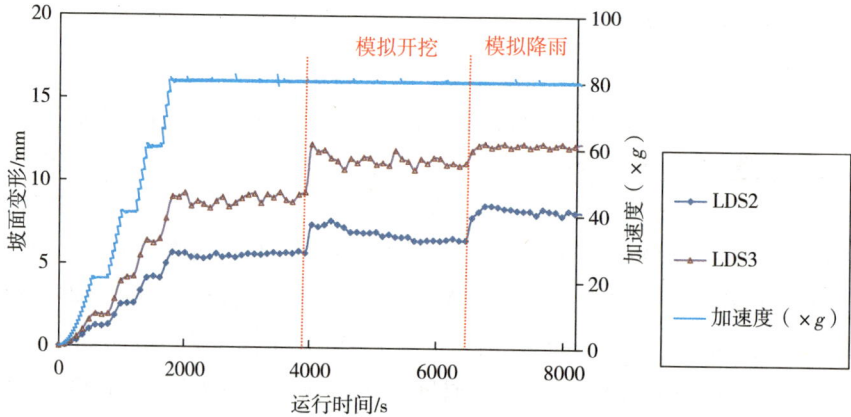

（b）坡面水平位移–时间变化曲线

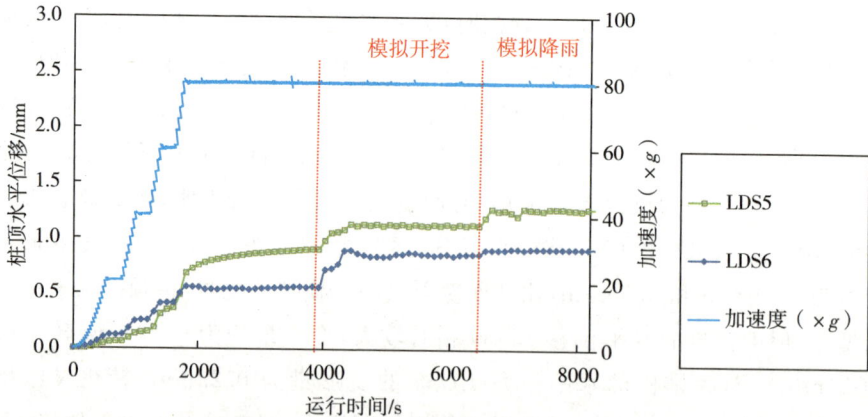

（c）桩顶水平位移–时间变化曲线

图 6-2-11　T1 桩顶和坡面位移变化曲线

图 6-2-12(a)为 T1 试验桩身应变片布置图,图 6-2-12(b)(c)分别为后排桩和前排桩的弯矩。分析表明,加速度逐渐增大至 80g 运行至变形稳定后,由于边坡变形产生的滑动作用使得两排桩均产生了弯矩,均呈现自桩顶至桩底弯矩先增大后减小的规律,后排桩、前排桩最大值分别为 29kN·m 和 18kN·m。当模拟开挖后,两排桩的弯矩均显著增大,分别增大至 45kN·m 和 48kN·m;当模拟降雨后,两排桩的弯矩均继续增大,最大值分别为 56kN·m 和 67kN·m。

（a）应变片布置

（b）后排桩（桩长11.5m）　　　　（c）前排桩（桩长8m）

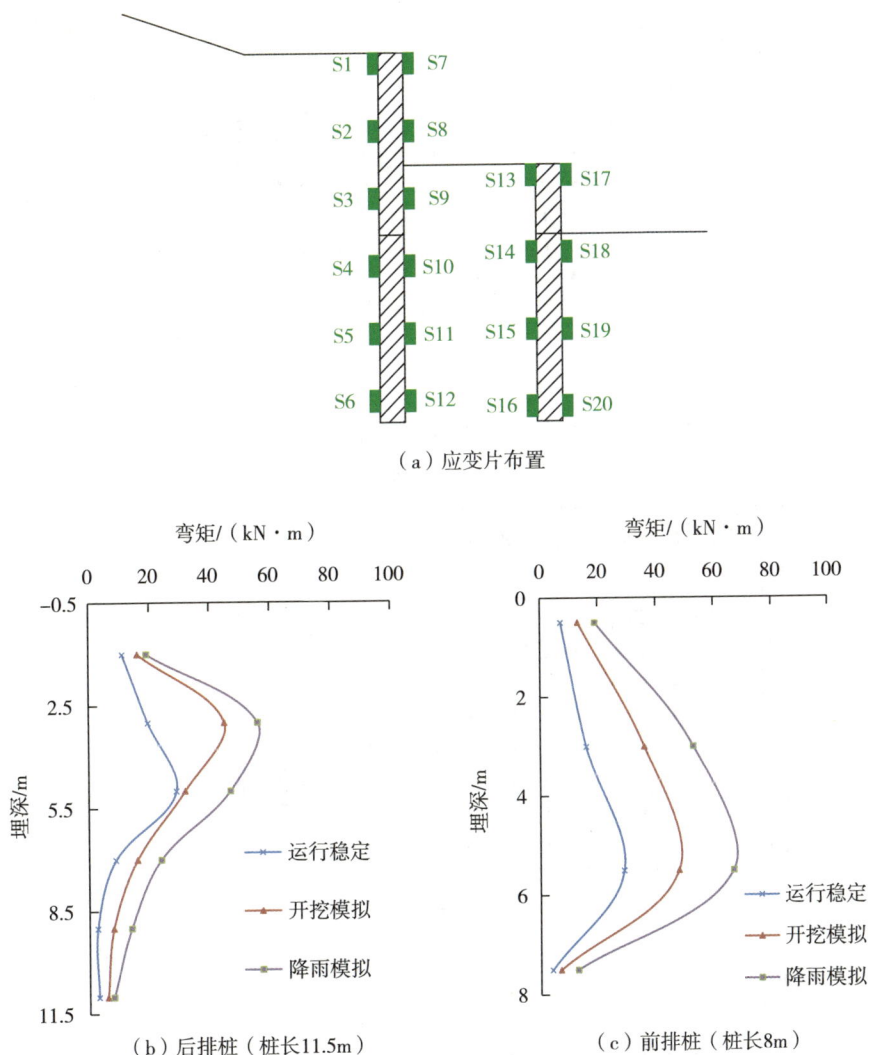

图 6-2-12　T1 桩身弯矩

图 6-2-13 为开挖模拟和降雨模拟引起的断面位移场。分析表明,开挖模拟时桩后土体尤其是边坡坡面附近产生显著变形,而坡脚附近土体产生较大的水平位移;降雨模拟时,坡面产生较大变形,而坡脚由于桩基支撑作用而变形较小。

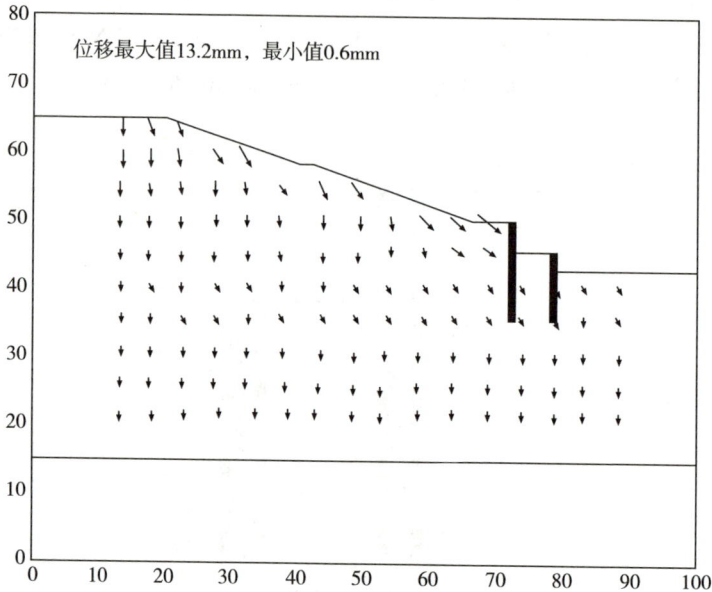

（a）开挖模拟

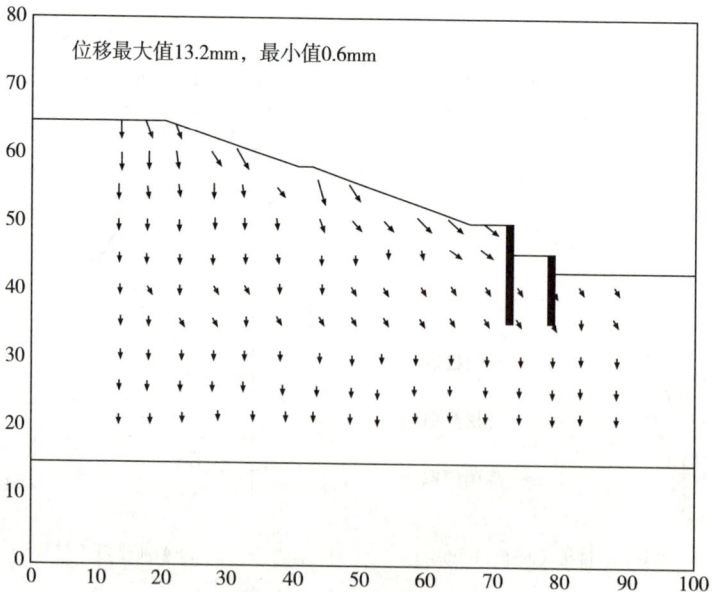

（b）降雨模拟

图 6-2-13　T1 断面位移场

2)T2 试验结果分析

T2 试验是在 T1 试验模型的基础上,增加水位变化工况,初始水位为 4.2m,离心机 80g 运行 30min 后,水位提高至 5.6m,运行 1h 变形稳定后,水位下降至 4.2m,运行 1h 后停机。图 6-2-14(a)~(c)为 T2 坡面沉降、水平位移和桩顶水平位移变化曲线。

由图 6-2-14 可知,水位上升和水位下降引起坡面位移以及桩顶水平位移均比较小,桩顶水平位移在水位上升时减小约 0.03mm 和 0.04mm,在水位下降时沉降增大量为 0.14mm 和 0.06mm。LDS1 和 LDS4 坡面沉降在水位上升时沉降增大量为 0.42mm 和 0.31mm,在水位下降时沉降增大量为 0.89mm 和 0.63mm;LDS2 和 LDS3 坡面水平位移在水位上升时沉降增大量为 0.08mm 和 0.22mm,在水位下降时沉降增大量为 0.77mm 和 0.66mm。

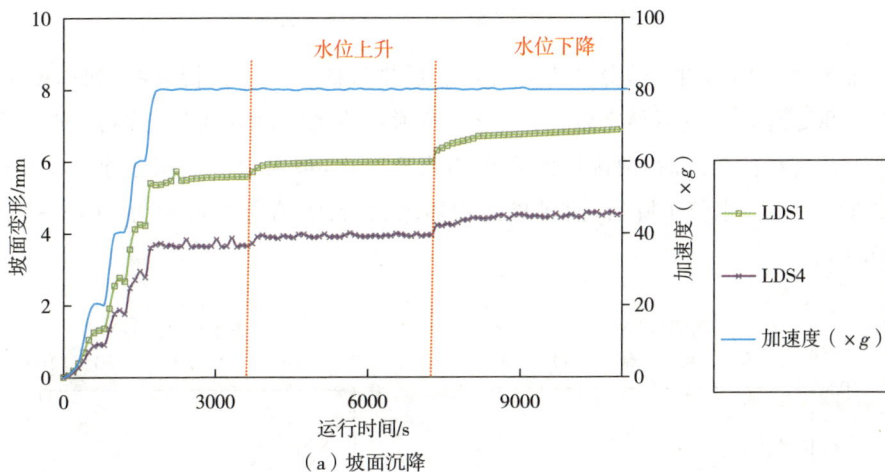

（a）坡面沉降

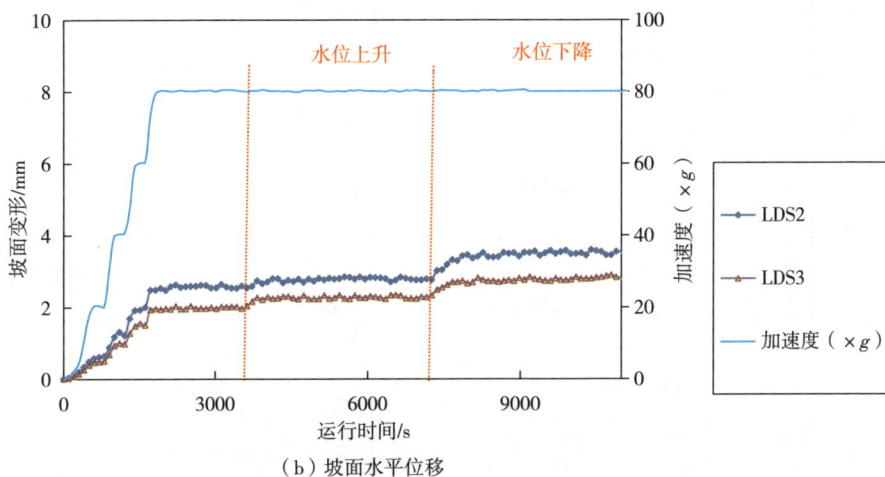

（b）坡面水平位移

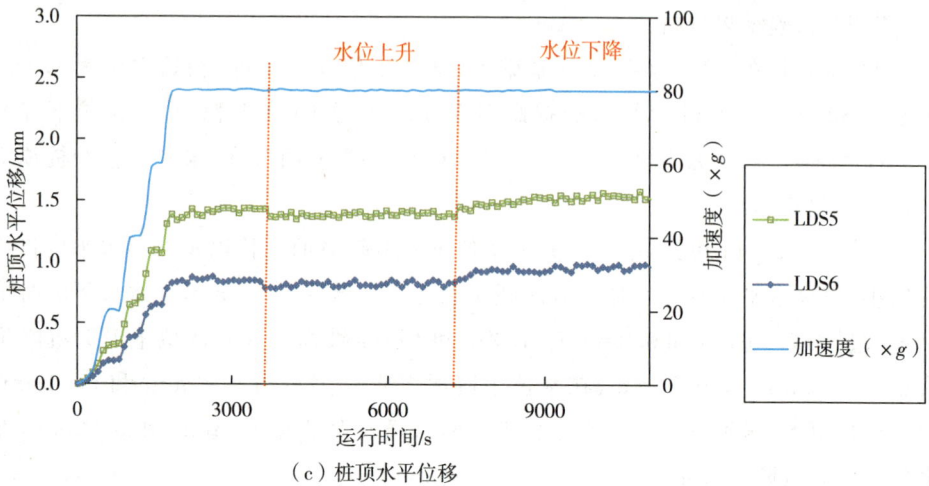

（c）桩顶水平位移

图 6-2-14　T2 桩顶和坡面位移变化曲线

图 6-2-15（a）和（b）分别为前排桩和后排桩的弯矩。分析表明，加速度逐渐增大至 80g 运行至变形稳定后，由于边坡变形产生的滑动作用使得两排桩均产生了弯矩。当水位上升后，两排桩的弯矩均明显减小，最大值分别减小至 34kN·m 和 27kN·m；当水位下降后，两排桩的弯矩增大，最大值分别增大为 51kN·m 和 46kN·m。

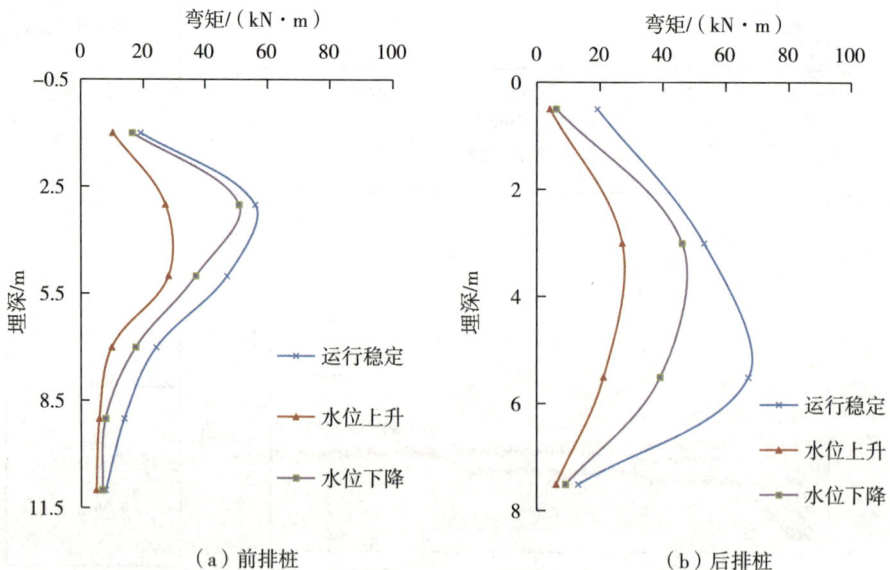

（a）前排桩　　　　　　　　　（b）后排桩

图 6-2-15　T2 桩身弯矩

图 6-2-16 为水位上升和水位下降引起的断面位移场。分析表明,水位上升和水位下降引起的断面位移变化量比较小,水位上升时坡脚附近产生一定的向坡内的变形,而水位下降时断面整体产生朝向坡脚的变形。

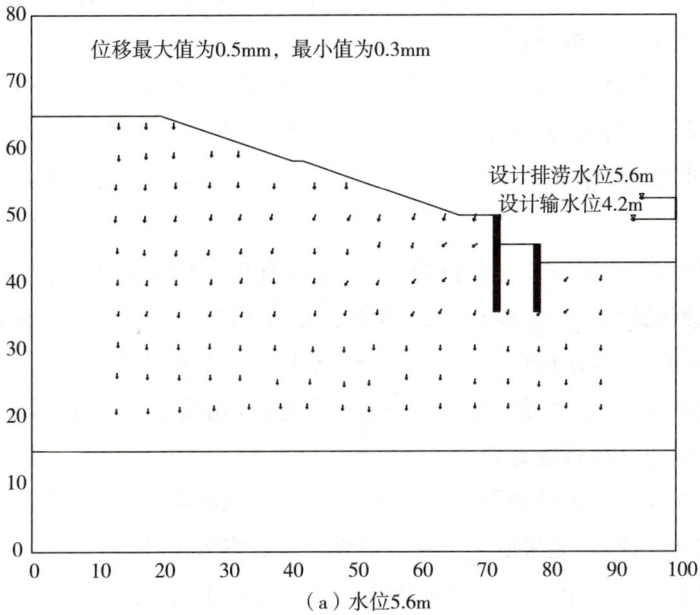

（a）水位5.6m

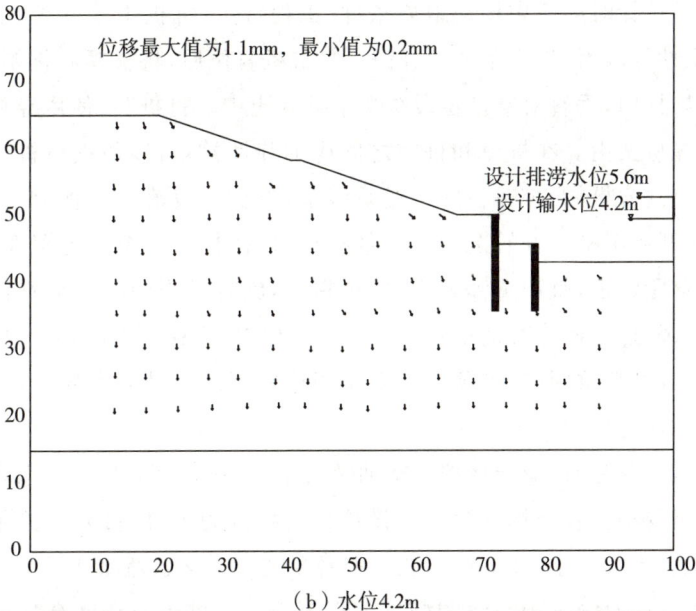

（b）水位4.2m

图 6-2-16 T2 水位上升和水位下降引起的断面位移场

6.2.4　现场试验

1. 现场施工工艺

管桩锤击法施工工艺流程:测量定位→桩机就位调平→吊桩→桩位及垂直度校正→锤击沉桩→送桩→移桩机。

管桩的强度达到设计值100%后方可运至现场,进场时需对其产品合格证书、外观、外形尺寸进行检查,不符合验收标准的桩不予接收。管桩宜采用平板车运输,装卸及运输时应采取防止桩滑移与损伤的措施,吊运过程中应轻吊轻放,严禁碰撞、滚落。

测放桩位时,根据轴线与桩位的关系,采用直角坐标或极坐标法测放样桩,样桩用木桩或钢筋标记,并涂以红油漆以便查找。打桩机指挥员根据现场标记的桩位,指挥桩机就位,启动液压支腿油缸,校正整机处于水平状态。

打桩顺序根据先深后浅、先长后短的原则进行,先施工后排桩,再施工前排桩,同一排桩采取间隔跳打的方式。

由于本工程土质为可塑至硬塑状重粉质壤土,成桩阻力较大,遇成桩困难时可采用引孔辅助成桩,并应采取防塌孔的措施。引孔宜采用长螺旋钻机引孔,垂直偏差不宜大于0.5%,引孔作业和沉桩作业应连续进行,间隔时间不宜大于12h。

打桩机械选择时应考虑场地地质条件、工程特点、沉桩工艺试验、承载力特征值、持力层土性等因素,选用柴油导杆锤。打桩机就位后,将桩锤和桩帽吊起,然后吊桩并送至导杆内,垂直对准桩位缓缓送下插入土中。打桩时,使用导板夹具或桩箍将桩嵌固在桩架内。在桩锤和桩帽之间应加弹性衬垫,以防损伤桩顶。固定好桩帽和桩箍,使桩、桩帽、桩锤在同一铅垂线上,将桩锤缓落于桩顶上,经水平和垂直度校正后,开始沉桩。开始沉桩时应低提低击,待桩入土至一定深度且稳定后,再按要求的落距锤击,宜用重锤轻击、低提重打,施打过程中随时检查桩身的垂直度,使用柴油锤时,应使锤跳动正常。在打桩过程中,遇有贯入度剧变、桩身突然发生倾斜、移位或有严重回弹、桩顶或桩身出现严重裂缝或破碎等异常情况时,应暂停打桩并及时研究处理。

当打桩接近收锤时,应严格控制柴油锤落距,以免打桩能量过大而将桩头打烂或使桩身质量受损。收锤标准按符合设计标高控制为主,以贯入度控制为辅的原则,最后贯入度不宜小于30mm/10击。具体的施工工艺流程如下。

(1)开工前应对管桩中心线和标高进行测定。管桩中心线和高程的控制桩应设置在不受打桩影响的地点,并妥善加以保护,不得由于碰撞和震动而产生位移。

(2)采用引孔沉桩,引孔直径为 0.55m,前排 8.0m 长管桩引孔深为 6.0m,后排 11.5m 长管桩引孔深为 9.0m。引孔宜采用长螺旋钻机引孔,垂直偏差不宜大于 0.5%。引孔作业和沉桩作业应连续进行,间隔时间不宜大于 12h。

(3)打桩就位时,应对准桩位,保证垂直稳定,在施工中不发生倾斜、移动。

(4)桩插入时垂直度偏差不得超过 ±0.5%,当桩身垂直度偏差超过 0.8% 时,应找出原因并进行纠正。沉桩后,严禁用移动桩架的方法进行纠偏。桩在打入前,应在桩的侧面或桩架上设置标尺,以便在施工中观测并记录。

(5)打桩宜重锤轻击,锤重应根据地质条件、桩的类型、桩的密集程度及施工条件来选用。锤击法沉桩时桩帽套筒应与施打的管桩直径相匹配,严禁使用过渡性钢套。打桩时桩帽套筒底面与桩头之间应设置桩垫,可采用纸板、棕绳、胶合板等材料,厚度应均匀一致,压缩后桩垫厚度应为 120~150mm,且应在打桩期间经常检查,及时更换或补充。施打过程中应保持桩锤、桩帽和桩身的中心线在同一条直线上,并随时检查桩身的垂直度。

(6)施工控制应以桩顶设计高程进行控制。

(7)打桩时如发现下列情况时应停止施工,并与相关单位共同研究处理:

① 地质资料与地质报告不符;

② 地面明显隆起、邻桩上浮或位移过大;

③ 桩身突然倾斜;

④ 桩头混凝土剥落、破碎或桩身混凝土出现裂缝或破碎。

(8)桩周边有桥梁、线塔等建筑物时,应该采取有效的加固措施,施工时随时进行观测,确保避免因打桩震动而发生安全事故。

(9)打桩完成后进行渠道开挖时,应制定合理的施工顺序和相关技术措施,防止桩的位移和倾斜。

2. 现场监测方案

1)监测项目

现场监测项目主要包括桩的桩身应力和变形、桩侧土压力、边坡变形、孔压等。其中主要的技术难点为管桩的桩身应力监测。

现场试验中管桩的桩身应力监测采用中孔填芯法。将钢筋计固定在钢筋笼置于管桩内部,二次浇筑混凝土,通过桩身对称位置钢筋计监测结果分析桩身弯矩。中孔填芯法充分利用管桩的桩孔空间,其工艺是将应变器按照土层分布固定于一钢筋笼或测管上,并放入管桩中孔内,然后在管桩的中孔内进行填芯。此方法的优点是可以充分考虑土层分布且埋设操作方便,故此方法应用较多。此方法在 PHC 管桩中孔采用钢筋笼外加高强混凝土填充,其测到的数据为填充材料的响应,和单纯 PHC 管桩的桩身响应存在一定的差别,可通过标定方法确定实际工况条件下的桩身弯矩。管桩的桩身变形监测过程中,采用在内部设置测斜管监测桩身水平位移。

管桩中孔填芯二次浇筑过程中,采用在管桩内部设置测斜管监测管桩桩体变形;同时在边坡内部和同排管桩间设置测斜管分别监测坡体内部变形和桩间土变形。

另外可通过埋土压力和孔压传感器,用以观测边坡变形和土体孔压分布。

2)监测布置

现场监测中选择 4 根管桩。图 6-2-17 为 Y003 标段板桩墙现场监测断面布置图。其中,钢筋计埋置在桩身,选择 2 根 11.5m 桩和 2 根 8m 桩,将钢筋计沿桩身对称布置,共用 80 个;测斜管共埋设 4 根(CX1~4 分别位于坡脚、桩间土、11.5m 桩内和 8m 桩内);孔隙水压力计埋设 7 个,最大深度为 21m,深度间隔约为 3m;土压力计共埋设 20 个,11.5m 桩两侧分别埋设 8 个和 4 个,8m 桩两侧分别埋设 4 个。

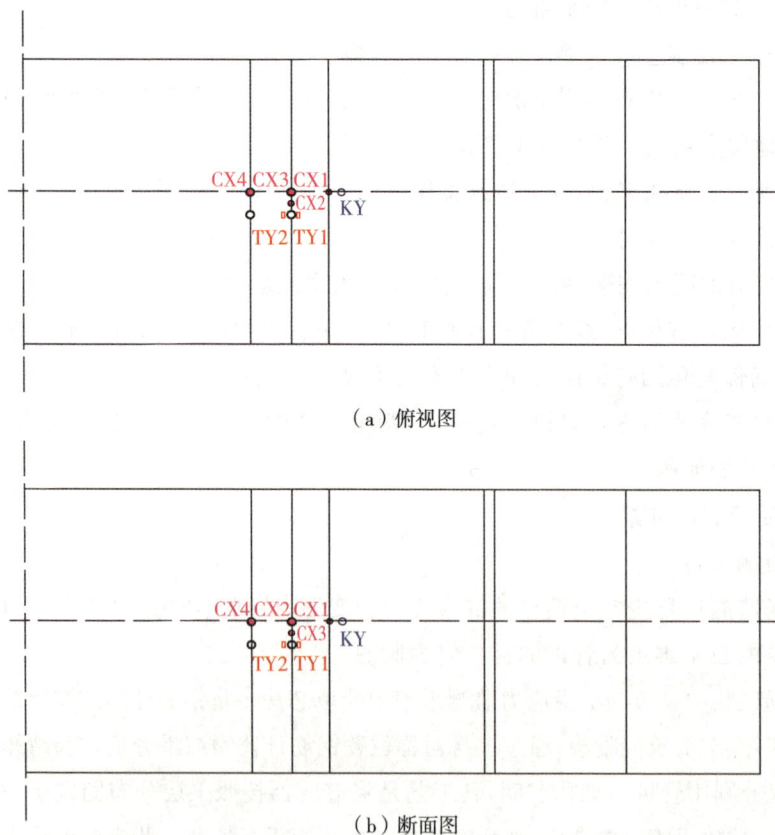

（a）俯视图

（b）断面图

图 6-2-17　Y003 标段板桩墙现场监测断面布置图(单位:m)

3) 埋设和监测的关键时间节点

2020 年 11 月 1 日进场准备新型板桩墙的传感器埋设, 关键时间节点见表 6 - 2 - 4 所列。在 Y003 标段管桩试验段, 2020 年 11 月 18 日至 21 日进行土压力计、孔隙水压力计、测斜管等钻孔和埋设; 11 月 25 日进行 2 根 11.5m 管桩内钢筋计的埋设; 12 月 15 日进行 11.5m 桩侧渠道内土体开挖, 开挖深度约 3.5m; 2021 年 3 月 28 日, 8m 管桩施工, 4 月 2 日埋设 8m 管桩钢筋计, 4 月 23 日 8m 桩侧渠道内开挖约 2.5m 深, 之后进行稳定期监测。

表 6 - 2 - 4　埋设和监测的关键时间节点

试验段	关键时间节点	进程
Y003 标段管桩	2020.11.1～11.17	钢筋计信号线保护
	2020.11.18～11.21	埋设传感器
	2020.11.25	埋设 11.5m 钢筋计
	2020.12.15	11.5 桩外侧开挖 3.5m 深
	2021.3.28	8m 桩施工
	2021.4.2	埋设 8m 钢筋计
	2021.4.23	8m 桩外侧开挖 2.5m 深

3. 现场监测结果及分析

管桩板桩墙现场监测结果分析主要以 2020 年 12 月 18 日测试元件埋设完毕后作为起点, 监测结果主要包括桩身水平变形、边坡土体水平位移以及桩身弯矩。现场试验监测段的主要施工步骤: 2018 年至 2019 年 7 月从地面线 (高程为 14m) 进行开挖, 开挖至 11.5m 桩的顶部 (高程为 4.7m); 2020 年 10 月进行该处 11.5m 桩基施工; 2020 年 12 月开挖至 8m 桩的顶部 (高程为 1.2m); 2021 年 3 月进行该处 8m 桩基施工; 2021 年 4 月渠道中部继续开挖, 开挖至渠底 (高程为 -1.3m)。Y003 标段管桩板桩墙施工过程线如图 6 - 2 - 18 所示。

1) 变形分析

图 6 - 2 - 19 为桩身和坡体的水平位移随时间的变化曲线。分析表明, 渠道内土体开挖时桩身水平变形显著增大, 在开挖 Ⅰ 阶段 (2020 年 12 月 19—31 日开挖 3.5m) 和在开挖 Ⅱ 阶段 (2021 年 4 月 19—23 日开挖 2.5m), 两种桩长的桩身水平位移均增大。在开挖 Ⅰ 阶段, 只有桩长 11.5m 桩已经施工, 桩顶及其桩间土土顶水平位移较大, 最大水平位移增量分别约为 4mm (桩顶 CX3) 和 4.9mm (土顶 CX2), 坡脚土体 CX1 水平位移增量近 6.0mm。在开挖 Ⅱ 阶段, 桩长

11.5m 和 8m 桩均已施工完毕,此时 8m 桩变形量较大,最大水平位移增量约为 12mm,而 11.5m 桩顶及其桩间土土顶水平位移相对较小,分别为 2mm(11.5m 桩顶 CX3)和 4.0mm(土顶 CX2),此时坡脚土体 CX1 水平位移增量较小,仅有 1.4mm。这表明在开挖Ⅱ阶段,由于双排桩共同加固支护作用,坡脚处的位移显著减小。两个阶段的开挖完成后进入稳定观测时期,变形量增幅逐渐减小,均趋于稳定。

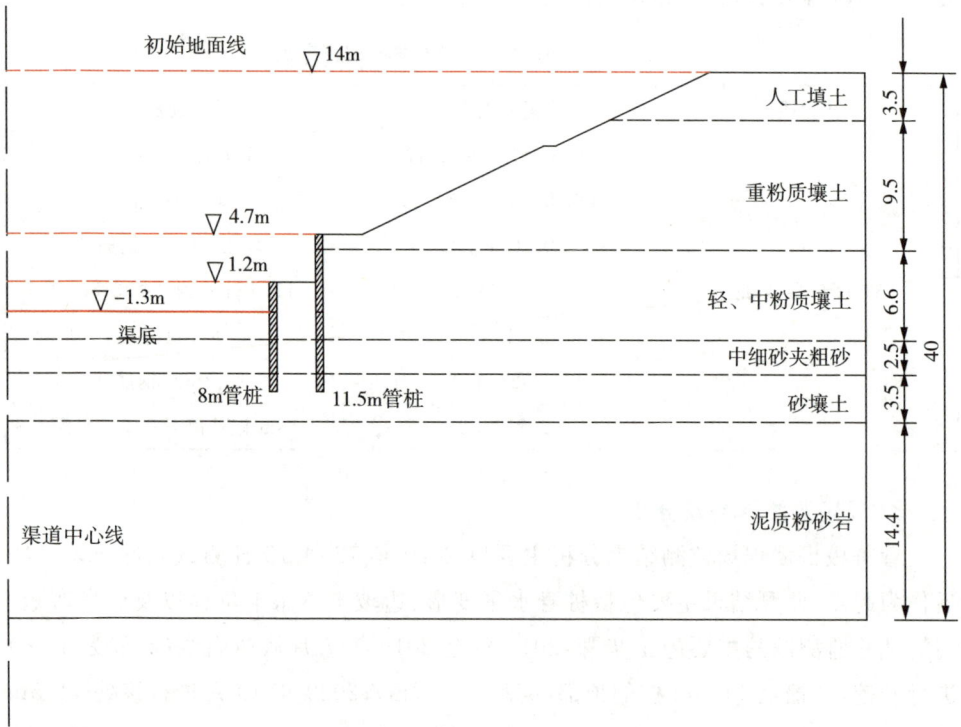

图 6-2-18　Y003 标段管桩板桩墙施工过程线(单位:m)

图 6-2-20(a)和(b)分别为边坡坡脚 CX1 和 11.5m 桩间土 CX2 沿深度方向的水平位移分布图。分析表明,随着开挖过程水平位移均逐渐增大,坡脚 CX1 水平位移沿深度先增大后减小,截至 2022 年 1 月 26 日,最大水平位移为 23.34mm,深度为 3.0m。桩间土 CX2 水平位移沿深度逐渐减小,顶部水平位移最大,截至 2021 年 1 月 26 日,最大水平位移为 33.13mm。图 6-2-20(c)和(d)分别为桩长 11.5m 和 8m 桩身沿深度方向的水平位移分布图。监测成果表明,桩身变形量随深度增加而减小,近似呈线性分布。

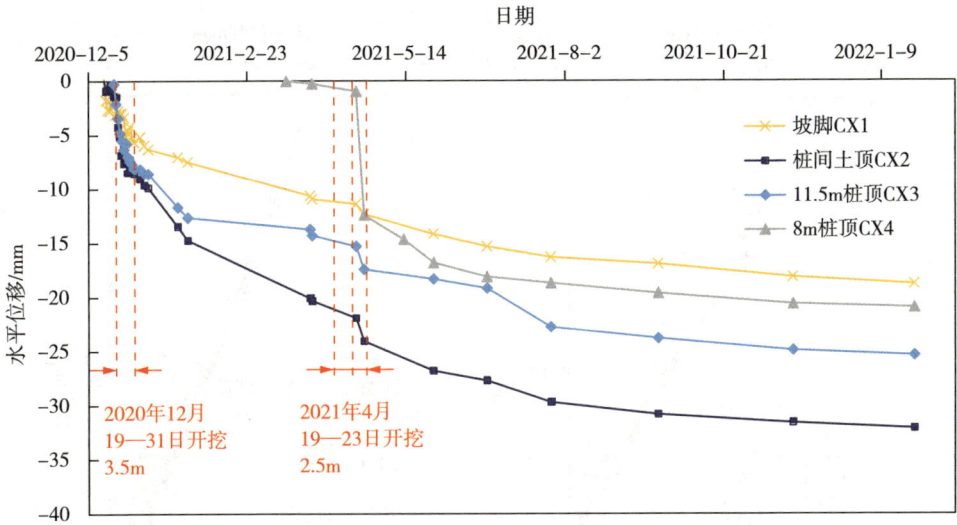

图 6-2-19　桩身和坡体的水平位移随时间的变化曲线

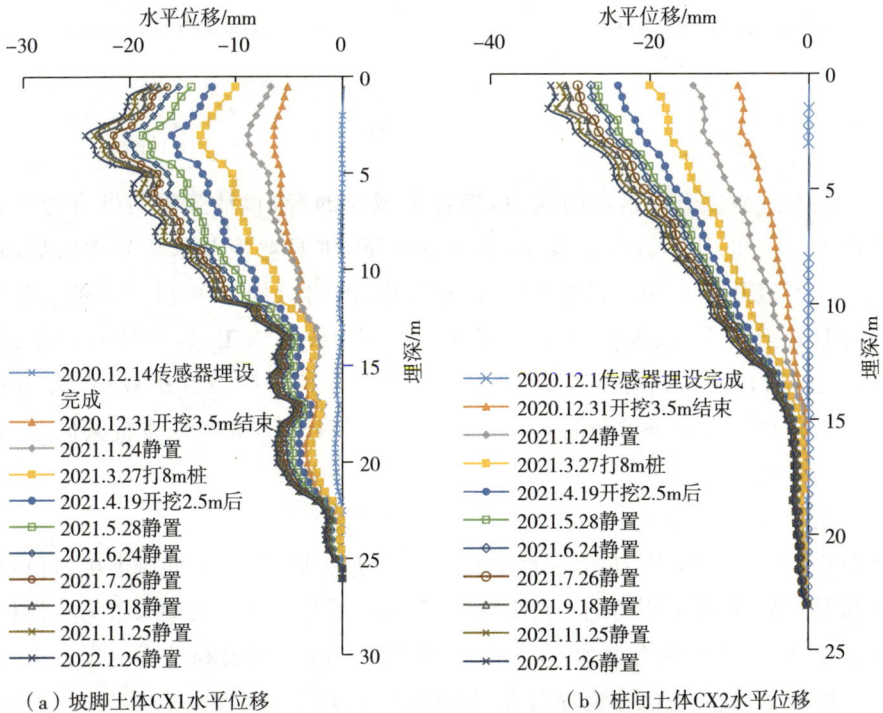

（a）坡脚土体 CX1 水平位移　　　　　（b）桩间土体 CX2 水平位移

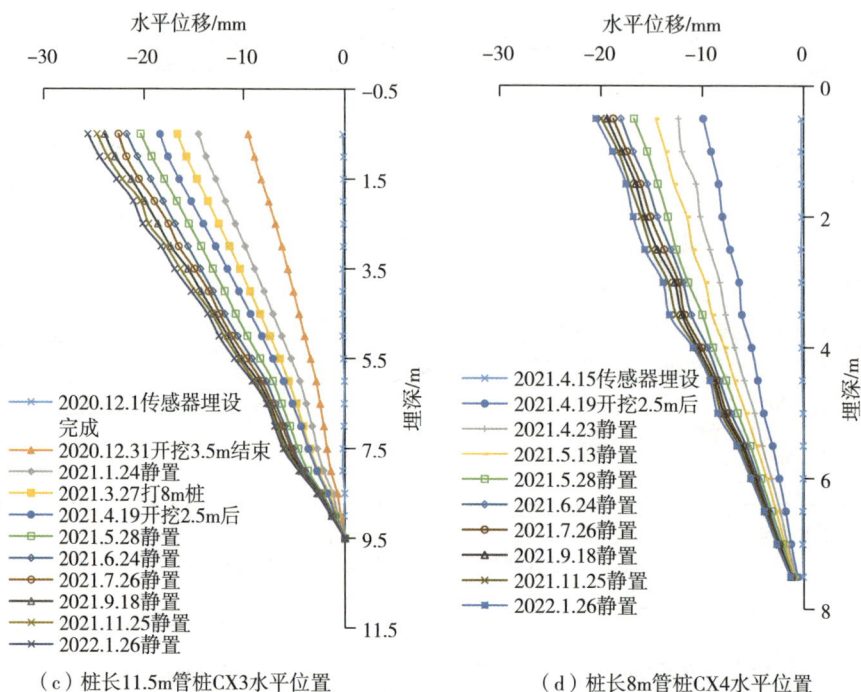

（c）桩长11.5m管桩CX3水平位置　　　　（d）桩长8m管桩CX4水平位置

图 6-2-20　桩身和坡体的水平位移

2）桩身弯矩

我们通过测试竖向钢筋的应力,换算出截面的弯矩,计算得到桩身弯矩,具体如图 6-2-21 所示。分析表明,自桩顶向下,桩身弯矩基本呈先增大后减小的趋势。渠道开挖 3.5m(开挖Ⅰ阶段)过程中,此时只施工了 11.5m 桩,该桩的桩身弯矩逐渐增大,最大值约为 73kN·m。当 8m 桩施工后,继续开挖渠道内 3m(开挖Ⅱ阶段)时,此时 11.5m 的桩身弯矩较开挖Ⅰ阶段有所减小,而 8m 桩的桩身弯矩逐渐增大,8m 桩身弯矩最大值为 86kN·m,表明双排桩共同起到加固支护的作用。

3）土压力

图 6-2-22 为土压力、深度监测结果。分析表明,11.5m 桩前土压力值可近似为梯形分布,桩后土压力呈三角形分布;测得桩后最大土压力的位置为抗滑桩距桩顶 5m 处,最大土压力值为 88.5kPa。前排桩 8m 的桩前和桩后土压力值近似呈三角形分布,最大土压力值分别为 197.3kPa 和 186.4kPa。

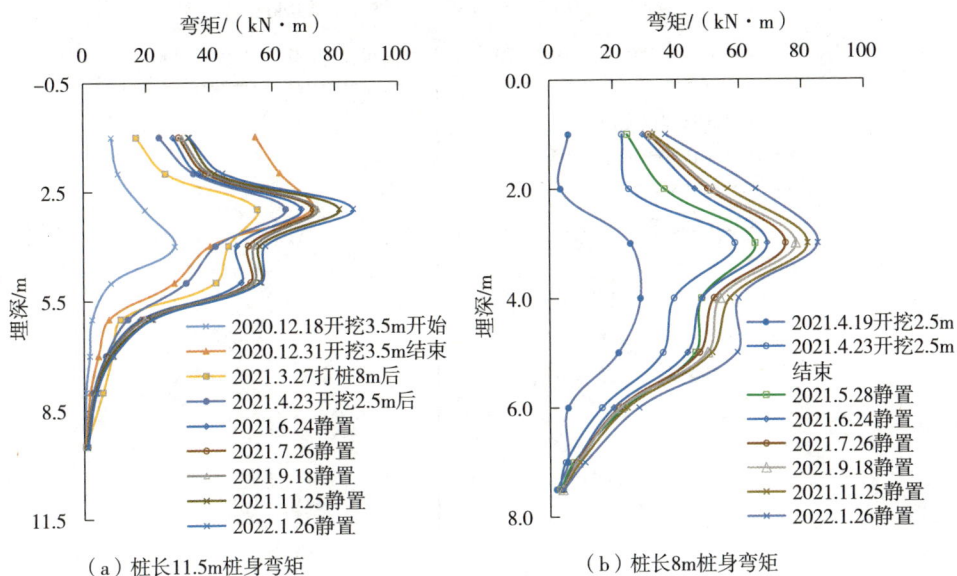

弯矩/（kN·m）

（a）桩长11.5m桩身弯矩

图例：
- 2020.12.18开挖3.5m开始
- 2020.12.31开挖3.5m结束
- 2021.3.27打桩8m后
- 2021.4.23开挖2.5m后
- 2021.6.24静置
- 2021.7.26静置
- 2021.9.18静置
- 2021.11.25静置
- 2022.1.26静置

弯矩/（kN·m）

（b）桩长8m桩身弯矩

图例：
- 2021.4.19开挖2.5m
- 2021.4.23开挖2.5m结束
- 2021.5.28静置
- 2021.6.24静置
- 2021.7.26静置
- 2021.9.18静置
- 2021.11.25静置
- 2022.1.26静置

图 6-2-21　桩身弯矩沿桩身分布规律

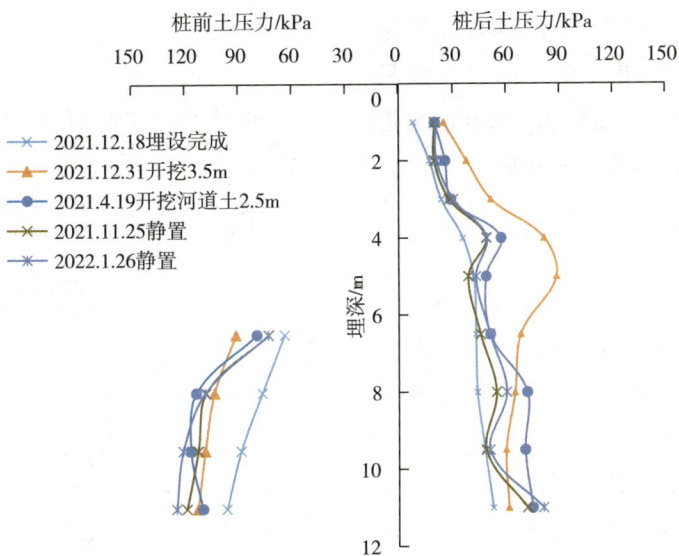

桩前土压力/kPa　　桩后土压力/kPa

图例：
- 2021.12.18埋设完成
- 2021.12.31开挖3.5m
- 2021.4.19开挖河道土2.5m
- 2021.11.25静置
- 2022.1.26静置

（a）后排桩（桩长11.5m）

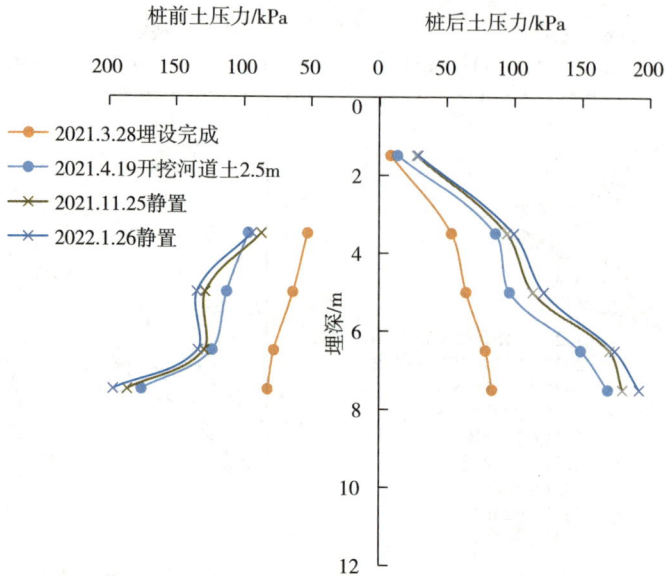

（b）前排桩（桩长8m）

图6-2-22　土压力、深度监测结果

4）孔压

图6-2-23为孔压、深度监测结果。分析表明，孔压基本随着深度呈线性关系，最大孔压约为192kPa，渠道两次开挖时孔压均有所降低。

参考文献

［1］中华人民共和国水利部. 水利水电工程边坡设计规范：SL 386—2007［S］. 北京：中国水利水电出版社，2007.

［2］李涛. 引江济淮工程江淮分水岭膨胀土治理方案优选［J］. 江淮水利科技，2018（3）：12-14.

［3］安徽省水利水电勘测设计院，中水淮河规划设计研究有限公司，安

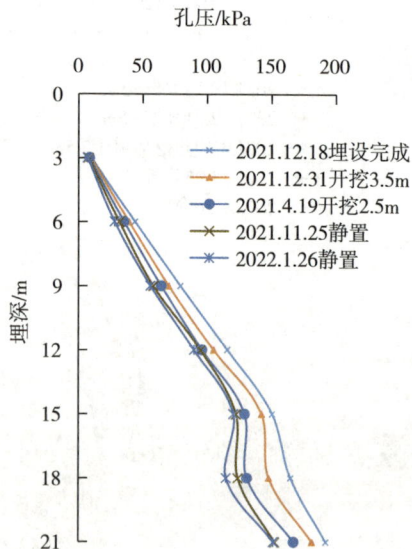

图6-2-23　孔压、深度监测结果

徽省交通勘察设计院有限公司,等 . 引江济淮工程可行性研究报告[R]. 合肥:2016.

[4] 龚壁卫,许晓彤,胡波 . 引江济淮工程膨胀土地段渠坡生态处治技术[J]. 南水北调与水利科技,2023,21(5):1007-1012.

[5] 长江水利委员会长江科学院 . 引江济淮工程膨胀土地段生态河道关键技术研究总报告[R]. 武汉:2022.

[6] 中国电力企业联合会 . 土工离心模型试验技术规程:DL/T 5102—2013[S]. 北京:中国电力出版社,2013.

第7章

膨胀土开挖料综合利用

　　膨胀土的膨胀及收缩变形是引起岩土构造物变形及破坏的主要原因,工程中为避免膨胀变形引起的破坏,往往将膨胀土化学改性以后进行回填压实。常见的化学改性方法包括石灰改性、水泥改性、工业矿渣(粉煤灰)及其他高分子改性等。

　　以往水利工程中水泥改性膨胀土的研究和应用成果不多,大多数工程是采用掺拌量为15%以上的水泥土。资料显示,美国得克萨斯州、俄亥俄州的一些膨胀土渠道曾采用了水泥土进行衬砌护坡。[1-2]我国20世纪60年代至80年代初期建设的内蒙古红领巾水库灌渠、河南鸭河口灌渠等也采用水泥土渠道衬砌,效果较好。而改性膨胀土由于水泥掺拌量少(通常少于8%),相应的掺和工艺比较复杂,缺乏专业设备和技术指导,存在难以掺拌均匀等问题,因此,大规模工程运用很少,工程中应用远不如石灰改性广泛和成熟。工业矿渣(粉煤灰)与膨胀土掺和的改性效果较差,与掺入量相关性明显,多采用与水泥或石灰同时掺和的方法,由于此方法为废弃物的回收利用,可以起到改善膨胀土性能和保护环境的双重功效,在膨胀土治理中有一定的应用。近年来,各种类型土壤固化剂被用作改良膨胀土,如美国的电化学土壤处理剂、离子土壤固化剂,国内的CMA固化剂、HPZT膨胀土改性剂等。不同改性剂的改性原理不同,效果也有较大差异。

　　本章以膨胀土的胀缩机理为基础,通过试验研究阐明膨胀土水泥改性的微观机制,论述工程中常见的膨胀土、膨胀性泥岩、崩解岩等具有一定膨胀性开挖弃料的改性研究成果,分析上述工程弃料在掺拌一定用量的水泥或石粉,或将砂岩与泥岩、崩解岩混合后的工程性能。本章还论述了膨胀土水泥改性后的龄期问题,研究了改性膨胀土长龄期条件下的膨胀性、渗透性及强度特性,并通过现场改性土的试验性施工分析了土料颗粒级配与改性土掺拌均匀性的关系和控制工艺。

7.1 膨胀土水泥改性机理

7.1.1 膨胀土的胀缩机理

自然界中的土是母岩在一定的水、热和生物条件下,经过原始成土、土壤灰化、土壤黏化、脱硅和富铝化等一系列复杂的物理、化学和生物学的作用过程形成的自然沉积物。土颗粒中所含的矿物种类和数量,依据母岩的成分、风化程度和成土环境等不同而异。其中,原生矿物主要有石英、长石、白云母、角闪石、辉石等,次生矿物主要为碳酸盐、硫酸盐等盐类以及含水氧化物等。次生矿物是大部分黏土矿物的主要来源,也是黏性土的主要组成成分。次生黏土矿物主要有呈层状的铝硅酸盐,如蒙脱石、伊利石和蛭石、高岭石等,还有结晶态的含水氧化铁、铝化铁以及非结晶态的含水氧化铁、氧化铁铝等。黏土矿物的成分和含量决定了黏性土的物理力学性能。

膨胀土是一种富含蒙脱石、伊利石和高岭石等黏土矿物的黏性土。研究表明,引起黏性土膨胀变形的黏土矿物主要是几种层状硅酸盐矿物,其结构单元主要由硅氧四面体和铝氧(或铝氢氧)八面体组成,即所谓"1:1 型矿物""2:1 型矿物"和"2:1:1 型矿物",如图 7-1-1 所示。[3]

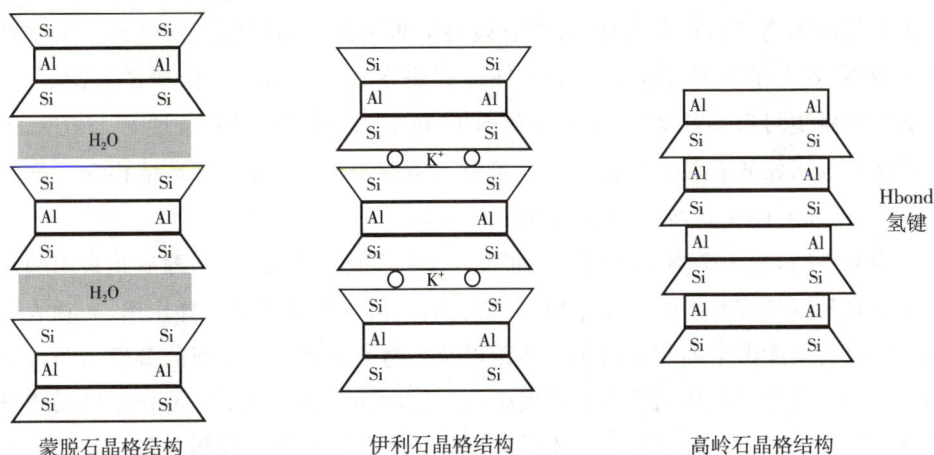

蒙脱石晶格结构　　　　伊利石晶格结构　　　　高岭石晶格结构

图 7-1-1 黏土矿物晶格结构示意

　　高岭石族是"1∶1型矿物"的代表。由于没有"同晶代换",高岭石族的电荷数量很少,一般阳离子交换量仅为 3～15cmol/kg。所谓"同晶代换",即结构单元中的硅氧四面体的 Si^{4+} 被 Al^{3+} 代换,或铝氧八面体中的 Al^{3+} 被 Fe^{2+} 或 Mg^{2+} 代换,由此会产生剩余的永久负电荷。剩余负电荷的数量取决于矿物晶格中发生离子"同晶代换"数量的多少。高岭石的晶层之间由氢键连接,使层间具有很强的结合力,水分子难以浸入,故几乎无膨胀性。

　　土壤中常见的"2∶1型矿物"主要有蒙皂石族、蛭石族、水云母族(伊利石)等。大多数"2∶1型矿物"都有不同程度的"同晶代换"作用,所以也都不同程度地带有表面电荷,使得该类矿物在化学组成及性质上有着很大的差异。

　　水云母(伊利石)是由云母风化并发生层间 K^+ 被置换后的产物,少量的 $(H_3O)^+$ 和其他阳离子(Ca^{2+}、Mg^{2+})进入云母晶格,增大了晶层的间距,使其阳离子交换量增大为 20～40cmol/kg,晶层结合力减弱,膨胀性增强。水云母进一步风化,层间 K^+ 完全为 Mg^{2+} 取代,水分子侵入,使晶层间距进一步增大,成为蛭石。蛭石的阳离子交换量为 100～150cmol/kg,层间结合力更弱,膨胀性进一步增强。

　　蒙脱石是蒙皂石的亚族之一,其阳离子交换量一般为 80～100cmol/kg。由于蒙脱石的"同晶代换"主要发生在晶格之中,距晶格表面略远,对层间阳离子作用较弱,因此,其具有强烈的亲水特性,水分子或其他极性液体能够很容易进入两个基本结构单元之间,并使结构单元晶层的间距增大。在湿润的状态下,蒙脱石具有较强的黏滞性和可塑性,而在水分降低时,又会因失水而发生剧烈的收缩。此外,由于大量层间阳离子的存在,蒙脱石具有较高的吸附能力,被钙离子、镁离子所饱和的蒙脱石,其在水中的基地间距可由 1nm 膨胀到 2nm。若层间阳离子为钠离子,则其层间距更可以不断增大,最大可达到 16nm,形成单层状的钠蒙脱石。相反,若将钾溶液加入蒙脱石黏土矿物中,K^+ 可进入蒙脱石间层,将各基本结构单元联结起来,从而使层间联系增强,消除层间胀缩特性。

　　研究表明,黏土矿物表面与水之间存在 4 种不同的相互作用,即矿物表面的氧原子或羟基以氢键与水的相互作用、矿物表面交换性阳离子的水合作用、矿物表面过剩负电荷产生的电场与水的相互作用以及矿物表面氧原子之间的分散力与水的相互作用。这些相互作用可以单独发生,也可以同时发生,但最终的作用结果将导致黏土吸水膨胀。此外,黏土-水体系的膨胀分为黏粒内分子的膨胀与黏粒间水的膨胀两种,而后者往往是主要的。黏土的吸水膨胀也可分为两个阶段,即由水合能所引起的膨胀阶段和由双电层排斥力所引起的渗透膨胀阶段。在膨胀过程中,干燥黏粒的表面吸附水分子进入层间,使晶层分开,从而导致其体积增大。例如,蒙脱石晶层间在吸附四层水分子后可使其体积增加一倍,而非膨胀性黏粒外表面的水合体积的变化相对较小。

黏土矿物学研究表明,黏土矿物的膨胀依赖于其晶格所携带的电荷、交换性阳离子的种类、水合能、溶液的离子强度以及含水率等。高岭石、滑石、叶蜡石等很少出现层间膨胀,其原因主要是这些矿物缺少层间阳离子,晶层与晶层之间的范德华吸引力较大,且没有离子水合能来克服层间的相互吸引能。云母和伊利石也很少出现层间膨胀,这可能是晶层间的 K^+ 与晶层电荷的吸引力太强的缘故。与膨胀相反的过程即为收缩。当环境条件发生变化而引起脱水时,黏土矿物就会收缩。

有关膨胀土的膨胀变形机理研究由来已久,比较有代表性的理论包括黏土矿物晶格扩张理论、双电层理论、黏土矿物叠片体理论、吸力势理论、膨胀潜势理论、自由能变化理论、膨胀路径与胀缩状态理论、湿度应力场理论、胀缩时间效应理论等。[4] 其中,黏土矿物晶格扩张理论、双电层理论和黏土矿物叠片体理论是目前较为公认的三种膨胀土的膨胀变形理论。

黏土矿物晶格扩张理论认为,三大类黏土矿物——蒙脱石、伊利石、高岭石都是由硅氧四面体和铝氢氧八面体两种基本结构单元组成,其晶格层间由弱键连接,外界水分子极易从晶格层间渗入,在晶格层间形成水膜,使晶层间距加大,从而引起土体体积增大。不同种类的黏土矿物其四面体和八面体的连接方式不同,造成它们在与水结合时所产生的体积变化不同。双电层理论认为,土粒周围由强、弱结合水组成水化膜(双电层),由于"同晶代换"作用,黏土矿物晶体表面以带负电荷为主,土颗粒周围形成静电场,在静电引力作用下,颗粒表面吸附相反电荷的离子(交换性阳离子),这些离子以水化离子的形式存在,膨缩的起因是水化膜的增减,而水化膜与黏粒含量相关,带有负电荷的黏土矿物颗粒吸附水化离子,形成扩散形式的离子分布,从而组成双电层(水化膜)。随着含水率的增加,结合水膜加厚,将土颗粒"楔"开,使固体颗粒间距离增大,土的体积膨胀。黏土矿物叠片体理论认为,叠片体是黏土矿物在土中存在的基本方式。膨胀土的亲水性越大,叠片体的联系越弱,膨胀变形越大,而反映土亲水性的指标包括自由膨胀率、液限、塑性指数、比表面积、阳离子交换量等。

分析膨胀土的胀缩机理对于膨胀土改性尤为重要,只有在认清膨胀土的胀缩机理的前提下,针对膨胀土胀缩变形的内在原因进行有关的改性技术研究,才能做到有的放矢,从根本上解决膨胀土的变形与破坏问题。

7.1.2　水泥改性土的微观结构

膨胀土的水泥改性是在膨胀土胀缩变形机理的研究基础上,针对膨胀土湿胀干缩的特性进行的改性,从本质上讲,是采用化学添加剂对膨胀土的化学成分、颗粒结构进行改良。以往在膨胀土水泥改性机理研究方面研究甚少,20 世纪 60 年代初,国内外曾开展过石灰土改性机理研究。[1][4-5]一般认为,石灰土的改性机理是黏土颗粒表面生成了不溶性水化硅酸钙、水化铝酸钙,这些物质将黏土颗粒黏结起来,提高了黏土的强度和耐久性。相比石灰改性,膨胀土的水泥改性首先在用料上采用的是水泥材料,其次,在改性材料用量上也大幅降低,从改性的效果上看,水泥改性的效果明显比石灰改性更加优越。研究表明,膨胀土在掺拌 1% 的水泥干粉后,膨胀性明显降低,改性效果显著,其改性的机理尚未明确。[6-9]

研究人员采用普通硅酸盐水泥掺拌一定数量的膨胀土进行改性试验,并运用 SEM(扫描电镜)分析改性土的微观结构随时间的变化情况。考虑到膨胀性的强弱和龄期对成果的影响,试验研究了三种水泥掺量在不同龄期条件下膨胀土水泥改性后的微观结构的变化规律。试验龄期分别为掺前、掺后以及掺后 1h、4h、24h、7 天、28 天、90 天等,最长龄期为 2 年。

试验前首先进行膨胀土的标准击实试验,以获得重塑样的控制干密度和备样含水率。然后,按照备样含水率制备湿土,静置 12h。待含水率稳定以后,按照比例掺拌水泥干粉,即刻进行试样击实,制备改性土试样。再按照规定的龄期对制备好的改性土样采用扫描电镜试验方法对土样改性前后的微观结构进行扫描分析,同时,测定改性土及溶液的离子成分、含量,分析土样的化学成分等。

图 7-1-2 为膨胀土样标准击实试验曲线。由图可见,随着膨胀性的增大,土样的最优含水率逐渐增大,最大干密度逐渐减小,其最优含水率为 35.7%,最大干密度为 $1.29g/cm^3$。

为比较改性前后土壤微观结构的变化,研究人员分别选用强膨胀土原样和强膨胀土改性土样进行试验。试样分别按照上述方法进行制备。试样制备完成后,从制备样上取下小块试样,快速风干,保持原有的结构,然后进行扫描电镜试验。余下样品放在恒温恒湿箱内进行养护,按照不同的龄期,定期从制备样上切取小块试样进行扫描电镜试验。试验结果如图 7-1-3 所示。

图 7-1-3(a)为强膨胀土未掺拌水泥改性前的微观结构。从图中可以看出,强膨胀土以较薄的片状结构为主,具有较大的表面积,这与蒙脱土的内部微

观结构是一致的。图 7 - 1 - 3(b)为掺拌水泥制样后的微观结构。从图中可以看出,在水泥掺拌并击实成型之后,土的结构已经发生了很大的变化。那些薄的片状结构几乎消失殆尽,可以看到相对较厚一些小的颗粒出现,表明水泥对黏土颗粒的侵蚀,并且形成了 CSH 和 CASH 类的胶结物质。水泥的加入使土样产生了一个具有较高 pH 的环境,破坏了黏土中的硅酸矿物,并形成了硅酸和铝酸水化钙胶体。

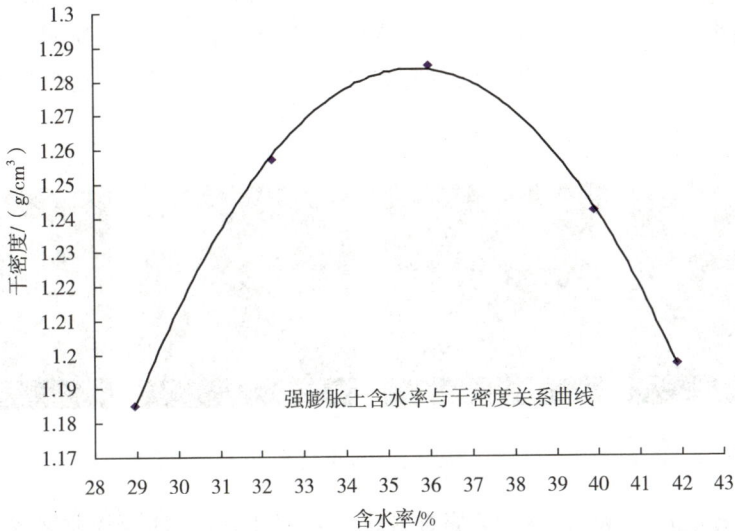

强膨胀土含水率与干密度关系曲线

图 7 - 1 - 2 膨胀土样标准击实试验曲线

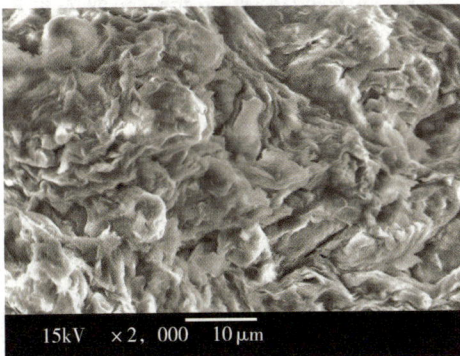

（a）原状膨胀土

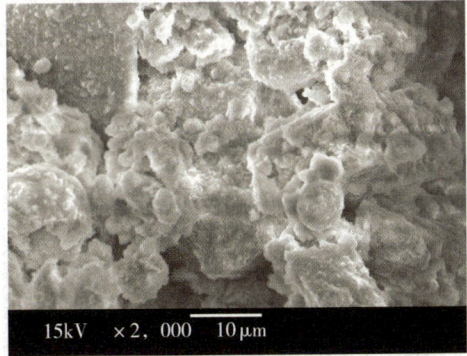

（b）改性土

图 7 - 1 - 3 膨胀土样的扫描电镜图像

改性土养护 1h 之后,扫描电镜图像表明了腐蚀过程的加剧。整片的蒙脱土被破坏成了很多的小块,在黏土矿物颗粒的表面有新的产物形成。改性土养护 4h 之后,黏土颗粒表面在扫描电镜图像中已经观察不到。小片的(小块的)遭受侵蚀的黏土颗粒表面包裹上了一层凝胶状的物质。改性土养护 24h 之后,在扫描电镜图片中没有再观察到分散的小颗粒。黏土颗粒被聚合在一起,形成了一整块像固体状的结构。

改性土养护 7 天之后,形成了一种链条状的凝胶性物质,该物质把黏土矿物连接起来,形成一种像固态胶体的结构形式,如图 7-1-4 所示。黏土的原有结构被彻底摧毁,在结构中也没有发现孔隙,土硬化了,并且强度有了显著的提高。

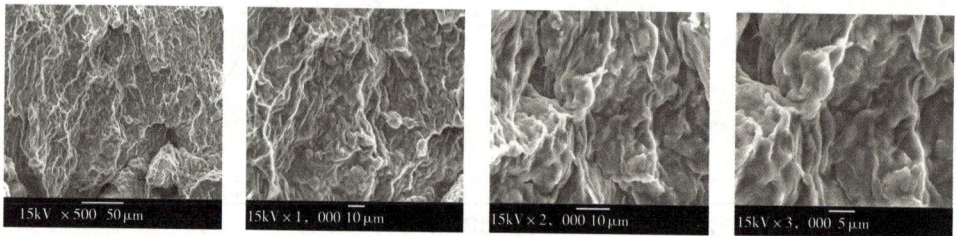

图 7-1-4　膨胀土水泥改性后 7 天龄期扫描电镜图像(放大 500、1000、2000、3000 倍)

改性土养护 28 天后,黏土的腐蚀性进一步强化,凝胶性的物质变成了一种类似固体的物质,并且有许多碎的块状的颗粒(水泥水化的产物)存在。另外,微观结构图中也发现了有枝状的新物质生成,如图 7-1-5 所示。

水泥水化产物中的水化硅酸钙相(即 C—S—H)结晶度极差,呈隐晶或无定形态的凝胶相,其化学组成亦不固定。水化时溶液中离子的过饱和度对晶体成核和水化龄期的关系很大,所以其形貌也较复杂,有纤维状、颗粒状、网络状、薄片状及放射状等。

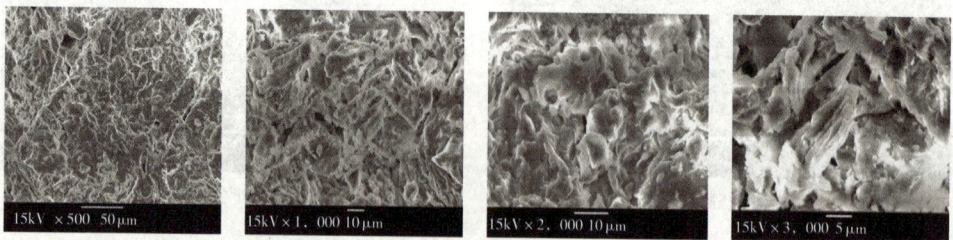

图 7-1-5　膨胀土水泥改性后 28 天龄期扫描电镜图像(放大 500、1000、2000、3000 倍)

养护 90 天后,可以看到许多的针状和放射状的晶体形貌,这说明 90 天时,C—S—H 大量存在。养护 180 天后很明显地能够观察到细长纤维状、颗粒状及放射状的 C—S—H,说明在反应龄期 180 天时有大量的 C—S—H 生成,且无定形态地分布着。由于水泥成分中有石膏作缓冲剂,水化铝酸钙与 SO_4^{2-} 形成两种复盐。第一种为高硫酸盐型的钙矾石,习惯上称为三硫型水化硫铝酸钙(即 AFt),结晶完好,属三方晶系,一轴晶负光性晶体,负延性,呈六方针状、棒状或柱状,棱面清晰,尺寸和长径比虽有一定变化,但轴面发育完好,也无分枝现象。这与钙矾石溶解度小、结晶力强、生长速度快的特性有关。在快凝快硬水泥水化时,它是硬化水泥浆体强度的主要提供者。第二种为低硫酸盐型的单硫型水化硫铝酸钙(即 AFm),属三方晶系,一轴晶负光性晶体,具层状结构,延性为正。常与 $C_4(A \cdot F)H_{13}$ 形成连续固溶体。

不同养护龄期的扫描电镜图像显示了水泥加入强膨胀土中后发生反应的整个过程,包括水泥的溶解、水化、硬凝、固化等,微观结构形貌在每一个阶段也表现出不同的特征。

7.1.3 膨胀土水泥改性机理

通过对水泥改性膨胀土的试验研究,可以得出如下有关结论。水泥溶于水中后,释放出大量的 Ca^{2+} 和 OH^-,提升了土中孔隙水的 pH,黏土颗粒在较高的 pH 环境先发生分解、溶蚀,这个过程非常快,在几个小时之内完成大部分。黏土颗粒发生凝聚和结团,然后,水泥水化会产生 CSH 和 CASH 凝胶,凝胶产物会包裹在黏土颗粒外表面,并逐渐固化,这种现象在强、中、弱三种膨胀土中均可以观察到。此后,随着养护龄期的增加,硬凝产物增多,硬凝产物一部分来自水泥自身的水化产物,另一部分来源于黏土矿物溶解后和水泥释放出的 Ca^{2+} 的合成作用。在经过长期的养护后(大约一年后),改性土体的衍射强度已经很低,会出现各种水泥水化产物的成熟形式,体积增加,填充了土中的孔隙,土体变得更为密实。最终的产物表现出非晶体形态(无定型态的形式)的水泥土物质。这些产物牢固地结合在一起,很难分清单个的相,从而形成了膨胀土水泥改性土的最终强度。

7.1.4 改性效果的细观结构分析

研究人员借助显微观测技术,进一步对膨胀土改性前后土团结构的变化进行分析,以论述膨胀土的水泥改性效果。

研究人员选用强膨胀土进行改性前后土体的细观结构扫描,分别将光学显微镜放大倍数设置为 75 倍和 600 倍。从扫描的图像可见,强膨胀土浸水前土颗粒

（土团）和孔隙轮廓分明，土团中的钙质结核（图中白点处）清晰可见，说明土体具有一定的结构，如图 7-1-6（a）所示。浸水膨胀以后，土体膨胀，结构破坏，如图 7-1-6（b）所示，而改性土的扫描图像则完全不同。

　　图 7-1-6（c）为强膨胀土掺拌水泥以后浸水前的图像，从该图可见土团轮廓、团粒之间的孔隙和土体的架接结构。土体浸水之后土体架接结构基本保持稳定，如图 7-1-6（d）所示。说明由于水泥的胶结作用，原有的膨胀变形得到控制，改性土的膨胀性大为降低。图 7-1-6（e）和图 7-1-6（f）分别为放大 600 倍的强膨胀改性土浸水前、后的微观结构。从图中可见，浸水前的土体结构保持一定的团聚体形式，浸水以后这类团聚体基本没有发生变化。由此看来，膨胀土水泥改性的效果是显而易见的。

（a）强膨胀土浸水前（放大75倍）

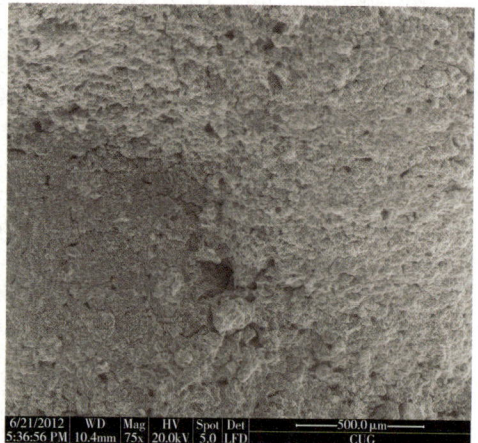

（b）强膨胀土浸水后（放大75倍）

（c）强膨胀改性土浸水前（放大75倍）

（d）强膨胀改性土浸水后（放大75倍）

（e）强膨胀改性土浸水前（放大600倍）　　　　（f）强膨胀改性土浸水后（放大600倍）

图 7-1-6　强膨胀土与改性土扫描照片

7.2　改性土的工程特性

7.2.1　水泥弱膨胀土的工程特性

1. 改性土的胀缩特性

1）自由膨胀率

采用松散掺拌和掺拌后击实两种制样条件进行了改性土的自由膨胀率试验，结果如图 7-2-1 所示。结果表明：

（1）自由膨胀率随水泥掺量的增加而降低。改性弱膨胀土的水泥掺量达 2%时，自由膨胀率显著降低；当超过上述掺量后，再增加水泥掺量时，自由膨胀率的降低幅度减小。

（2）改性弱膨胀土的水泥掺量为 3%、28 天龄期时，自由膨胀率降至 30%左右。

（3）同样的水泥掺量条件下，掺拌后击实制样较松散掺拌制样所测得自由膨胀率低，但两者相差不大，表明击实对改善水泥与膨胀土之间的水化作用效果不显著。

2）膨胀力

分别按 90%、95%、98%和 100%的压实度和 21%的最优含水率制备试验土样，并进行膨胀力试验。

改性土的膨胀力试验结果如图7-2-2所示。结果显示:改性土的膨胀力与水泥掺量呈反比,水泥掺量越大,相应的膨胀力越低;随着试样压实度的提高,改性土的膨胀力呈逐步增大的趋势。

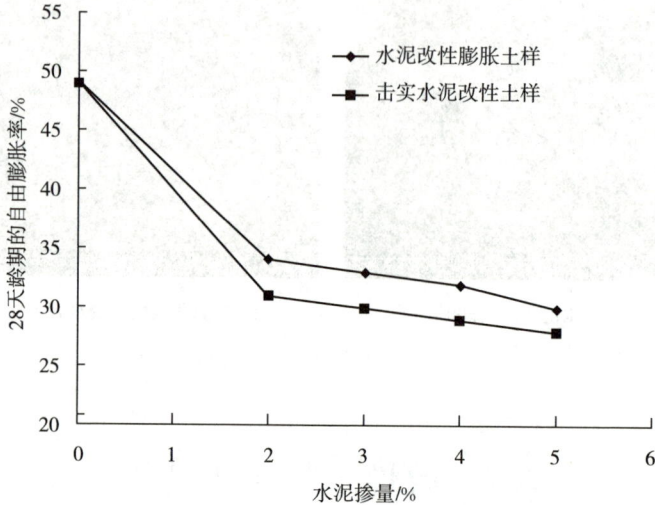

图7-2-1　改性土自由膨胀率与水泥掺量的关系

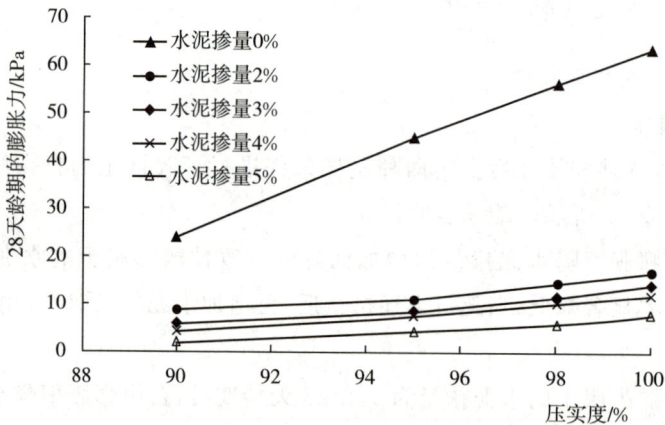

图7-2-2　改性土膨胀力与水泥掺量、压实度的关系

3)无荷膨胀率

28天龄期,土样压实度分别为90%、95%、98%和100%的试样无荷膨胀率试验结果如图7-2-3所示。结果显示,随水泥掺量的增加,改性土的无荷膨胀率减小;而压实度增大,改性土的无荷膨胀率也会增大。

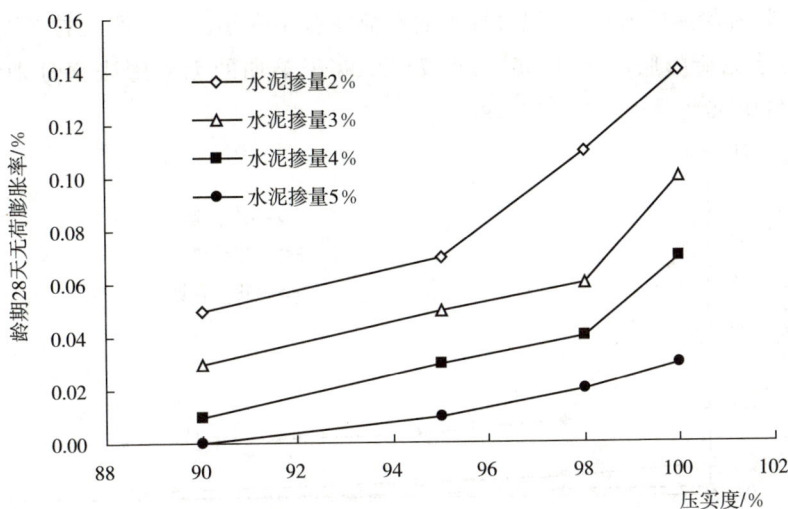

图 7 - 2 - 3　改性土无荷膨胀率与水泥掺量、压实度的关系

4）有荷膨胀率

压实度为 95％、不同水泥掺量、不同龄期的有荷膨胀率试验成果如图 7 - 2 - 4、图 7 - 2 - 5 所示。

分析可见：

（1）弱膨胀土掺水泥改性后的有荷膨胀率明显降低。当荷载为零时，改性前的膨胀率为 7.10％，水泥掺量为 3％改性后 28 天龄期的膨胀率为 0.05％。

（2）弱膨胀土改性后的有荷膨胀率随上部荷载的增大而减小。低荷载压力作用下的膨胀率降低幅度显著；荷载大于 6kPa 后，随着荷载的增加，膨胀率降低幅度变小。

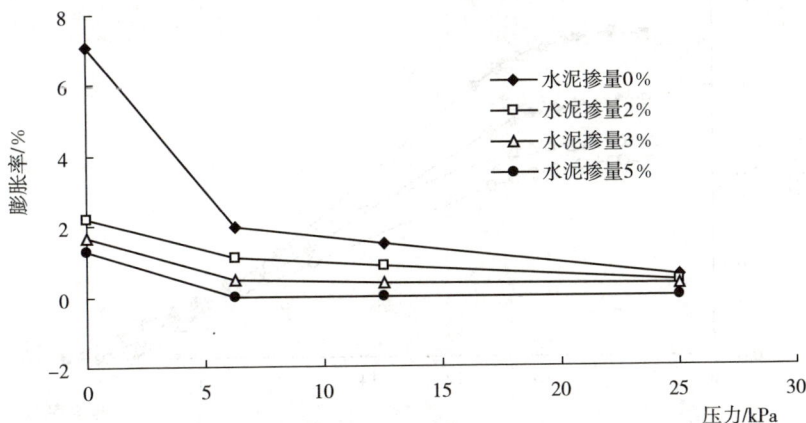

图 7 - 2 - 4　改性土膨胀率与压力的关系

（3）随着龄期的增加，水泥改性土的有荷膨胀率变小。弱膨胀土掺 3％水泥改性后，初始无荷膨胀率为 1.65％，而 7 天、28 天龄期的无荷膨胀率分别降低至0.18％和 0.05％。

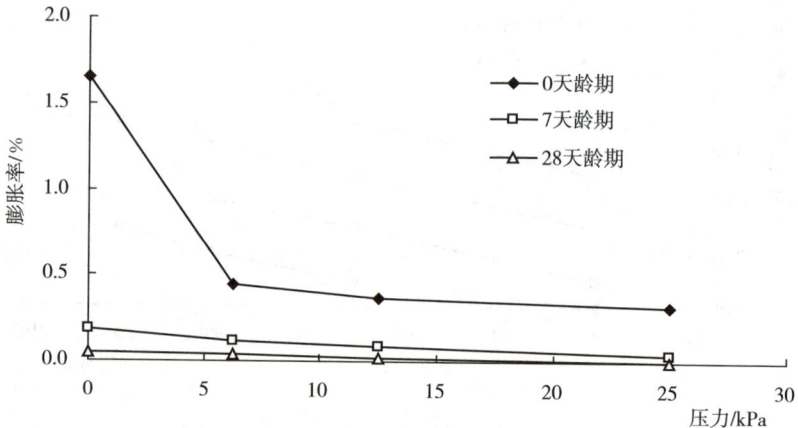

图 7-2-5　改性土膨胀率与龄期和压力的关系

5）收缩特性

土样制备含水率为 21％，膨胀土改性后的收缩特性如图 7-2-6 所示。分析可见，随水泥掺量的增加，线缩率、收缩系数、体缩率均减小。弱膨胀土的水泥掺量为 3％时，收缩特性降低明显，掺量超过 3％后其改性效果不显著。随龄期的增加，线缩率、收缩系数、体缩率均减小，水泥掺量低的膨胀土的收缩特性受龄期的影响更加显著。

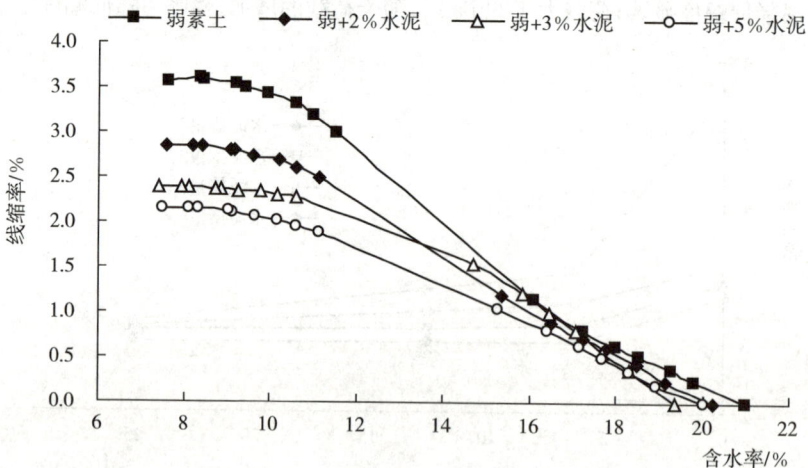

图 7-2-6　改性土线缩率与水泥掺量、含水率的关系

通过对不同水泥掺量、不同压实度的水泥改性弱膨胀土的胀缩性开展试验研究,得到以下结论。

(1)膨胀土掺拌水泥改性后,压实度对胀缩性影响较大。随压实度的增大,胀缩性增加。因此,水泥改性土作为填料时,与一般填料不同,并不是压实度越大越好,水泥改性土的压实度存在合理的取值范围。

(2)弱膨胀土掺拌水泥改性后,其胀缩性与龄期有密切的关系,随龄期的增加,胀缩性降低。7 天龄期的胀缩性降低明显,之后胀缩性降低不大。可见,龄期对胀缩性的影响较大,主要反映了水泥对膨胀土的改性有一定的时间效应。根据工程实际情况,可以对 28 天龄期后的胀缩性指标进行改性效果评定。

(3)弱膨胀土水泥掺量达 2%,再增加水泥掺量对自由膨胀率的减小作用不明显。水泥掺量为 3%、28 天龄期弱膨胀土样自由膨胀率降至 30%(掺拌后击实制样条件)。

(4)不同水泥掺量胀缩性试验研究表明,采用 2% 的水泥掺量进行改性后,自由膨胀率可降至 40% 以下,达到了改性标准。此时其膨胀力、膨胀率和收缩性能均不大,对工程危害程度较小。过低的水泥掺量会导致掺拌不均匀,工程经验表明最低掺量不宜低于 3%;而过高的掺量将导致改性土体硬化开裂,一般不宜大于 8%。

2. 物理力学特性

1)击实特性

研究人员分别针对弱膨胀土进行不同水泥掺量的改性后的标准击实试验(重型和轻型),试验成果分析如下。

改性土的击实试验结果见表 7-2-1 所列,弱膨胀改性土重型击实得到的最优含水率较轻型击实低 5.3%～6.5%,最大干密度较轻型击实大 0.20～0.21g/cm³。水泥掺量越高,改性土的最大干密度越大,最优含水率越小,说明水泥掺入后需要更大的动能才能使土体更加密实。

表 7-2-1 改性土击实试验结果

水泥掺量/%	轻型击实试验		重型击实试验	
	最优含水率 $w_{op}/\%$	最大干密度 $\rho_{dmax}/(g/cm^3)$	最优含水率 $w_{op}/\%$	最大干密度 $\rho_{dmax}/(g/cm^3)$
0	21.4	1.65	14.9	1.86
3	20.0	1.67	14.7	1.88

（续表）

水泥掺量/%	轻型击实试验		重型击实试验	
	最优含水率 w_{op}/%	最大干密度 ρ_{dmax}/(g/cm³)	最优含水率 w_{op}/%	最大干密度 ρ_{dmax}/(g/cm³)
4	19.8	1.68	—	—
5	19.5	1.69	13.5	1.89

2）强度特性

研究人员开展了素土和不同龄期水泥改性土的强度试验，制备土料的含水率均为 21.0%，膨胀土改性的水泥掺量为 3%，控制压实度为 95%，制样采用轻型击实标准。

（1）无侧限抗压强度试验。饱和状态的无侧限抗压强度试验结果见表 7-2-2 所列。试验成果表明，弱膨胀土改性前无侧限抗压强度试验的应力、应变关系均呈应变硬化型，破坏应变为 14.3%；改性后无侧限抗压强度试验的应力、应变关系为应变软化型，破坏应变小于 1%，为脆性破坏。改性土的抗压强度、初始切线模量、破坏应变均随龄期的增加而变大，且龄期的初始阶段对各指标的影响程度较大。水泥掺入 28 天后改性土的强度提高最为显著。

表 7-2-2　无侧限抗压强度试验结果

土性	龄期/天	制备样控制条件		饱和状态无侧限抗压强度指标		
		掺量/%	压实度/%	抗压强度/kPa	初始切线模量/MPa	破坏应变/%
弱膨胀改性土	—	0	95	49.4	2.35	14.0
	1	3	95	137.7	46.8	0.30
	7	3	95	268.1	52.8	0.55
	28	3	95	370.0	57.4	0.71

（2）直剪强度试验。直剪强度试验结果见表 7-2-3 所列。试验结果表明，快剪强度较饱和快剪强度要高；养护龄期越长，直剪强度越高；水泥掺量越高，直剪强度越大；压实度越高，直剪强度越高。

（3）三轴试验。水泥改性土三轴试验（CU 试验）结果见表 7-2-4 所列。试验结果表明，弱膨胀水泥改性土的应力、应变曲线呈应变软化型，其破坏应变为 2.0% 附近；改性土的强度指标凝聚力与内摩擦角均随龄期的增长而增大。

表 7-2-3　水泥改性弱膨胀土直剪强度试验结果

水泥掺量/%	龄期/天	压实度															
		100%				98%				95%				90%			
		饱和快剪		快剪		饱和快剪		快剪		饱和快剪		快剪		饱和快剪		快剪	
		C_{cq}/kPa	φ_{cq}/°	C_q/kPa	φ_q/°	C_{cq}/kPa	φ_{cq}/°	C_q/kPa	φ_q/°	C_{cq}/kPa	φ_{cq}/°	C_q/kPa	φ_q/°	C_{cq}/kPa	φ_{cq}/°	C_q/kPa	φ_q/°
0	—	55.7	4.8	84.8	14.2	50.0	4.4	—	—	43.9	4.0	—	—	36.3	3.7	60.2	17.7
4	7	102.9	20.7	122.4	24.2	109.0	18.2	97.5	19.6	93.5	16.8	92.8	22.7	55.4	17.1	88.8	18.2
	14	156.3	24.4	159.7	28.4	127.0	23.7	141.5	22.9	95.2	21.3	122.5	23.1	77.7	20.0	107.2	22.1

表 7-2-4　水泥改性弱膨胀土三轴 CU 试验结果

水泥掺量/%	压实度/%	龄期/天	C/kPa	Φ/°	C'/kPa	φ'/°
3	95	7	88.8	16.5	93.8	18.8
3	95	28	104.5	20.1	104.0	22.6

3）压缩性

由表 7-2-5 可知,饱和弱膨胀土试样的压缩系数为 0.27～0.55MPa⁻¹,属高、中压缩性土;而掺 3‰水泥以后的水泥改性土压缩系数明显小于 0.1MPa⁻¹,呈低压缩性;掺 3‰水泥改性后,28 天的饱和压缩模量增加到 63.6MPa。这说明弱膨胀土掺和水泥改性后,压缩性明显降低,压缩模量大幅提高。另外,随龄期的增加,压缩模量增大,且龄期的初始阶段对模量的影响程度更大。

表 7-2-5　水泥改性土压缩试验结果

| 压实度/% | 龄期/天 | 制备样控制条件 | | | 压缩试验 | | | |
| | | | | | 非饱和 | | 饱和 | |
		掺量/%	含水率 W/%	干密度 ρ_d/(g/cm³)	压缩系数 a_{v1-2}/MPa⁻¹	压缩模量 E_{s1-2}/MPa	压缩系数 a_{v1-2}/MPa⁻¹	压缩模量 E_{s1-2}/MPa
93	—	0	21.0	1.53	—	—	0.550	3.36
96	—			1.58	—	—	0.285	6.23
98	—			1.62	—	—	0.272	6.41
93	1	3	21.0	1.55	0.045	39.2	0.046	37.7
	7				0.037	47.6	0.038	45.5
95	1			1.57	—	—	0.037	45.5
	7				—	—	0.033	51.3
	28				—	—	0.024	63.6

4）渗透性

水泥掺量为 3‰的水泥改性弱膨胀土渗透性试验结果见表 7-2-6 所列。试验表明,改性土的渗透系数为 10⁻⁶cm/s 量级,且随着龄期的增长,渗透系数有进一步减小的趋势。

表 7-2-6　渗透性试验结果

| 土样名称 | 龄期/天 | 制备样控制条件 | | 渗透系数 K_{20}/(cm/s) |
		掺量/%	压实度/%	
弱膨胀改性土	—	0	95	5.35×10^{-6}
	1	3	95	3.38×10^{-6}
	28	3	95	1.87×10^{-6}

7.2.2　砂岩改性弱膨胀土工程特性

砂岩崩解岩(简称砂岩)改性膨胀土是一种物理改性措施,其原理是通过掺拌一定重量的砂岩来改变膨胀土的颗粒级配,使其膨胀性减小。

改性试验所用的砂岩取自引江济淮工程 C006 - 2 标段(桩号 78+200),弱膨胀土取自 Y003 标段(桩号 6+300),改性土水泥采用普通硅酸盐水泥。我们进行了不同配比的砂岩改性弱膨胀土的自由膨胀率、击实、崩解、渗透性及强度试验。[9—10]

1. 砂岩改性土的膨胀特性

表 7-2-7 为不同配比的砂岩改性弱膨胀土的自由膨胀率试验结果。根据《土工试验方法标准》(GB/T 50123—2019)规定,自由膨胀率试验应进行两次测定,当自由膨胀率小于 60%时,最大允许差值应为±5%;当自由膨胀率不小于 60%时,最大允许差值应为±8%;取其算术平均值,以整数表示。考虑到自由膨胀率测试的允许差值和一定的安全储备,以改性后土样的自由膨胀率 30%为改性目标值(常规情况下自由膨胀率低于 40%为非膨胀土),当砂岩、弱膨胀土混合料的自由膨胀率低于该值时对应的配比为最优配比。

由表 7-2-7 可知,砂岩与弱膨胀土的质量比为 2:8 时,混合料自由膨胀率为 33%,砂岩与弱膨胀土质量比为 3:7 时,自由膨胀率为 28%。根据上述标准,选取砂岩改性弱膨胀土的最优掺量配比为 3:7。

表 7-2-7　不同配比的砂岩改性弱膨胀土的自由膨胀率试验结果

改性土样	配比(质量比)	自由膨胀率/%
弱膨胀土(素土)	—	49
砂岩崩解岩:弱膨胀土	2:8	33
	3:7	28
	4:6	25
	5:5	22

基于上述最优配比,开展击实试验得到砂岩改性膨胀土的最大干密度为 1.86g/cm³ 和最优含水率 12.1%,基于最优配比制样进行的砂岩改性膨胀土样在不同竖向压力下的有荷膨胀率、渗透系数及崩解性试验结果见表 7-2-8 所列。结果显示,当上覆压力为 25kPa(对应上覆土体高度约 1m)时,改性土的有荷膨胀率仅为 0.2%,渗透系数为 10^{-5}cm/s 量级,但试样的耐崩解性较差。

为改善改性土的耐崩解性,继续向砂岩改性土中添加3%水泥材料,得到砂岩+弱膨胀土+水泥混合改性土的试验成果。由表7-2-8可知,添加水泥改性材料后,混合料的耐崩解性大大提高,而对应6.25kPa荷载下的有荷膨胀率更是从0.6%降低至0.1%。由此可见,砂岩物理改性膨胀土仅仅是改变了膨胀土的颗粒级配,"淡化"了原土料的膨胀性,而真正改变膨胀变形仍需要水泥等化学改性材料。

表7-2-8　砂岩改性弱膨胀土的有荷膨胀率、渗透系数及崩解性试验结果

试样	制备样控制条件				不同竖向压力下的膨胀率/%						渗透系数
	含水率 W/ %	压实度/ %	干密度 ρ_d/ (g/cm³)	崩解量 A_t/ %	0	6.25 kPa	12.5 kPa	25 kPa	50 kPa	100 kPa	K_{20}/ (cm/s)
砂岩:弱膨胀土= 3:7				100	8.0	0.6	0.5	0.2	0.1	−0.1	2.0×10⁻⁵
砂岩:弱膨胀土= 3:7 改性后再掺 3%水泥	12.1	96	1.79	0	0.2	0.1	0.0	0.0	0.0	0.0	5.2×10⁻⁶

2. 砂岩改性弱膨胀土的强度特性

将砂岩掺3%水泥改性后进行改性土的抗剪强度试验,试验方法为直剪快剪。试验土料的含水率为12.1%,制样采用轻型击实标准,控制压实度为96%。试验结果见表7-2-9所列。结果表明,砂岩+膨胀土+水泥改性土的强度,尤其是内摩擦角指标有明显的提升。

表7-2-9　砂岩掺3%水泥改性弱膨胀土样直剪强度试验结果

试样	击实指标		制备样控制条件			抗剪强度	
	最优含水率 W_{op}/ %	最大干密度 ρ_{dmax}/ (g/cm³)	含水率 W/ %	压实度 P/ %	干密度 ρ_d/ (g/cm³)	凝聚力 C/ kPa	摩擦角 φ/°
砂岩崩解岩: 弱膨胀(3:7) 改性后掺3%水泥	12.1	1.86	12.1	96	1.79	91.0	48.5

7.2.3　石粉改性弱膨胀土工程特性

与砂岩改性膨胀土的原理相似,采用渠道石方开挖取得的石粉进行膨胀土的

改性也是一种物理改性措施。改性试验所用的弱膨胀土样取自引江济淮工程Y003 标段(桩号 6+300),改性弱膨胀土的石粉分为石英岩和片麻岩两种,两种材料的颗粒级配见表 7-2-10 所列。

表 7-2-10　石粉颗粒级配试验结果

石粉类型	颗粒组成/%						土样分类
	砾粒(角砾)		砂粒			粉粒	
	20～5mm	5～2mm	2.0～0.5mm	0.5～0.25mm	0.25～0.075mm	<0.075mm	
片麻岩	1.9	18.0	33.9	15.5	11.8	19.1	细粒土质砂
石英岩	6.8	29.3	27.5	11.3	9.2	15.9	细粒土质砂

根据《土工试验方法标准》(GB/T 50123—2019)和《土的工程分类标准》(GB/T 50145—2007),片麻岩、石英岩石粉均定名为细粒土质砂。改性土水泥采用普通硅酸盐水泥。将破碎后过 0.5mm 筛的石粉按不同比例与自由膨胀率为49%的弱膨胀土进行掺拌,进行不同配比混合料的压实度、膨胀强度特性(自由膨胀率、有荷膨胀率、无荷膨胀率、抗剪强度指标等)试验。

表 7-2-11 为不同配比的石粉改性膨胀土的自由膨胀率。考虑到自由膨胀率测试的允许差值和一定的安全储备,选取自由膨胀率30%为改性目标值,以石粉+弱膨胀土混合料的自由膨胀率低于该值时对应的配比为最优配比。由试验结果可见,两种石粉掺入最优掺量配比均为 3:7。

表 7-2-11　不同配比的石粉改性膨胀土混合料的自由膨胀率

改性土样	配比(质量比)	自由膨胀率/%
素土	—	49
石粉(石英岩):弱膨胀土	2:8	33
	3:7	26
	4:6	24
	5:5	20
石粉(片麻岩):弱膨胀土	2:8	37
	3:7	28
	4:6	23
	5:5	22

表7-2-12为石粉物理改性弱膨胀土击实及直剪试验结果。图7-2-7为100％、96％压实度下,改性土的有荷膨胀率随着石粉掺量的变化曲线。由图可知,最优掺量(石粉:弱膨胀土为3:7)下弱膨胀土样上覆压力为25kPa(对应上覆土体高度约1m),有荷膨胀率接近0。

表7-2-12 石粉物理改性弱膨胀土击实及直剪试验结果

试样	石粉类型	击实指标		备样控制条件			抗剪强度	
		最优含水率 $W_{op}/\%$	最大干密度 $p_{dmax}/$ (g/cm^3)	含水率 $W/\%$	压实度/%	干密度 $p_d/$ (g/cm^3)	凝聚力 C/kPa	摩擦角 $\varphi/°$
石英岩石粉: 弱膨胀土＝ 3:7	石英岩	11.8	1.86	11.8	96	1.79	34.5	17.2
	片麻岩	11.2	1.87	11.2	96	1.80	20.5	28.2

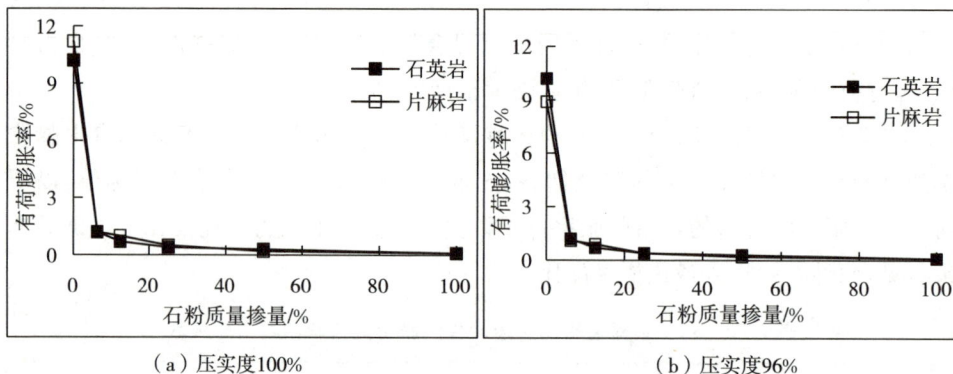

（a）压实度100%   （b）压实度96%

图7-2-7 不同压实度下石粉和弱膨胀土3:7混合后的有荷膨胀率

表7-2-13为石粉与弱膨胀土(石粉:弱膨胀土质量比为3:7)拌和均匀后掺3％水泥在不同竖向压力下的膨胀率,其有荷膨胀率均接近0,且渗透系数均小于10^{-5}cm/s量级。由此可知,石粉物理改性弱膨胀土(石粉:弱膨胀土为3:7)后掺3％水泥即可基本消除膨胀效应对渠坡稳定的影响。

表7-2-14为石粉改性弱膨胀土后掺3％水泥试样抗剪强度试验成果。与表7-2-12对比可知,石英岩、片麻岩石粉掺水泥改性土样的凝聚力分别为47.5kPa、51.0kPa,相比未掺水泥前的改性土的凝聚力分别提高了0.4倍、1.5倍;内摩擦角分别为60.6°、63.1°,相比未掺水泥前的内摩擦角分别提高了2.5倍、1.2倍。

表 7-2-13 石粉掺水泥改性弱膨胀土试样在不同竖向压力下的膨胀率

| 试样 | 石粉类型 | 备样条件 | | | | 不同竖向压力下的有荷膨胀率/% | | | | 渗透系数/(cm/s) |
		含水率 W/%	压实度/%	干密度 p_{dmax}/(g/cm)	崩解量 A_t/%	0	6.25 kPa	12.5 kPa	25 kPa	
石粉+弱膨胀土+3%水泥	石英岩	11.8	96	1.79	0	0.2	0.1	0.0	0.0	3.6×10^{-6}
	片麻岩	11.2	96	1.80	0	0.1	0.0	0.0	0.0	6.5×10^{-6}

表 7-2-14 石粉改性弱膨胀土后掺 3% 水泥试样抗剪强度试验结果

| 试样 | 石粉类型 | 击实指标 | | 制备样控制条件 | | | 抗剪强度 | |
		最优含水率 W_{op}/%	最大干密度 p_{dmax}/(g/cm³)	含水率 W/%	压实度/%	干密度 p_d/(g/cm³)	凝聚力 C/kPa	摩擦角 φ/°
石粉+弱膨胀土+3%水泥	石英岩	11.8	1.86	11.8	96	1.79	47.5	60.6
	片麻岩	11.2	1.87	11.2	96	1.80	51.0	63.1

7.2.4 水泥、砂岩改性泥岩的工程特性

针对泥岩开挖料存在弱膨胀性的特点,研究采用水泥和砂岩进行泥岩开挖料的改性。改性水泥采用普通硅酸盐水泥,砂岩选自引江济淮工程 C006-2 标段(桩号 78+200)。泥岩的自由膨胀率为 46%,选自 C003-1 标段(桩号 48+500)。

水泥改性泥岩分别进行了水泥掺量为 3%～7% 的不同掺量配比。砂岩改性泥岩是将破碎后小于 0.5mm 筛孔的砂岩破碎料按不同比例与泥岩破碎料进行掺拌,研究不同配比混合料的压实度、膨胀特性(自由膨胀率、有荷膨胀率、无荷膨胀率等)及渗透试验等。针对砂岩改性泥岩掺合料击实后易崩解(崩解率 100%)的特点,还进行了将掺合料再加 3% 的水泥进行化学改性后的膨胀特性测试。

1. 水泥改性泥岩

1）膨胀特性

直接采用水泥改性泥岩，按泥岩的最优含水率18％备样与不同掺量的水泥拌和均匀，再按96％的压实度（最大干密度为1.61g/cm³）备样。将试样养护龄期1天后开展自由膨胀率试验，结果见表7-2-15所列。考虑到自由膨胀率测试的允许差值和一定的安全储备，选取自由膨胀率30％为改性目标值，分析可得泥岩的最优水泥掺比约为6％。

表7-2-15　不同掺比水泥改性泥岩试验成果

试样	水泥掺量（质量比）	自由膨胀率/%
泥岩	掺3%	38
	掺4%	35
	掺5%	32
	掺6%	30
	掺7%	28

水泥改性泥岩试样在不同竖向压力下的膨胀率见表7-2-16所列，渗透系数小于10^{-6}cm/s量级。

表7-2-16　水泥改性泥岩在不同竖向压力下的膨胀率及渗透系数

试样	不同竖向压力下的膨胀率/%						渗透系数 K_{20}/(cm/s)
	0	6.25kPa	12.5kPa	25kPa	50kPa	100kPa	
泥岩掺6%水泥	0.5	0.4	0.3	0.3	0.3	0.2	$7.3×10^{-6}$

2）强度特性

水泥改性泥岩的直剪强度试验结果见表7-2-17所列。

表7-2-17　水泥改性泥岩的直剪强度试验结果

试样	击实指标		备样控制条件			抗剪强度	
	最优含水率 W_{op}/%	最大干密度 p_{dmax}/(g/cm³)	含水率 W/%	压实度/%	干密度 p_d/(g/cm³)	凝聚力 C/kPa	摩擦角 φ/°
泥岩掺6%水泥	18.0	1.61	18.0	96	1.55	178	41.4

2. 砂岩改性泥岩

表 7 - 2 - 18 为不同配比下的砂岩改性泥岩的自由膨胀率。分析可知,推荐砂岩改性泥岩的最优配比为 5∶5。基于上述最优配比,开展击实试验得到砂岩改性泥岩的最大干密度为 1.77g/cm³,最优含水率为 15.3％。

表 7 - 2 - 18   不同配比的砂岩崩解岩改性泥岩的自由膨胀率成果

改性土样	砂岩崩解岩∶泥岩配比(质量比)	自由膨胀率/％
泥岩	5∶5	27
	6∶4	25
	7∶3	22

泥岩掺入砂岩改性后在不同竖向压力下的膨胀率见表 7 - 2 - 19 所列,渗透系数约为 10^{-5} cm/s 量级。

表 7 - 2 - 19   泥岩掺入砂岩改性后不同竖向压力下的膨胀率

试样	崩解量 A_t/％	不同竖向压力下的膨胀率/％						渗透系数 K_{20}/(cm/s)
		0	6.25kPa	12.5kPa	25kPa	50kPa	100kPa	
砂岩 C006∶泥岩 C003=5∶5	100	4.6	1.7	1.1	0.6	0.3	0.0	1.5×10^{-5}
	100	5.0	1.8	1.1	0.6	0.3	0.1	1.2×10^{-5}
	100	5.5	1.8	1.1	0.6	0.5	0.2	7.5×10^{-6}

3. 砂岩＋泥岩＋水泥改性

1)膨胀特性

室内试验表明,砂岩掺拌泥岩后可以达到自由膨胀率低于 30％ 的目标值,但考虑到砂岩＋泥岩混合料易崩解(崩解率 100％)的特性,因此,我们将砂岩＋泥岩混合料与 3％ 的水泥进行改性处理。

将砂岩与泥岩按照最优配比 5∶5 充分拌合后,再掺入 3％ 水泥拌和均匀,按 96％ 的压实度(轻型击实)击样,最终制成的改性土混合料崩解量为零,其备样参数和不同竖向压力下的膨胀率及渗透系数见表 7 - 2 - 20、表 7 - 2 - 21 所列。

表 7 - 2 - 20   备样条件及试样崩解量

试样	含水率 W/％	压实度 P/％	干密度 ρ_d/(g/cm³)	崩解量 A_t/％
砂岩＋泥岩＋3％水泥	15.3	96	1.70	0

表7-2-21　不同竖向压力下的膨胀率及渗透系数

| 试样 | 不同竖向压力下的膨胀率/% | | | | | | 渗透系数 |
	0	6.25/kPa	12.5/kPa	25/kPa	50/kPa	100/kPa	K_{20}/(cm/s)
砂岩+泥岩+3%水泥	0.2	0.0	0.0	0.0	0.0	0.0	$5.8×10^{-6}$

2)强度特性

采用直剪仪进行砂岩掺水泥改性泥岩的直剪强度试验,试验土料含水率为15.3%,采用轻型击实标准制样,控制压实度为96%。直剪强度试验结果见表7-2-22所列。研究表明,改性土的应力应变曲线呈应变软化型,凝聚力为89.5kPa,内摩擦角为49.3°。

表7-2-22　直剪强度试验结果

| 试样 | 击实指标 | | 抗剪强度 | |
| | 最优含水率 | 最大干密度 | 凝聚力 | 摩擦角 |
	W_{op}/%	$p_{d\,max}$/(g/cm^3)	C/kPa	φ/°
砂岩+泥岩+3%水泥	15.3	1.77	89.5	49.3

7.3　改性土的龄期效应

7.3.1　改性土膨胀性的变化趋势

膨胀土水泥改性从其改性机理上看,应属于化学改性范畴,并且改性效果与水泥掺量和龄期密切相关,因此,改性土膨胀性的变化趋势是十分重要的问题。[11]为此,分别选用中、弱膨胀土进行不同水泥掺量、不同龄期的改性土膨胀性试验。

改性试验所用的弱膨胀土自由膨胀率平均值为51.3%,属低液限弱膨胀土;中膨胀土自由膨胀率平均值为77%,属高液限黏土。膨胀土掺拌水泥的掺量配合比为水泥干粉的质量与干土+干粉的总质量之比。膨胀土掺拌水泥后,针对不同掺量、不同压实度、不同龄期的土样进行了系统试验研究,试验项目包括自由膨胀率、膨胀率、膨胀力及收缩特性等。

图 7-3-1 为弱、中膨胀土在不同水泥掺量条件下自由膨胀率与龄期的试验成果。分析表明,无论是弱膨胀土还是中膨胀土,掺拌水泥后的改性土的自由膨胀率均随水泥掺量的增加而降低。此外,随着龄期的增长,不同掺量的改性土的自由膨胀率也呈下降趋势。

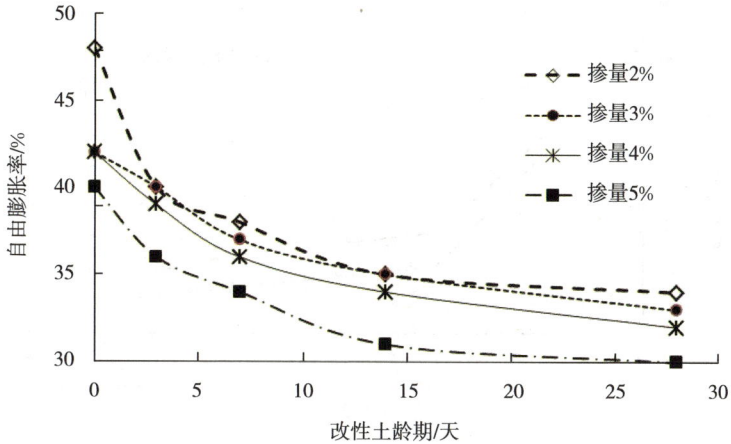

（a）弱膨胀土

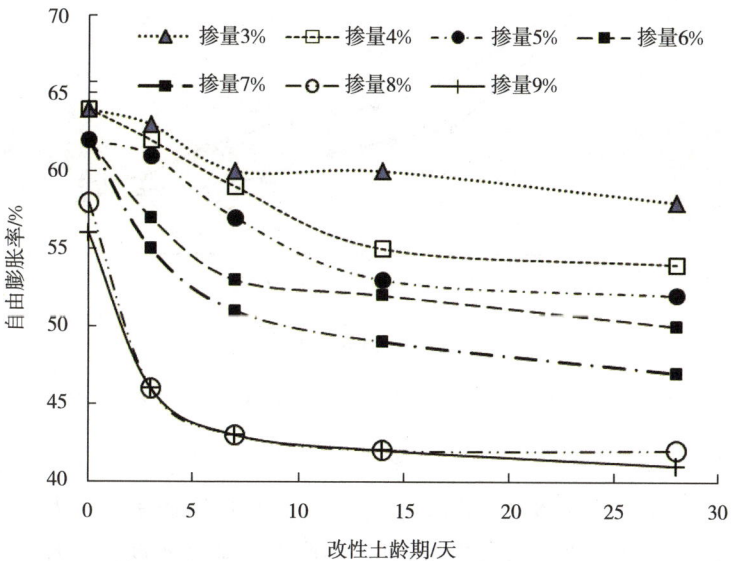

（b）中膨胀土

图 7-3-1　膨胀土改性后自由膨胀率与龄期的关系

从时效性上看,弱膨胀土在掺入水泥以后,自由膨胀率明显降低,掺量 2% 龄期 3 天的改性土即可成为自由膨胀率低于 40% 的非膨胀土;而中膨胀土只有在水泥掺量达到 8%～9%,且龄期 28 天以上,才可能成为非膨胀土。

图 7-3-2 为弱、中膨胀土在不同水泥掺量、不同掺拌方式条件下 28 天龄期的自由膨胀率试验成果。

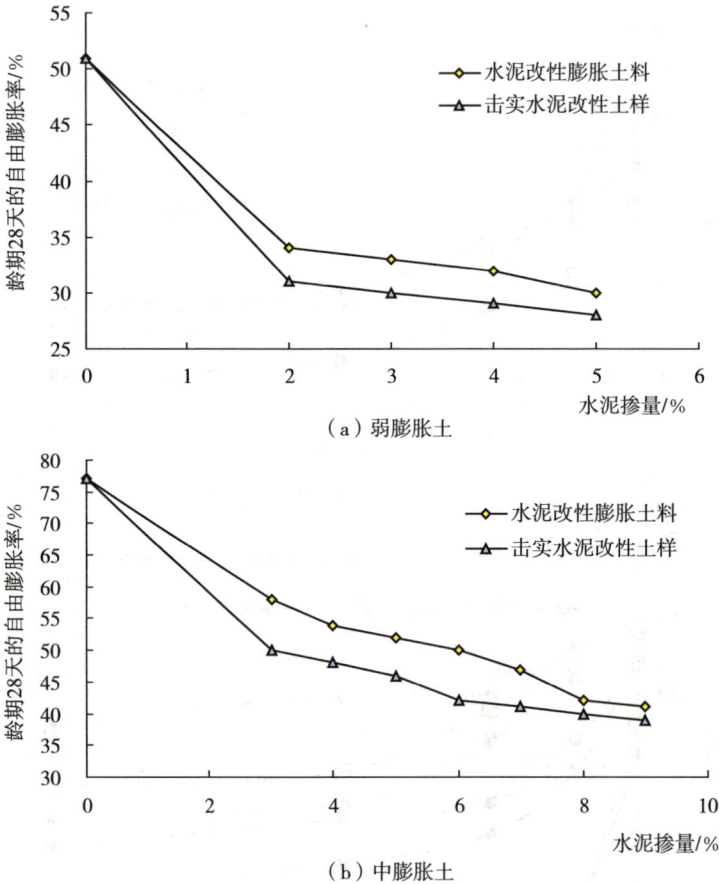

（a）弱膨胀土

（b）中膨胀土

图 7-3-2　膨胀土改性后自由膨胀率与水泥掺量关系(28 天龄期)

分析表明:

(1)弱膨胀土只需掺入 2% 的水泥,改性土的自由膨胀率即可大幅降低,改性效果十分显著,但继续增大水泥掺量,自由膨胀率的降低幅度并没有明显增大,说明弱膨胀土改性无需大量掺拌水泥。

(2)中膨胀土水泥掺量在 6% 以内时,改性土自由膨胀率有显著降低,但只有当掺量达到 8%,且龄期达到 28 天以上,才能将自由膨胀率降低到 40%,而且,再增加水泥掺量,自由膨胀率的降低幅度并没有显著变化。

(3)相同水泥掺量和龄期条件下,掺拌后击实制样的改性土比松散掺拌制样得到的改性土自由膨胀率低,表明压实后改性土的改性效果更佳。

按不同水泥掺量和 100%压实度,采用掺拌后击实法制备试样,制备试样含水率为 21%,不同龄期条件下改性土的膨胀力指标如图 7-3-3 所示。结果显示,随着改性土龄期的增长,不同掺量的改性土膨胀力大幅降低,水泥掺量越大,膨胀力降低幅度越大。此外,弱膨胀改性土在 7 天龄期以内膨胀力降低幅度最大;中膨胀改性土在 3 天以内膨胀力降低幅度最大,不同掺量改性土膨胀力降低趋势相同。

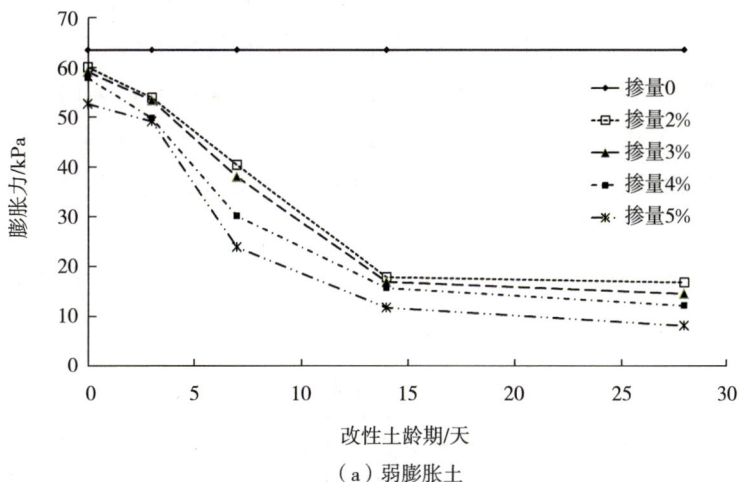

(a)弱膨胀土

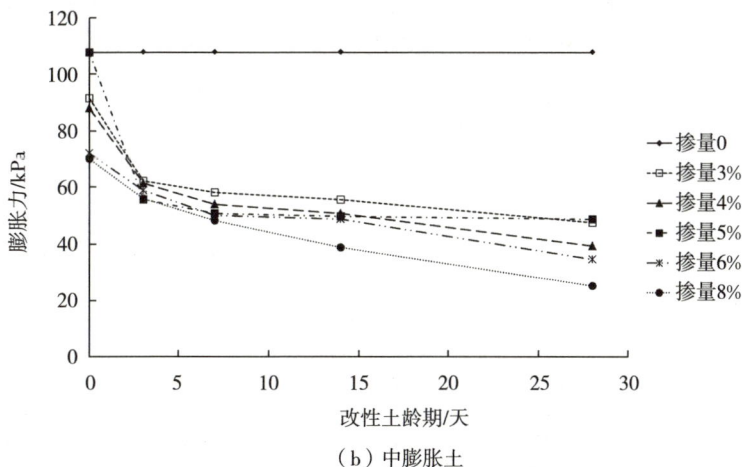

(b)中膨胀土

图 7-3-3　弱膨胀土不同掺量改性后的膨胀力与龄期的关系(压实度 100%)

7.3.2 改性土强度的变化趋势

我们分别在室内和现场采用制备土样和现场渠道边坡取样形式进行了改性土的强度测试。室内制备土样采用标准击实法,并按照一定的龄期进行保养;现场取样则结合渠道工程施工特辟一块试验场地,按一定的龄期将碾压以后土体定期取样。

室内制备试样采用自由膨胀率 50% 的弱膨胀土,通过击实试验测得掺量为 3% 的水泥改性土的最大干密度为 $1.74g/cm^3$,最优含水率为 18.6%。无荷载膨胀率试验采用直径 61.5mm、高 20mm 环刀样;无侧限抗压强度试验采用直径为 61.5mm、高 125mm 的圆柱状试样;自由膨胀率采用无荷载膨胀率试验完以后的破碎样。制样完成后,采用 EDTA 滴定法实测水泥掺量为 4%。

一次性制备 0、1、3、7、14、28、90、180、365、400 天等 10 种龄期的试样,每 3~4 个样为一组,考虑到样品的破损,共制备试样 100 个。制样完成后封装塑料袋内,并放入保湿缸内养护。每隔一段时间定期取样 1 组进行试验检测,试验前称试样重。

不同龄期条件下的无侧限抗压强度、自由膨胀率、无荷载膨胀率试验结果见表 7-3-1 所列,如图 7-3-4、图 7-3-5 所示。

表 7-3-1 室内试验结果

实际养护时间/天	无侧限抗压强度/kPa	初始切线模量/MPa	自由膨胀率/%	无荷载膨胀率/%
0	688.9	46.9	50	3.44
1	844.5	65.6	48	2
3	1030.1	90.2	45	0.85
7	1088.5	98.1	40	0.6
14	1133.5	112.1	37	0.4
28	1226.8	133.8	35	0.35
90	1346.7	153.1	33	0.3
180	1348.4	154.8	32	0.3
400	1357.9	155.6	31	0.3

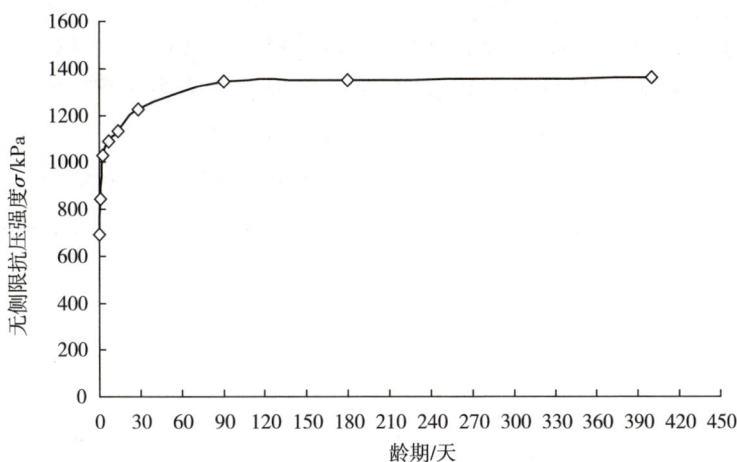

图 7 - 3 - 4　无侧限抗压强度与龄期的关系

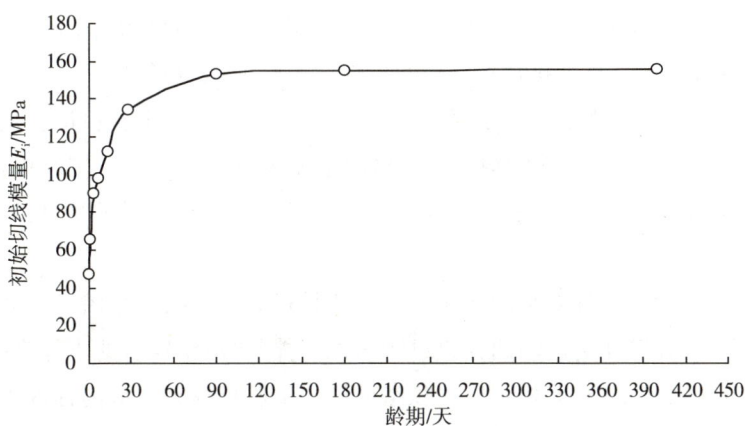

图 7 - 3 - 5　初始切线模量与龄期的关系

　　试验结果显示,弱膨胀改性土各项指标规律性较好,无侧限抗压强度、初始切线模量均随龄期增长而增大,并在 90 天后趋于稳定;而自由膨胀率指标在水泥掺拌后下降较快,7 天以内膨胀性已由 50％降低到 40％(无膨胀土),90 天以后下降速率则基本趋于平缓,400 天为 31％;无荷载膨胀率指标在 30 天内下降较快,到 90 天以后仅为 0.3％,并不再变化。从上述指标的变化规律可见,随着时间的增长,改性土的强度稳定增长,膨胀性消失,并未见有膨胀性反复的情况,说明水泥改性土的效果是显著且稳定的。

　　从现场取样检测数据来看,现场样品测试结果离散较大,但整体仍具有一定的规律性。这与现场水泥掺拌均匀性、自然养护条件以及取样代表性有关。检测成果显示,现场试样的无侧限抗压强度、初始切线模量在 30 天内变化显著,到 120 天后增速减缓;试样的自由膨胀率在 15 天内已下降为 30%,到 120 天以后下降趋势变缓;无荷载膨胀率在 30 天内已从 3.14% 降低为 0.3%,并在 120 天之后趋于稳定。从总体趋势来看,现场试样的强度和始切线模量同样随龄期增长而增大,膨胀性消失,也未见有膨胀性反复的情况,只是在时间上比室内试样略缓。

7.4　水泥掺拌均匀性影响因素分析

水泥改性土掺拌均匀性主要受土料含水率和土团团径两个因素的影响。[2] 开挖料含水率偏高使土团不易分散,而开挖料存在大量超径土团也对水泥的均匀掺拌不利。为此,研究人员分别开展了土团尺寸对改性效果的影响、土团尺寸对水泥掺拌均匀性的影响以及土料含水率对均匀性的影响的试验研究。

水泥掺拌剂量的测定方法参照《公路工程无机结合料稳定材料试验规程》推荐采用的 EDTA 滴定法,掺拌的均匀性以检测水泥掺量的标准差评定。根据设计文件要求,弱膨胀改性土标准差不大于 0.7、中膨胀改性土标准差不大于 0.5。具体研究内容如下。

(1)土团尺寸对改性效果的影响。以上述粒径分析中某一个团径区间范围(以下简称"单一团径")作为土团团径组进行水泥掺拌,并对制样后的土样进行自由膨胀率和无荷膨胀率试验,分析不同团径组试样的试验指标和对应的标准差,以得出影响改性效果的土团敏感团径组。

(2)土团尺寸对水泥掺拌均匀性的影响。首先,以单一土团团径组的土料进行水泥拌和均匀性检测,当大于某团径组水泥掺拌检测结果不满足设计标准时,取该团径组下限为敏感团径 d_0,则大于 d_0 的土料为水泥掺拌不易均匀团径(组)。其次,进行混合团径组的土料掺拌均匀性试验,即将现场碎土施工团径分布曲线作为试验混合团径土料参考,围绕 d_0 按比例增加大于 d_0 含量,同时增加小于 d_0 含量,以平衡各团径组土料带来的不均匀,由此产生若干碎土混合料。根据若干碎土混合料评定结果可概化确定满足水泥掺拌均匀最大土团团径分布曲线。具体试验安排见表 7-4-1 所列。

(3)土料含水率对均匀性的影响。在土团团径大小、水泥掺量相同条件下,根据土料塑限含水率制备不同含水率土样,研究土料含水率变化对水泥掺拌均匀性影响,试验时应避免团径大小对均匀性试验的干扰,统一选择最易掺拌均匀的粒径为 5mm 以下的细料。

表 7 - 4 - 1　土团团径大小分布均匀性试验组合表

均匀性试验土料	土团团径组成范围	检测指标	目的
单一团径土料 (自由膨胀率为 44%)	<5mm	自由膨胀率 无荷膨胀率	研究土团 "团径级配" 对改性效果的影响
	5~20mm		
	20~60mm		
	60~100mm		
单一团径土料 (自由膨胀率为 50%)	<5mm	EDTA 滴定 标准差评定	确定敏感团径 d_o
	5~10mm		
	10~20mm		
	20~40mm		
	40~60mm		
混合团径土料	>d_o 团径 10% d_o~5mm 团径 20% <5mm 团径 70%	EDTA 滴定 标准差评定	概化最大土团 团径分布曲线
	>d_o 团径 20% d_o~5mm 团径 30% <5mm 团径 50%		
	>d_o 团径 30% d_o~5mm 团径 40% <5mm 团径 30%		

7.4.1　土团团径对改性土均匀性的影响分析

1. 土团尺寸对改性效果的影响

采用现场新开挖土料直接进行筛分,分别获得 60~100mm、20~60mm、5~20mm、<5mm 等若干个团径组的土料(见图 7-4-1、图 7-4-2)。开挖土料的自由膨胀率为 44%,其为弱膨胀土,因此,水泥掺量选 3%。

将上述的粒组土样均匀掺拌水泥后,在模型箱中制样模拟现场碾压,模型尺寸为 300mm×400mm×60mm,分 2 层,每层 30mm,人工击实。试验中各团径组土样制样控制标准如下：最大干密度、最优含水率均取小于 5mm 粒组的击实成果，压实度为 0.98。对于素土，取 2 个环刀样做无荷膨胀率试验和自由膨胀率试验；对于水泥改性土，击实完成后即刻在模型内取 6 组试样做 EDTA 滴定试验，然后，在制模 7 天龄期后再次取样 3 组，进行自由膨胀率和无荷膨胀率试验。

（a）装料　　　　　　　　　　（b）筛分

图 7-4-1　开挖料土团筛分试验

（a）称重　　　　　　　　　　（b）分组

图 7-4-2　开挖料土团筛分各团径组土料

不同团径组弱膨胀土掺 3% 水泥后，改性土的自由膨胀率、无荷膨胀率的试验结果如图 7-4-3、图 7-4-4 所示。由上述结果可以看出，随着土团最大粒组尺寸的增大，样品的自由膨胀率、无荷膨胀率测量指标也随之增大，说明在相同的水泥掺量下，土团越大，改性土越难以掺拌均匀，改性的效果也越差。同时可以发现,自由膨胀率的增长是逐渐变化的过程,而无荷膨胀率的增长是突变式的增长。原因在于前者的试验方法是将样品破碎以后进行测试,而后者是制样后直接测试。图 7-4-5、图 7-4-6 为不同团径弱膨胀土掺 3% 水泥后,自由膨胀率、无荷膨胀率测量值的标准差。由图可见,随着土团尺寸的增大,自由膨胀率、无荷膨胀率测量值的标准差总体呈增大的趋势,表明试验指标结果的离散性越来越大,水泥掺拌均匀性和改性效果也越来越差,尤其是团径大于 20mm 之后。由此,初步选定 20~60mm 团径组为敏感团径组,在以下的研究中还将进一步细分该团径组。

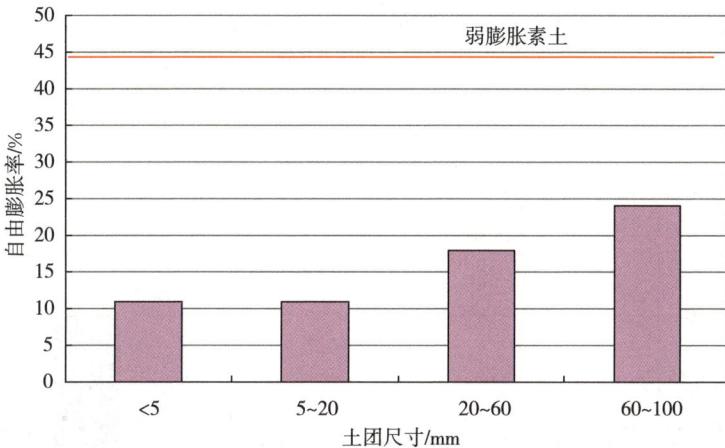

图 7-4-3　改性土的自由膨胀率

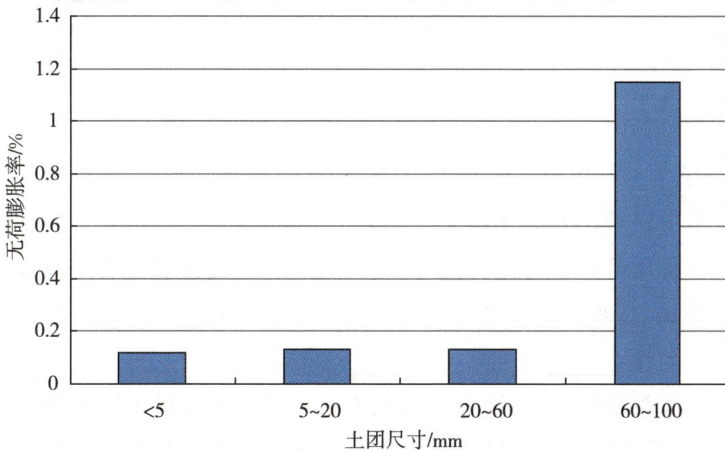

图 7-4-4　改性土的无荷膨胀率

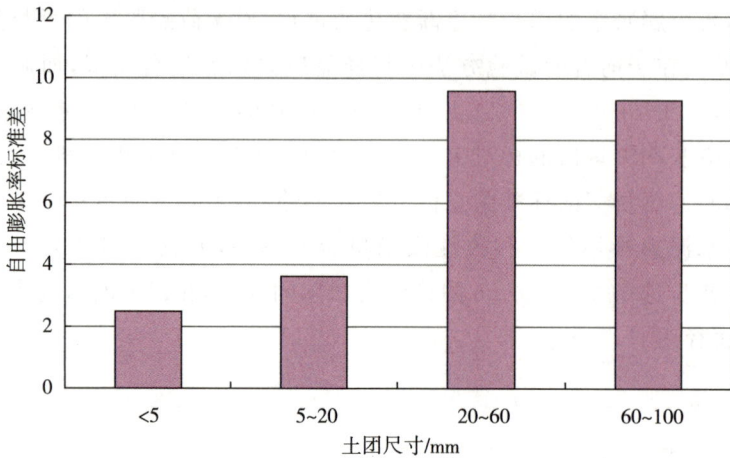

图 7-4-5　改性土的自由膨胀率标准差

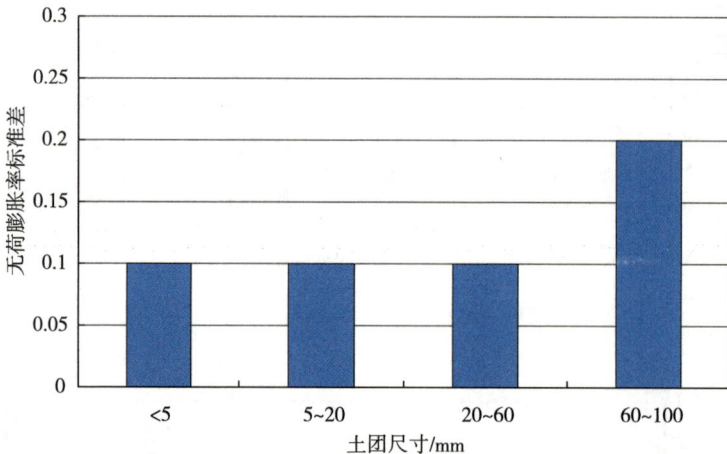

图 7-4-6　改性土的无荷膨胀率标准差

2. 单一团径土料均匀性试验

将风干后的试验用料分别按＜5mm、5～10mm、10～20mm、20～40mm、40～60mm 等 5 个团径组筛出土料,再分别对每组单一团径土料掺拌 4％水泥,并进行 EDTA 滴定测试,每组土料均进行 6 组平行试验,最终以 6 组试验成果的标准差评定水泥掺拌均匀性。

进行土团水泥掺拌均匀性试验时,从细粒土团土料向粗土团土料进行,直至某一级团径土料 EDTA 测试的标准差评定大于 0.7 时即判断为水泥掺拌不均匀,则确定上一级团径组为敏感团径组,取其粒组的下限为敏感团径 d。

表 7-4-2 和图 7-4-7 为单一团径土料 EDTA 滴定测试成果,其中,水泥掺拌方式采用人工拌和,拌和时间约 2min,EDTA 滴定试样采用四分法取样。

表 7-4-2　单一团径土料 EDTA 滴定测试结果

团径组	<5mm		5~10mm		10~20mm		20~40mm	
序号	EDTA 消耗量/ mL	水泥 掺量/ %	EDTA 消耗量/ mL	水泥 掺量/ %	EDTA 消耗量/ mL	水泥 掺量/ %	EDTA 消耗量/ mL	水泥 掺量/ %
1	16.7	4.03	17.5	4.79	19.1	4.28	19	4.76
2	17.3	4.22	15.6	4.28	17.5	3.69	18.1	4.47
3	16.8	4.06	17.5	4.06	16.8	4.28	15.3	3.59
4	17.1	4.16	16.4	4.13	17	3.94	14.9	3.46
5	16.5	3.97	17.8	4.44	18	4.38	18.9	4.72
6	16.8	4.06	15.4	4.66	18.7	3.62	19.7	4.98
平均值	—	4.08	—	4.39	—	4.03	—	4.33
标准差	—	0.09	—	0.29	—	0.33	—	0.64
偏差系数	—	0.02	—	0.07	—	0.08	—	0.15

注:因 40~60mm 团径尺寸过大,EDTA 测试无法进行。

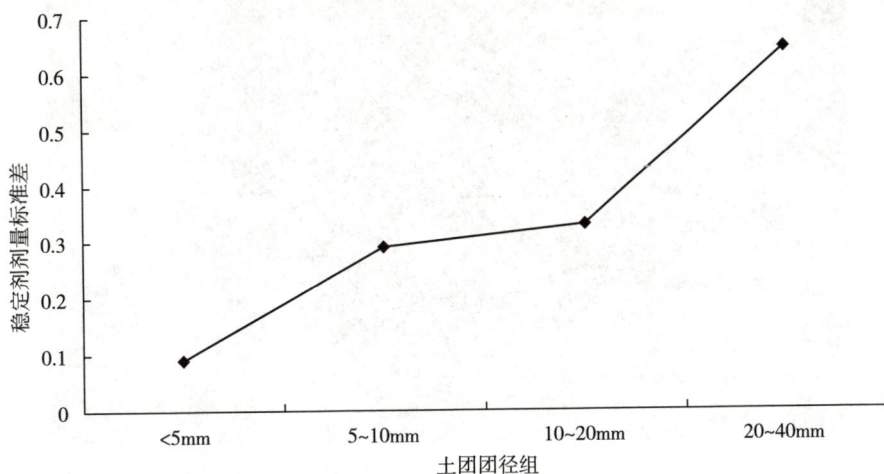

图 7-4-7　单一土团团径土料与 4% 水泥掺量 EDTA 测试标准差关系

分析图 7-4-7 可知,小于 5mm 土团组土料掺拌水泥后,测试得到的水泥掺拌标准差仅为 0.09,远小于设计要求的弱膨胀土改性的标准差要求;5~10mm、10~20mm 土团组土料水泥掺拌后,测试标准差相差不大,约 0.3 左右;20~40mm 土团组土料水泥掺拌后,测试标准差为 0.64,接近设计控制标准值 0.7;而 40~60mm 土团组,因土团尺寸过大,基本上不可能使水泥掺拌均匀,EDTA 测试也难以取得代表性样品而放弃测试。

根据上述试验结果,可将 20~40mm 团径组确定为敏感团径组,而将 20mm 确定为敏感团径 d_0。开挖料团径为 20~40mm 的土料即能满足水泥掺拌均匀性 0.7 的设计要求。

3. 混合团径土料均匀性试验

以上试验研究了级配范围较窄的"单一"团径组的土料掺拌均匀性问题,下面将继续讨论级配范围更宽的开挖料的掺拌均匀性问题。

根据表 7-4-1 中的试验计划和 d_0 试验成果,以现场条筛碎土工艺所取得的团径大小分布曲线为参考,按比例增加大于和小于 d_0 的粗、细团径组土料,用人工掺拌水泥的方式合成 4 组混合团径组土料(见图 7-4-8),每组制备 12 个试样进行水泥掺拌,并分别进行 EDTA 滴定测试,再计算 12 个试样掺量的平均值、标准值和标准差,以标准差值作为评价掺拌均匀性的指标。四组团径土料均匀性试验粒径范围及占比表 7-4-3 所列,团径分布曲线如图 7-4-9 所示。每组水泥掺量均为 4%,土料含水率为 17%,EDTA 滴定试验方法同上节。

图 7-4-8　混合土料人工水泥掺拌(4%掺量)

表 7-4-3 混合土料水泥掺拌均匀性土团团径大小分布

试样编组	团径组成及占比	土团团径及百分数/%					
		80~100mm	50~80mm	20~50mm	10~20mm	5~10mm	<5mm
1	<5mm,70% <20mm,89% >100mm,0	1	2	8	8	11	70
2	<5mm,50% <20mm,82% >100mm,0	2	3	13	14	18	50
3	<5mm,20% <20mm,70% >100mm,0	3	8	19	20	30	20
4	<5mm,10% <20mm,70% >100mm,0 >80mm,0	—	7	23	25	35	10
条筛碎土平均线		10		15	31	27	17

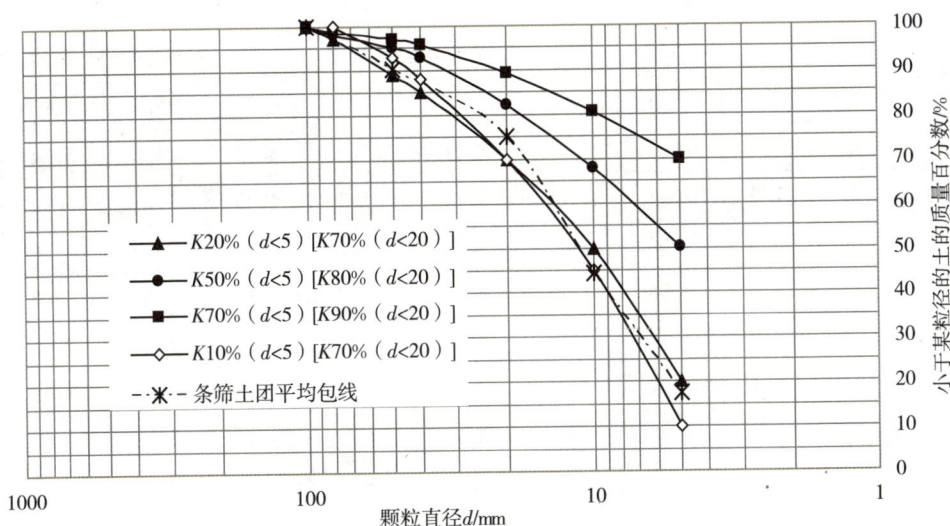

图 7-4-9 混合土料团径大小分布曲线(K 为某团径下占比;d 为对应团径)

表 7-4-4 为 4 组混合团径土料 EDTA 滴定检测标准差结果,图 7-4-10 为每组混合土料 EDTA 检测标准差。试验结果揭示了两个规律:第一,只要混合土

料中没有超 100mm 的土块,且小于 20mm 团径含量大于 70％时,混合土料 EDTA 滴定测试标准差均小于 0.7,满足设计的水泥掺拌均匀性要求;第二,若混合土料中小于 20mm 团径含量小于等于 70％,则 80mm 以上团径含量成为控制因素,当大于 80mm 土团含量为零时,混合土料的均匀度也能满足设计要求,反之则不满足设计要求。

对比试验编组 3 和编组 4 的试验成果,发现小于 5mm 团径含量增大,滴定标准差反而增大,说明该团径组对掺拌均匀性影响较小。上述分析结果再次证明 20mm 粒组的土料是控制水泥掺拌均匀的敏感团径。

表 7-4-4 混合团径土料 EDTA 滴定检测试验标准差结果

试样编组	1		2		3		4	
团径组成及占比	<5mm,70％ <20mm,89％ >100mm,0		<5mm,50％ <20mm,82％ >100mm,0		<5mm,20％ <20mm,70％ >100mm,0		<5mm,10％ <20mm,70％ >100mm,0 >80mm,0	
序号	消耗量/mL	掺量/％	消耗量/mL	掺量/％	消耗量/mL	掺量/％	消耗量/mL	掺量/％
1	16.9	4.09	15.9	3.78	20.5	5.23	19.6	4.94
2	14.6	3.37	14.5	3.34	19	4.76	17.3	4.22
3	18.6	4.63	20	5.07	19.1	4.79	19.5	4.91
4	17.6	4.31	19	4.76	15.3	3.59	21.5	5.54
5	17.9	4.41	16.9	4.09	17.4	4.25	16.6	4.00
6	16.6	4.00	14.7	3.40	19.3	4.85	18.5	4.60
7	19.7	4.98	17.5	4.28	20.8	5.32	23	6.02
8	19.7	4.98	17.3	4.22	19	4.76	21.4	5.51
9	18.4	4.57	16.9	4.09	14.6	3.37	20.5	5.23
10	17.1	4.16	15.7	3.72	15.5	3.65	18.5	4.60
11	16.1	3.84	19.8	5.01	14.9	3.46	22.5	5.86
12	16	3.81	16.3	3.91	16.3	3.91	20.4	5.20
平均值	—	4.26	—	4.14	—	4.33	—	5.05
标准差	—	0.48	—	0.57	—	0.71	—	0.63
偏差系数	—	0.11	—	0.14	—	0.16	—	0.12

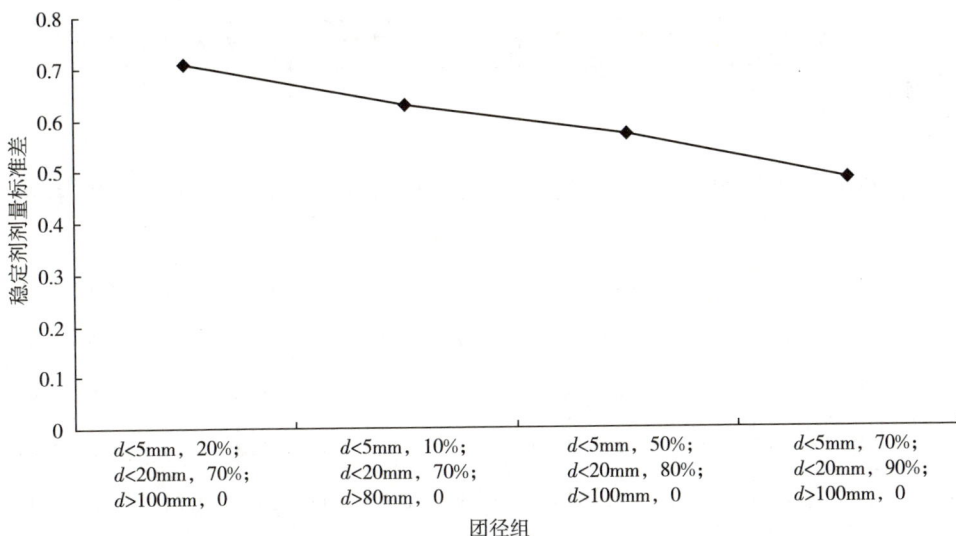

图 7-4-10　混合土料 EDTA 检测标准差

由以上结果可见，4 组试样中仅第 3 组标准差略大于 0.70，其余 3 组均满足标准差不大于 0.7 的设计标准。因此，本工程最终推荐的水泥改性土土料的团径控制标准为最大团径小于 100mm 和小于 20mm 团径含量应大于 70%。

上述改性土团径控制标准可供其他膨胀土工程借鉴参考，对于特别重要的工程，应根据设计提出的水泥掺拌均匀性控制指标，经过现场土料团径级配测定及水泥掺量的均匀性现场试验来进一步确定。

7.4.2　土料含水率对水泥掺拌均匀性影响

选取小于 5mm 的单一土团团径开挖料进行土料含水率对水泥掺拌均匀性影响研究。根据土料塑限含水率 W_p＝21%，配备含水率分别为 11%、16%、17%、19%、21%、24% 的试验土样，每组土样掺拌水泥后均进行 6 组 EDTA 滴定测试，并计算标准差，试验结果见表 7-4-5 所列，如图 7-4-11 所示。

试验结果表明，水泥掺拌均匀性随着土料含水率增大而减弱。当含水率低于 19% 时，EDTA 滴定标准差增长较小；当含水率超过 19% 后，标准差增速加快；当含水率达到土料塑限值 21% 时，EDTA 滴定测试准差达到 0.66，接近设计指标 0.7；当含水率大于 21% 以后，EDTA 滴定测试准差不满足要求。因此，为满足水泥掺拌均匀性标准差的要求，水泥改性土土料的含水率应控制在土料塑限含水率以下。

表7-4-5　单一团径 d＜5mm 土料含水率与标准差试验结果

编号	W12		W18		W20		W22		W24		W27	
含水率/%	11.1		16.1		17.3		19.1		21.0		24.0	
序号	EDTA/mL	掺量/%	EDTA/mL	掺量/%	EDTA/mL	掺量/%	EDTA/mL	掺量/%	EDTA/mL	掺量/%	EDTA/mL	掺量/%
1	17.2	4.19	16.7	4.03	16.4	3.94	17.6	4.31	15.8	3.75	18.1	4.47
2	17.1	4.16	17.3	4.22	16.5	3.97	16.9	4.09	15.3	3.59	14.6	3.37
3	16.8	4.06	16.8	4.06	17.1	4.16	15.8	3.75	16.5	3.97	19.5	4.91
4	16.7	4.03	17.1	4.16	16.3	3.91	18	4.44	18.3	4.54	14.9	3.46
5	17	4.13	16.5	3.97	15.6	3.69	17	4.13	19.5	4.91	19.5	4.91
6	17	4.13	16.8	4.06	17.6	4.31	15.4	3.62	20.5	5.23	20.5	5.23
7	16.7	4.03	—	—	—	—	—	—	—	—	—	—
8	17	4.13	—	—	—	—	—	—	—	—	—	—
平均值	—	4.11	—	4.08	—	3.99	—	4.06	—	4.33	—	4.39
标准差	—	0.06	—	0.09	—	0.22	—	0.32	—	0.66	—	0.79
偏差系数	—	0.01	—	0.02	—	0.05	—	0.08	—	0.15	—	0.18

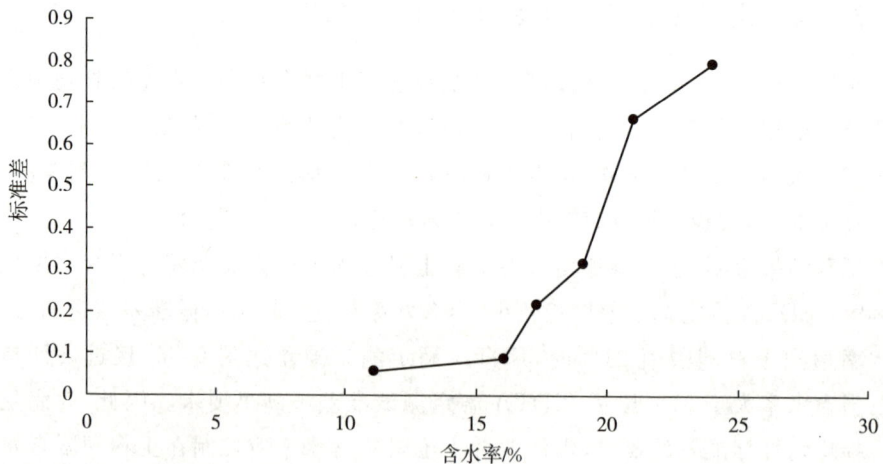

图7-4-11　单一团径 d＜5mm 土料含水率与标准差关系

7.5　开挖料破碎工艺

前面重点讨论了满足水泥改性土掺拌均匀性要求的土团尺寸和含水率问题，本节主要针对高含水率条件下土料的含水率快速降低和破碎工艺问题进行讨论。

土团含水率速降方法包括料场井点降水、土料自然翻晒和机械翻晒。速降后土团的含水率应使土块（团）便于破碎，同时，破碎后的土团团径应满足水泥掺拌均匀性要求。土团破碎工艺和效率包括不同破碎机械或工具，如破碎机、破碎机、旋耕机、条筛等，以及不同工法组合条件下的土团破碎效果。具体试验内容见表 7-5-1 所列。

表 7-5-1　含水率速降和碎土工艺对比试验表

序号	方法	试验用料	检测内容
1	料场井点降水	料场原土	含水率
2	旋耕机破碎	开挖料通过自然翻晒处理	含水率、颗粒级配
		开挖料未通过自然翻晒处理	
3	破碎机	通过旋耕机旋耕翻晒土料	含水率、颗粒级配
4	破碎机	旋耕机旋耕翻晒土料或条筛土料	含水率、颗粒级配
5	条筛	开挖料通过自然翻晒处理	含水率、颗粒级配
6	旋耕机＋破碎机	开挖料通过自然翻晒处理	含水率、颗粒级配
7	条筛＋破碎机	开挖料通过自然翻晒处理	含水率、颗粒级配

7.5.1　含水率速降施工工艺试验

通过现场试验比较了料场井点降水、自然翻晒和旋耕机旋耕翻晒的效率。

1. 井点降水

在料场范围布置了井深为 5m、间距为 10m 的井点降水系统，观察该区内土料含水变化情况，分析井点降水的效果。表 7-5-2 为井点降水不同时段、不同深度土层的含水率变化情况。

分析井点降水前后不同埋深土层的含水率可知，料场土料起始含水率高于25%，随井点降水抽排时间增长，土层含水率逐渐降低，16 天以后趋于稳定，井点降水工效太差。对膨胀土改性施工而言，土料的含水率为 23%～24% 仍难以破碎，因此，必须采取其他降水措施才能满足改性土生产需要。

表 7-5-2　料场井点降水含水率变化表

降水时间	取样深度		
	1m	2m	3m
	含水率/%		
12h	25.1	25.3	25.3
24h	25.0	24.9	24.3
48h	24.7	24.8	24.0
4 天	24.1	24.1	24.2
8 天	24.1	24.3	23.7
16 天	24.8	24.1	23.5

2. 自然翻晒

自然翻晒主要是指在土料开挖场地利用阳光、风等自然措施,辅以挖槽、排水等进行含水率速降的方法。该措施主要如下:①利用现场有利气候,在多风地段采用"土堆过风法"降低土体含水率;②先采用"犁耕法"深耕土地,形成土垅就地晾晒,然后再按犁耕深度进行表层开挖,循环往复;③用挖掘机在料场开挖"通风槽",通风槽宽为 1～2m、深为 3～4m、长为 20～30m,以加速空气流动和土体排水。

从现场试验的效果上看,开挖"通风槽"的方式降低土料含水率效果较好。从整体上看,土料自然翻晒一昼夜仅能使表层土料的含水率降低 1%～3%,还需要天气情况良好,效率较低,并且随着含水率的降低,其效果会越来越差。

3. 旋耕机旋耕翻晒＋碎土

旋耕机属耕耘使用的农具,可与拖拉机配套使用,可以一次性完成土的耕、耙、翻晒、碎土等作业。旋耕机安装的刀头长为 15cm,间距为 30cm,具有较强的碎土、翻晒能力,可以同时发挥含水率速降和碎土两种作用。为此,重点针对旋耕机旋耕翻晒＋碎土的效果开展论证。

旋耕机旋耕翻晒试验在渠道现场进行,翻晒土料为渠道弱膨胀土开挖料,共完成了两个场次的现场试验,试验场地约 20m×8m。

第一场试验于 2011 年 11 月 24—26 日进行,当时为多云天气,白天气温为 13～14℃,微风。试验土料先进行自然晾晒,检测土料初始含水率为 25.4%。试验中利用 ZL50 装载机先将土料摊铺均匀,然后分别用旋耕机旋耕翻晒 1、5、10 遍,每次完成后用烘干法检测土料含水率,得出历次翻晒后土料的含水率。旋耕机单次循环间隔时间为 30min,旋耕土有效深度约 15cm,本次试验历时约 6h。在试验

6h 时间内,含水率从 25.4% 降至 21.6%,含水率降低幅度近 4%,继续翻晒,土团继续破碎和含水率降低的效率有限。

第二场试验于 2012 年 5 月 10—16 日进行,当时为多云天气,白天气温为 23~28℃,微风。试验土料直接采用开挖料,检测土料初始含水率高达 28.4%。装载机摊铺后,用旋耕机旋耕翻晒 2、4、6、8、10、12 遍,同样,采用烘干法检测土料含水率,得出历次翻晒土块含水率。旋耕机单次循环间隔时间约 40min,整个试验耗时 8h。

开挖料旋耕机旋耕翻晒试验结果见表 7-5-3 所列。

表 7-5-3　开挖料旋耕机旋耕翻晒试验结果

气温	翻晒遍数	含水率/%	试验间隔时间
13~14℃	0	25.4	整个试验累积耗时约 6h, 单次循环间隔 30min
	1	24.4	
	5	22.4	
	10	21.6	
23~28℃	0	28.4	整个试验累积耗时约 8h, 单次循环间隔 40min
	2	26.1	
	4	23.2	
	6	21.7	
	8	20.0	
	10	19.8	
	12	19.0	

根据试验得到旋耕机旋耕翻晒遍数与土料含水率的关系曲线如图 7-5-1 所示。试验结果表明:

(1)不同季节现场开挖土料的起始含水率差别很大,冬季开挖土料天然含水率为 25.4%,而在春季,开挖土料天然含水率达 28.4%,这主要与开挖渠段地下水高程有关;

(2)初始含水率不同的开挖土料,经过旋耕机旋耕翻晒 8~10 遍后,含水率均能降低至 20% 左右,即接近土料的塑限值,此后,再使用旋耕机旋耕翻晒,则无论是碎土还是含水率,减低的效果均有限;

(3)前后两场试验分别处于冬季和春季,大气温度相差约 10℃,第一场试验初始含水率相对较低,旋耕机旋耕翻晒 10 遍后含水率降低为 21.6%,第二场试验初始含水率高,旋耕机旋耕翻晒 6 遍后含水率降低为 21.7%,翻晒 10 遍后含水率进一步降低为 19.8%，如果考虑到气候、温度的影响，土料含水率的降低应仅仅与翻晒遍数和时间有关，而与起始含水率关系不大。

有关旋耕机旋耕翻晒碎土的效果在下节中论述。

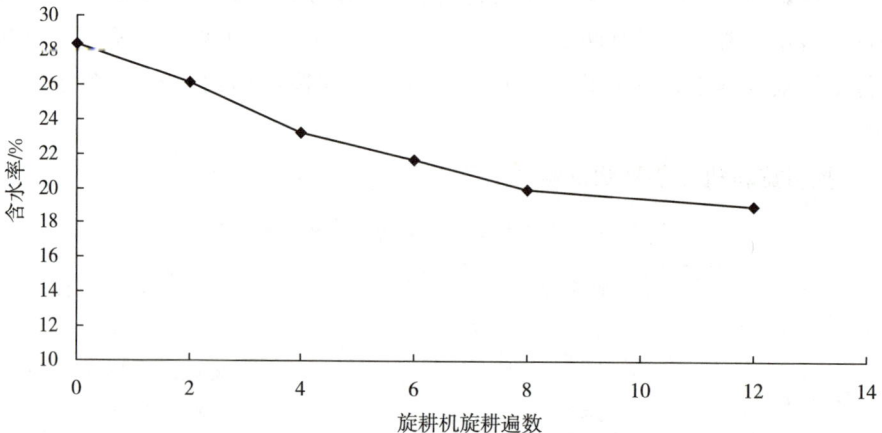

图 7-5-1　旋耕机旋耕翻晒遍数与土料含水率关系

7.5.2　土团破碎工艺及功效试验

我们分别研究了机械碎土工艺、条筛碎土工艺、机械组合碎土工艺、黏土掺砂工艺以及机械碎土的功效。其中，机械碎土工艺方面，我们研究了土壤破碎机碎土、拌和机碎土、旋耕机碎土等三种碎土方式；机械组合碎土工艺方面，我们主要研究了旋耕机＋土壤破碎机、条筛＋破碎机两种组合方式；黏土掺砂工艺方面，我们将现场开挖的细砂（砾）按 10%～60% 的比例掺入开挖料，以达到降低土料塑限、方便土团分散的目的。

1. 机械碎土

1）土壤破碎机碎土

现场采用的土壤破碎机为 XTP-600A 型铣削式破碎机，设计碎土功效为 200～300m³/h，其工作原理是在高速旋转的破碎刀鼓上安装多组拆卸式硬质合金刀头，对土块进行高速铣削，并达到强制破碎的目的。

现场试验发现，直接将现场开挖土料用装载机装入破碎机极易造成机械堵塞，导致碎土功效低下。其原因主要是土料含水率较高，破碎机内高速旋转的碎土刀头易将高塑性的土料挤压成面饼状，导致机器堵死。超大团径的土团还可能致使进料斗完全堵死，使机械无法连续运转。

2）破碎机碎土

破碎机拌和原理类似破碎机，机械在拌和过程中也有一定程度的碎土功能。现场采用 WC600 型破碎机进行碎土和水泥拌和施工试验。现场试验表明，破碎机功效主要受两方面因素影响：一是土料的天然含水率，二是土料的塑性指数。土料天然含水率越高，土料拌和过程中越容易相互粘连，易使机械负荷过重，导致电机烧毁，生产效率低下。土料的塑性指数越大，土料越难破碎，水泥拌和越不均匀。因此，为了达到破碎机 120m³/h 的生产功效，土料进入破碎机前也需要控制含水率，使其低于塑限含水率。

3）旋耕机碎土

由于黏性土料含水率普遍偏高，直接采用破碎机和拌和机一般都难以达到碎土的最大效率，而旋耕机碎土除了可使超大团径土料团块破碎外，还能降低土料的含水率。为此，前述两个旋耕机现场试验后，我们还进行了土团团径的筛分试验。

第一个试验，土料预先通过自然翻晒，将现场开挖土料含水率降低为 25.4%，再经过旋耕机碎土，通过现场筛分得到不同翻晒遍数下土团团径分布结果（见表 7-5-4、图 7-5-2）。结果表明，旋耕机旋耕翻晒碎土 5 遍后，大于 80mm 团径组的土团由 66% 减少至 1%，20~80mm 团径组含量由 17% 增至 41%，5~20mm 团径组含量增至 47%，说明旋耕机破碎超大团径效果明显，但旋耕机旋耕翻晒 10 遍后，土团团径破碎速率减缓。随着翻晒次数的增加，土团团径分布曲线逐渐向土团团径的控制标准接近，说明旋耕机的碎土效果显著。

表 7-5-4　旋耕机碎土团径分布结果（第一场）

翻晒遍数	含水率/%	土团团径/%					
		>100mm	80~100mm	20~80mm	10~20mm	5~10mm	<5mm
0	25.4	61	5	17	7	6	4
1	24.4	5	5	60	15	8	7
5	22.4	0	1	41	29	18	11
10	19.5	0	1	31	32	20	16
土团团径控制标准		—	—	30	50		20

第二个试验，土料未通过自然翻晒，直接用旋耕机碎土。试验结果见表 7-5-5 所列、如图 7-5-3 所示。结果表明，土料翻晒 6 遍以内，大于 80mm 的超团径土团碎土效果明显；土料翻晒 6 遍以后，碎土效率减缓，大于 80mm 超团径土团减少至 1%，20~80mm 团径组含量增至 40%，5~20mm 团径组含量为 43%；旋耕机碎

土 12 遍后,大于 80mm 团径组含量消失,大于 20mm 团径组含量为 32%,5～20mm 团径组含量接近 50%,5mm 以下团径组改变不大。

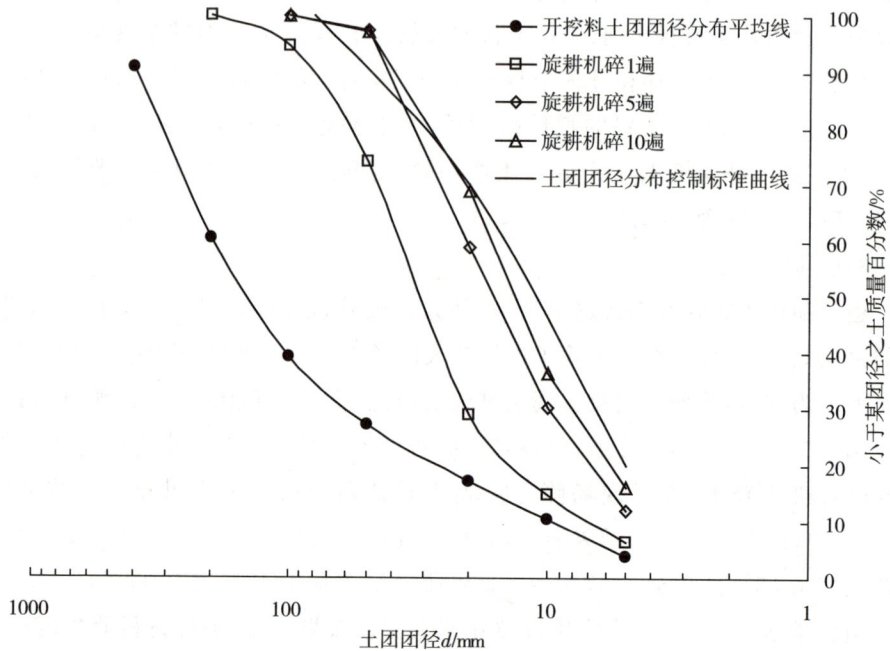

图 7-5-2　旋耕机碎土前后土团级配曲线(第一场)

表 7-5-5　旋耕机碎土团径分布成果表(第二场)

翻晒遍数	含水率/%	土团团径/%					
		>100mm	80～100mm	20～80mm	10～20mm	5～10mm	<5mm
0	28.4	61	5	17	7	6	4
2	26.1	18	6	48	16	7	5
4	23.2	5	4	41	21	18	11
6	21.7	—	1	40	25	18	16
8	20.0			37	27	19	17
12	19.0			32	28	21	19
土团团径控制标准		—		30	50		20

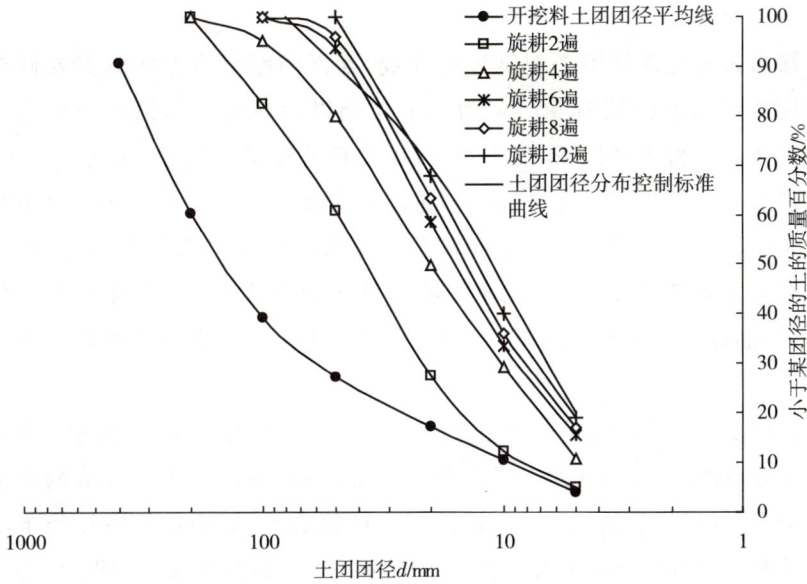

图 7-5-3 旋耕机碎土前后土团团径分布曲线(第二场)

排除现场温度和湿度差异,单从碎土效果上综合分析两个试验结果见表 7-5-6 所列。两个试验中未经碎土处理的开挖料土团大于 80mm 的团径组含量均占 66%,旋耕机旋耕翻晒 5～6 遍后,大于 80mm 团径组含量仅占 1%,5～80mm 团径组含量达 80% 以上,小于 5mm 含量为 14%;当旋耕机旋耕翻晒 10～12 遍时,20～80mm 团径组含量继续降低,20mm 以下团径组增大,并且十分接近土团团径控制标准。

由此可见,旋耕机在破碎 80mm 以上超大土团团径方面效果明显,破碎后的土团以 5～80mm 中间团径为主。一般来讲,旋耕机旋耕翻晒 5～6 遍以后,土团团径进一步破碎的效果开始减缓,翻晒 12 遍以后,基本能满足水泥掺拌均匀性对土料团径分布控制标准的要求。

表 7-5-6 旋耕机碎土团径分布结果

翻晒遍数	含水率/%	土团团径/%				
		>100mm	80～100mm	20～80mm	5～20mm	<5mm
0	25～28	61	5	17	13	4
5～6	22～21	—	1	40	45	14
10～12	19～20	—	—	30	51	19
土团团径控制标准		0	—	30	50	20

2. 条筛碎土工艺

条筛由人工在现场用工型钢焊接而成，筛网间距可根据实际需要调整。现场试验所用钢构条筛长为 6m、宽为 4m，架起以后高为 5m，筛网间距为 10cm。施工时利用反铲将土料抛下，使土块、泥团在自重作用下经条筛破碎、过筛，必要时还可以通过反铲施压过筛。开挖料通过条筛破碎后，大于 100mm 的团块基本消除。条筛碎土工法最大优点是可将开挖土料中的超大团径土团快速破碎，相比旋耕机碎土更节省工时，但几乎不能降低土料含水率，若土料天然含水率较高，则条筛的碎土效率也将降低。因此，条筛碎土土料含水率应控制在 $W_p+2\%$ 以下。

条筛碎土前后土团团径大小见表 7-5-7 所列、如图 7-5-4 所示。从条筛碎土后团径分布情况看，80% 的土团主要集中在 5～80mm，大于 80mm 的含量仍有 3%，小于 5mm 的含量为 17%，与旋耕机旋耕翻晒 5～6 遍后的团径分布基本接近。就条筛土团团径分布平均线来说，与土团团径控制标准较为接近，但仍未完全满足控制标准。

表 7-5-7　条筛及旋耕机碎土前后土团团径分布表

料源	含水率/%	土团团径/%				
		>100mm	80～100mm	20～80mm	5～20mm	<5mm
开挖料土团团径平均线	25	61	5	17	13	4
经条筛碎土前后平均线	22	—	3	23	57	17
旋耕机翻晒 5～6 遍	22～21	—	1	40	45	14
土团团径控制标准		—	—	30	50	20

3. 机械组合碎土

旋耕机、条筛或破碎机均能在一定程度上实现碎土的目的，也能大大减少超大团径土团含量，但每种工艺均存在一定优势和局限性。例如，旋耕机和条筛碎土后土团团径大小主要集中在 5～80mm，且进一步碎土效果有限，小于 5mm 土团含量偏低，且碎土效率较低；破碎机虽然效率高，但会受到土料含水率的控制。这三种工艺的组合应能达到取长补短的效果，为此，我们研究了两种组合碎土方式。

1）旋耕机＋破碎机

破碎机或旋耕机单独使用的试验表明，当土料含水率低于塑限含水率时，直接采用破碎机碎土,碎土土团团径主要集中在小于 5mm 团径组内,含量可达 50％左右;当土料含水率高于塑限含水率时,采用旋耕机旋耕翻晒,在降低土料含水率同时,也能大大减少土团超大团径含量,但对 5～80mm 中间团径的破碎效果有限。因此,对于天然含水率较高的土料,可以考虑将旋耕机与破碎机进行组合,开挖料先用旋耕机旋耕翻晒,待含水率降至土料塑限含水率附近,再用破碎机碎土。

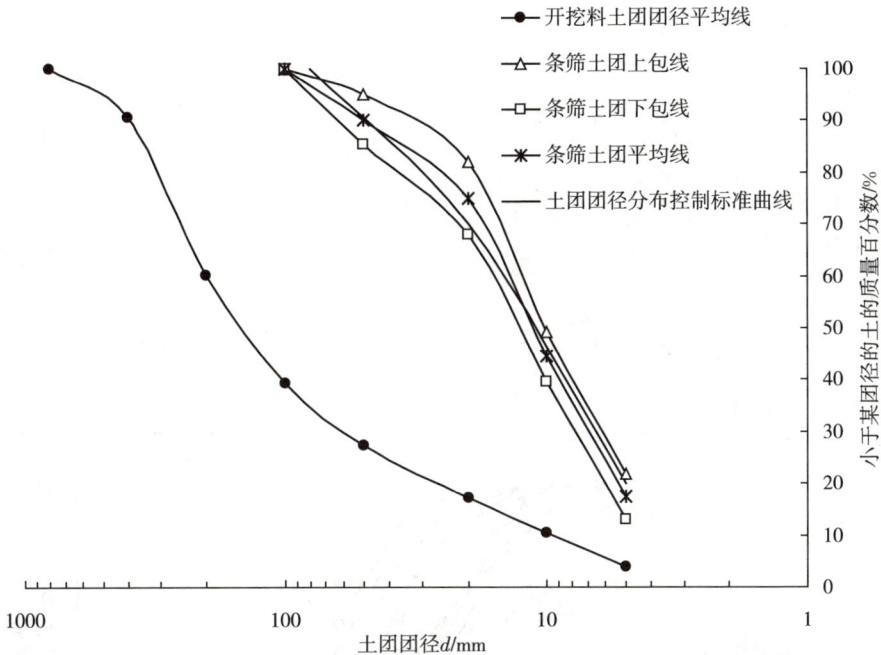

图 7-5-4　条筛碎土前后土团团径分布曲线

　　旋耕机＋破碎机试验结果见表 7-5-8 所列、如图 7-5-5 所示。试验结果表明,起始含水率 28.4％的土料,用旋耕机旋耕翻晒 4～6 遍后再进行机械碎土,土团团径已满足团径分布控制标准曲线,但由于含水率偏高,导致机械堵塞严重,碎土效率低下,同时,过高的含水率也使得改性土的均匀性难以满足要求;当用旋耕机旋耕翻晒 8 遍以后,土料含水率降至塑限附近,再进行破碎机碎土,大于 80mm 土团含量为 0,20～80mm 团径含量从 37％减少到 8％,小于 5mm 团径含量从 17％增至 35％,已经完全满足土团团径控制曲线标准;当旋耕机旋耕翻晒 12 遍后再进行破碎机破碎,20～80mm 团径含量进一步减少,小于 5mm 团径含量继续增加,说明旋耕机和破碎机的效率均达到最佳状态。

表 7-5-8　旋耕机＋破碎机组合前后土团团径分布

破碎机料源	机械碎土组合前后	机械碎土堵塞情况	土团团径/%				
			>100mm	80～100mm	20～80mm	5～20mm	<5mm
旋耕机 2 遍翻晒（含水率为 26.1%）	前	很严重	18	6	48	23	5
	后		—	10	39	38	13
旋耕机 4 遍翻晒（含水率为 23.2%）	前	很严重	5	4	41	39	11
	后		—	—	15	65	20
旋耕机 6 遍翻晒（含水率为 21%）	前	较严重		1	40	43	16
	后				10	59	31
旋耕机 8 遍翻晒（含水率为 20%）	前	一般			37	46	17
	后				8	57	35
旋耕机 10 遍翻晒（含水率为 19%）	前	较畅通	—	—	33	49	18
	后		—	—	5	46	49
土团团径控制标准			—	—	30	50	20

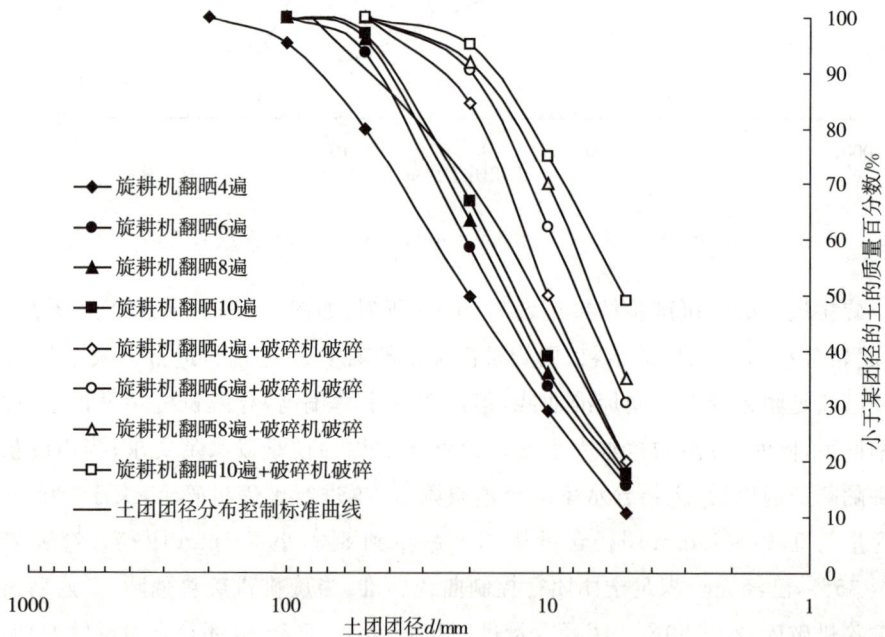

图例：
- ◆ 旋耕机翻晒4遍
- ● 旋耕机翻晒6遍
- ▲ 旋耕机翻晒8遍
- ■ 旋耕机翻晒10遍
- ◇ 旋耕机翻晒4遍+破碎机破碎
- ○ 旋耕机翻晒6遍+破碎机破碎
- △ 旋耕机翻晒8遍+破碎机破碎
- □ 旋耕机翻晒10遍+破碎机破碎
- —— 土团团径分布控制标准曲线

图 7-5-5　旋耕机＋破碎机碎土后土团团径分布曲线

2)条筛＋破碎机

表7-5-9和图7-5-6为经过条筛和破碎机碎土的土团团径分布。结果表明,当土料含水率小于塑限$W_p+2\%$时,单独利用条筛碎土,不满足团径分布控制标准曲线要求;若采用条筛与破碎机组合碎土,则完全能满足土团团径控制标准。

表7-5-9 条筛＋破碎机组合前后土团团径分布

料源	含水率/%	土团团径/%				
		>100mm	80~100mm	20~80mm	5~20mm	<5mm
条筛碎土前后团径平均线	22	—	3	23	57	17
条筛＋破碎机团径平均线	20.2~23.3	—	—	20	43	37
土团团径控制标准		—	—	30	50	20

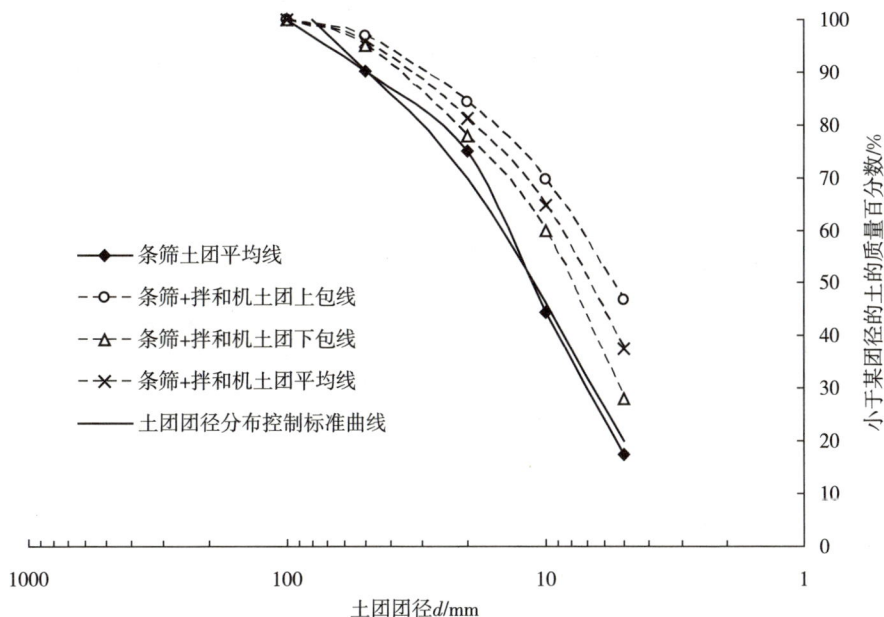

图7-5-6 破碎机碎土前后土团团径分布曲线

4. 机械碎土功效分析

旋耕机旋耕翻晒遍数、含水率与破碎机功效见表7-5-10所列,破碎机功效与含水率关系如图7-5-7所示,旋耕机翻晒遍数与破碎机功效关系如图7-5-8所示。

表 7-5-10　旋耕机旋耕翻晒遍数、含水率与破碎机功效

旋耕机旋耕翻晒遍数	0	2	4	6	8	12	16
旋耕机旋耕翻晒后含水率/%	28.4	26.1	23.2	21.7	20.0	19.0	17.1
破碎机功效/(m³/h)	0	0	12	56	100	150	200

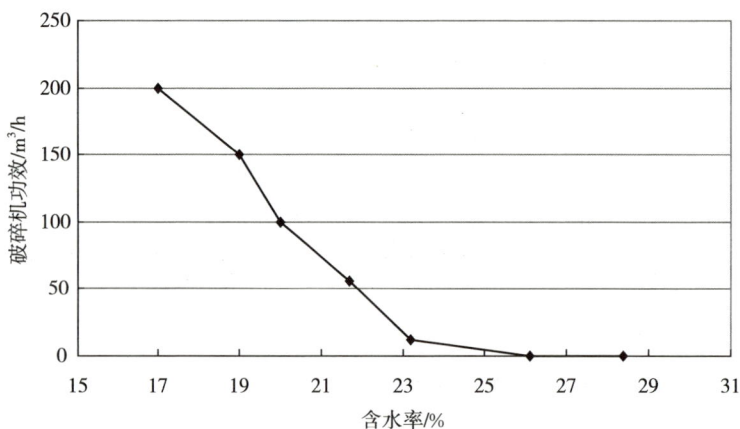

图 7-5-7　破碎机功效与含水率关系

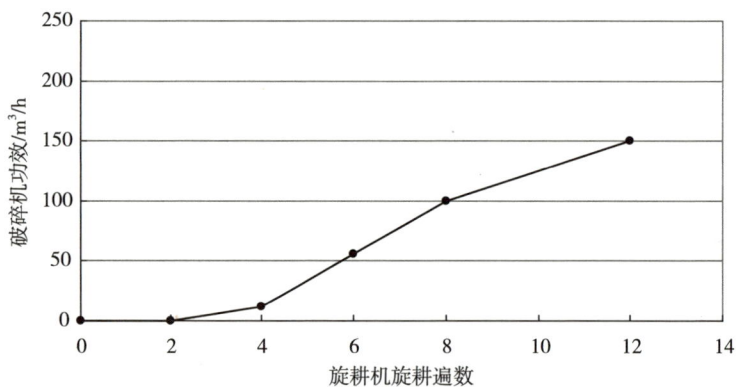

图 7-5-8　旋耕机翻晒遍数与破碎机功效关系

由图 7-5-7 可见,当土料含水率较高时,碎土效率几乎为零;当土料含水率降低到 23% 时,土料的破碎功效才开始上升;当土料降低至 20%,即低于土料塑限值以后,破碎机功效可达到 100m³/h;而当土料含水率降低至 17.1% 时,破碎机功效可达到 200m³/h。因此,要达到破碎机的最低设计功效 200m³/h,土料含水率应低至塑限含水率的 3% 以下。此外,从碎土功效与旋耕翻晒的遍数关系曲线上看,

破碎机的功效随着旋耕翻晒的遍数增大而提高,当旋耕翻晒达到 8 遍以后,破碎机的功效可以达到 100m³/h。

5. 掺砂治理

土料难以破碎的另一个原因是开挖料的黏粒含量比例过高,塑性指数较大。为了降低开挖料的塑性指数,我们尝试采用掺拌施工现场的河砂的方式加速土料的破碎,以达到快速分离黏土和降低土料含水率目的。掺砂治理试验主要在室内进行,砂料来自镇平渠道渠底开挖料。

将现场取回的土样按照 0~60% 不同的掺砂量进行掺拌,掺拌完成后即进行土壤含水率、液塑限和自由膨胀率试验,试验结果见表 7-5-11、表 7-5-12 所列。试验结果表明,掺砂对土样液限含水率影响显著,对塑限含水率影响不大,土料的塑性指数从 23.2 降至 15.4,说明掺砂后土料中黏粒含量占比下降,有利于掺拌均匀;从膨胀性指标分析,掺砂对土料自由膨胀率影响很小;掺砂对土料含水率的影响主要是掺拌过程中土料的失水作用。

开挖料掺砂后虽能降低土料掺拌的难度,但现场施工还存在如下问题:掺砂的均匀性有较高的工艺要求;施工现场应保证有廉价粉细砂源。

表 7-5-11　掺砂土料界限含水率成果

液塑限指标	掺砂量						
	0	10%	20%	30%	40%	50%	60%
液限	46.4	48.6	46.5	43.6	42.7	40.5	38.9
塑限	23.2	25.6	23.8	22.1	22.3	24.6	23.5
塑性指数	23.2	23	22.7	21.5	20.4	15.6	15.4

表 7-5-12　土料含水率与掺砂量关系

砂掺量/%	掺砂后含水率/%	含水率变化/%
0	20.0	0
10	19.6	0.4
20	17.7	2.3
30	16.2	3.8
40	15.2	4.8
50	14.5	5.5
60	12.5	7.5

综上所述,膨胀土开挖料土团超径现象十分普遍。对本工程而言,大于 80mm 超大团径达 66％以上,天然含水率高达 33％。为满足水泥掺拌均匀性要求,对原开挖土料进行破碎和降低含水率处理是必要的。

通过现场土团破碎施工试验研究,归纳膨胀土开挖料破碎和降低含水率的主要手段如下。

(1)含水率速降施工工法。采用"土堆过风法""犁耕法""通风槽"等翻晒工艺具有一定的作用,但土料含水率降低速度较慢。采用旋耕机旋耕翻晒工艺,按 20m×20m 场地计,一次作业时间(旋耕翻晒+间隔时间)为 30～40min,经翻晒 6～8 遍后,含水率基本能降至塑限值以下,满足水泥掺拌均匀性对土料含水率控制要求。

(2)土团破碎施工工法。对于含水率远高于塑限含水率的情况,直接采用通常的破碎机碎土,会导致机械堵塞严重,无法有效碎土。

① 旋耕机碎土。本工程起始含水率 28.5％的膨胀土开挖料,经旋耕机旋耕翻晒 10～12 遍以后基本能满足水泥掺拌均匀性对土料团径大小的要求。

② 条筛碎土。条筛(筛网间距为 10cm,筛高为 5m)碎土工法要求土料含水率不高于 $W_p+2％$,条筛碎土后土团主要集中在 5～80mm,与旋耕机旋耕翻晒 5～6 遍基本接近,因此,单纯条筛碎土不能满足水泥掺拌均匀性对土料团径大小要求。

③ 旋耕机(或条筛)+机械组合碎土。开挖料在旋耕机旋耕翻晒或条筛碎土基础上,再与机械碎土组合进行碎土,可以提高小于 5mm 土团团径含量。旋耕机旋耕翻晒+破碎机碎土与条筛+破碎机碎土,小于 5mm 团径含量可从 18％增至 35％或从 17％增至 37.5％,其大于 80mm 的土团含量也能满足掺拌均匀性要求。因此,除条筛和旋耕机两种单一工艺外,采用条筛或旋耕机结合机械组合的碎土工艺均能满足水泥掺拌均匀性对土料团径的控制标准(见表 7-5-13)。

表 7-5-13　开挖料不同施工组合工法碎土土团团径大小分布

碎土施工工法		开挖料天然含水率/%	土团团径/%				
			>100mm	80～100mm	20～80mm	5～20mm	<5mm
工法一	破碎机碎土	$<W_p$	—	—	8	57	35
工法二	条筛碎土	$W_p+2％$ $\sim W_p$	0	4	21	58	17
	组合机械机		—		19	43.5	37.5

（续表）

碎土施工工法		开挖料天然含水率/%	土团团径/%				
			>100mm	80～100mm	20～80mm	5～20mm	<5mm
工法三	旋耕机旋耕翻晒土料含水率降至小于$W_p+2\%$	$>W_p+2\%$	0	1	36	45	18
	组合机械		—	—	8	57	35

（3）土团破碎施工工法。根据前文提出水泥掺拌均匀性对土团团径级配和含水率的具体要求，结合本节碎土施工工艺研究成果，建议开挖料碎土施工工法如下：

① 当开挖料的天然含水率小于W_p时，可直接采用破碎机碎土；

② 当开挖料天然含水率大于W_p且小于$W_p+2\%$时，采用条筛与破碎机组合碎土；

③ 当开挖料天然含水率大于$W_p+2\%$时，采用旋耕机＋破碎机组合碎土。

值得注意的是，由于各地黏性土的水理特性并不完全一致，实际工程中，宜针对具体的料源土料进行生产性试验，进一步确定具体的碎土工艺。

参考文献

[1] 龚壁卫,胡波. 膨胀土水泥改性机理及技术[M]. 北京:中国水利电力出版社,2023.

[2] 长江水利委员会长江科学院,长江水利委员会长江勘测规划设计研究院,南水北调中线干线工程建设管理局,等. 膨胀土水泥改性处理施工技术研究总报告(国家"十二五"科技支撑课题研究报告)[R]. 武汉:2014.

[3] 李法虎. 土壤物理化学[M]. 北京:化学工业出版社,2006.

[4] 刘特洪. 工程建设中的膨胀土问题[M]. 北京:中国建筑工业出版社,1997.

[5] 赵红华,等. 膨胀土改性机理及耐久性试验研究报告[R]. 大连:2014.

[6] 长江水利委员会长江科学院,水利部岩土力学与工程重点实验室. 南水北调中线工程南阳膨胀土水泥改性长期效果验证试验研究报告[R]. 武汉:2011.

[7] 刘鸣,刘军,龚壁卫,等. 水泥改性膨胀土施工工艺关键技术[J]. 长江科学院院报,2016,33(1):89-94.

[8] 刘鸣，龚壁卫，刘军，等．膨胀土水泥改性及填筑施工方法：ZL201410148202.0[P]．2016－01－13.

[9] 安徽省引江济淮工程有限责任公司，中铁四院，河海大学，等．引江济淮试验工程科研成果报告[R]．合肥：2017.

[10] 长江水利委员会长江科学院．引江济淮工程膨胀土地段生态河道关键技术研究总报告[R]．武汉：2022.

[11] 张恒晟，龚壁卫，文松霖，等．水泥改性土削坡弃料利用问题研究[J]．长江科学院院报，2021，38(2)：86－92.

第8章

膨胀土微生物改良技术

膨胀土具有显著的遇水膨胀、失水收缩特性,常引发边坡滑坡、路基变形等工程问题,是一种对工程危害较大的特殊性黏土。微生物诱导碳酸钙沉淀技术(MICP技术)基于微生物成矿作用,采用人为添加无机可溶性碳源(尿素)和钙源,诱导微生物生成具有胶结作用的碳酸钙晶体,通过加强颗粒间的胶结强度从而实现对土体进行加固和改良的目的。MICP技术目前已开始引起岩土工程师的广泛关注,并逐渐在环境岩土工程领域应用。

本章主要论述了MICP技术在改良膨胀土膨胀特性和强度特性方面的研究成果,采用拌和法研究了改良前后膨胀土膨胀特性的变化规律,探究了初始含水率和压实度对MICP技术改良膨胀土的影响。此外,本章还分析了不同影响因素下MICP改良膨胀土后抗剪强度的变化,运用X射线荧光光谱分析、X射线衍射和扫描电镜等试验方法从微观层面揭示了MICP技术改良膨胀土的作用机理。

8.1 MICP技术简介

8.1.1 技术原理

微生物矿化是自然界中普遍存在的一种现象,自然界中存在大量的微生物,它们通过自身的新陈代谢能够生成多种矿物结晶,这一过程也充分地体现在原生矿物(如方解石、文石、石膏和磁铁矿)等的形成过程中。[1-4]所有的矿化产物中,以沉积碳酸钙最常见。MICP 技术利用微生物自身代谢形成矿物沉积的特点,人为给微生物矿化提供生存环境和条件,利用微生物缩产生的碳酸根离子,结合环境中游离的钙离子,生成碳酸钙晶体。[5−6]

不同的微生物进行矿化的方式不尽相同,主要有产脲酶菌、反硝化菌、铁盐还原菌、硫酸盐还原菌和光合作用等,其中,水解尿素产脲酶菌是自然界中最普遍的一种,由于其矿化机理简单高效,反应过程可控,成为 MICP 技术的首选,其主要依靠巴氏芽孢杆菌和巴氏芽孢八叠球菌的矿化反应。[7−8]

巴氏芽孢杆菌和巴氏芽孢八叠球菌是分离自土壤中的无害细菌,环境适应能力强,通过自身新陈代谢可以分泌出活性较高的脲酶,脲酶可以水解尿素形成游离的 NH_4^+ 和 CO_3^{2-},当为其提供充足钙源后,便可以生成具有胶结作用的碳酸钙晶体。[9−10]细菌一方面产生脲酶水解尿素,另一方面作为碳酸钙沉淀的附着点。基本反应方程过程如下:[11]

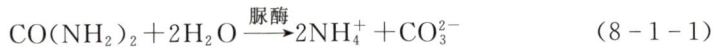

$$CO(NH_2)_2 + 2H_2O \xrightarrow{\text{脲酶}} 2NH_4^+ + CO_3^{2-} \qquad (8-1-1)$$

$$Ca^{2+} + Cell \longrightarrow Cell-Ca^{2+} \qquad (8-1-2)$$

$$Cell-Ca^{2+} + CO_3^{2-} \longrightarrow Cell-CaCO_3 \downarrow \qquad (8-1-3)$$

8.1.2 技术应用

脲酶巴氏芽孢杆菌的 MICP 技术因其高效可控的优势,目前已被广泛应用于岩土工程领域。相比利用 MICP 技术处理混凝土裂隙和防渗来说,对土体尤其是黏性土进行改良更复杂,需要考虑的因素包括土的性质、颗粒级配、矿物成分和具体的处理工艺(掺拌或压力注浆)等。

MICP 技术最先应用于砂土等粗粒土的加固和性能改善中。研究表明,通过压力注浆处理后的砂土试样、砂柱和砂土地基等,其强度、刚度、抗液化性能、动力特性和抗侵蚀性能均有显著提升。[12−16]相关文献分析了颗粒粒径和级配对砂的强度特性的影响,发现当粒径和均匀性系数较小时,改良土的强度较大。[17−18]另外,有学者利用这一技术固化钙质砂,以提高钙质砂的利用率。研究发现砂土或钙质砂等粗颗粒土,由于试样空隙较大,采用压力注浆法可以充分发挥 MICP 技术的胶结作用和充填作用,从而显著改善土体性能。改良后的钙质砂的动力特性和抗液化性能也得到极大改善,而且,其渗透性降低了 2 个数量级,抗剪强度提高了 3 倍。[19−22]在细粒土和黏性土的应用方面,MICP 技术也取得了一些进展。研究人员发现采用压力注浆法改良后的粉土和有机质黏土,土体的无侧限抗压强度显著提高;[23−24]淤泥质土的力学性能得到改善明显,改良后的海相黏土的工程性能、土

的液塑限均有降低,强度提高 148%。[25—26]

近年来,MICP 技术在膨胀土方面的应用研究开始增多。[27]研究表明,利用 MICP 技术可以显著地改善膨胀土胀缩性能。[28]文献[29]采用浸泡法固结强膨胀土,试验结果发现自由膨胀率降低了 85.4%,抗剪强度得到明显提高;文献[30]采用压力注浆法改良中膨胀土,土体的强度和膨胀性也得到显著改善;文献[31]发现这一技术可以有效改善膨胀土的压缩性,增强土体的结构强度;文献[32]采用土著细菌改良膨胀土,发现碳酸钙含量增加了 205%,抗剪强度和劈裂抗拉强度明显提高;文献[33]对 MICP 技术改良后的非饱和膨胀土进行微观结构研究,为 MICP 技术改良膨胀土的机理提供了理论依据。

8.2　MICP 技术改良膨胀土的微观机理

膨胀土是一种高塑性黏土,其颗粒组成中含有一定数量的亲水性黏土矿物。膨胀土的膨胀性与这些黏土矿物的成分、含量及其微观结构密切相关,其物理性质也因此表现出明显的差异。MICP 技术改良膨胀土主要是利用其微生物成矿作用,通过微生物沉积碳酸钙晶体,改善土体颗粒的微观结构,提高土体整体性能。

本节通过对改良前后的土样的 X 射线荧光光谱分析、X 射线衍射试验和扫描电镜试验等,分析研究改良前后土样的化学成分和矿物成分的变化,以及探查微生物生成的碳酸钙的形态和富集情况,揭示 MICP 技术改良膨胀土的微观机理。

8.2.1　化学成分分析

MICP 技术改良膨胀土,需要向土中加入菌液和胶结液的混合溶液,其中,主要的化学成分包括 Ca 和 Cl 等。

本节将通过 X 射线荧光光谱分析(简称 XRF)试验分析改良前后土样中化学成分含量的变化,以证明 MICP 改良膨胀土的过程中不仅可以生成碳酸钙晶体,还可以通过离子置换和中和作用降低膨胀土的膨胀性。

图 8-2-1 为 XRF 分析仪的工作原理示意。当使用 XRF 激发光源照射土样时,各个原子初始稳定态被打破,内层低轨道电子吸收能量后被激活,跃迁到外层

轨道上,此时原子处于激发态;然后,原子为了回到稳定态,高轨道的其他电子则降低到电子缺失的内层,填补内层轨道的电子缺失空穴,电子由高轨道降至低轨道时,会释放相应的原子能量,特定的元素(原子)释放特有的能量(X射线),有不同的光谱谱线位置和强度,仪器接收到射线后,对比标准数据曲线,从而确定元素种类和百分比含量。

Vanta手持式XRF分析仪采用三种光束探测土的化学元素:光束1(40.0kV)主要测量Fe、Cu、Ag、Ba、Zn、Ni、Mn等元素;光束2(10.0kV)主要测量Mg、Al、Si、S、Cl、P、Ti等元素;光束3(50.0kV)主要测量Ag、Cd、Ba、Ce、LE(轻元素)等元素。本节将主要关注Si、Al、Fe、Mg、Ca、Cl的变化。

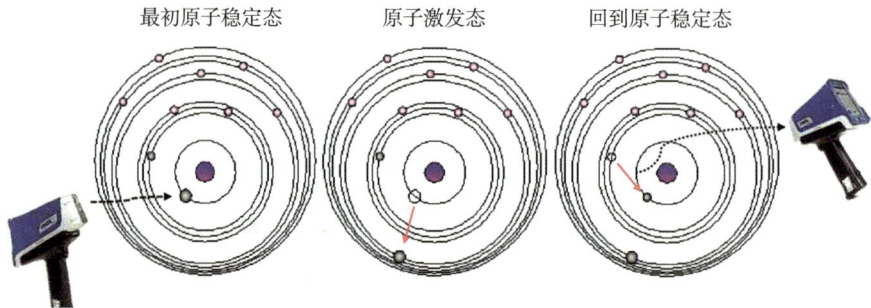

图8-2-1　XRF分析仪工作原理示意

将强、中、弱膨胀土各取一组作为处理前试样,经过添加浓度为1.5mol/L的Ca^{2+}、反应液配比为1∶3的不同反应液体积处理后,对每组样品进行3次测定,取3次检测的平均值。各组元素测定结果见表8-2-1所列。

表8-2-1　改良前后强、中、弱膨胀土各元素含量

土样	反应液体积/mL	Si/%	Al/%	Fe/%	Mg/%	Ca/%	Cl/%
	0	36.02	11.73	6.11	1.51	1.161	0.052
	32	30.19	7.45	4.866	0.89	1.656	3.882
强膨胀土	44	30.41	7.6	5.014	0.87	2.046	5.273
	56	31.83	7.67	5.089	1.34	2.415	6.83
	68	31.82	7.88	5.095	1.01	2.758	8.72
	80	30.88	7.98	5.146	0.91	3.39	9.76

（续表）

土样	反应液体积/mL	Si/%	Al/%	Fe/%	Mg/%	Ca/%	Cl/%
中膨胀土	0	38.66	10.24	5.152	1.5	0.575	0.059
	20	32.25	7.02	3.694	1.07	0.982	2.207
	30	32.05	7.16	3.476	0.94	1.258	3.496
	40	34.74	7.86	3.739	0.913	1.736	5.492
	50	36.33	7.98	3.854	0.86	2.122	6.79
	60	33.04	7.09	3.776	0.96	2.393	7.09
弱膨胀土	0	38.13	9.08	3.376	1.02	0.486	0.058
	10	34.95	7.11	3.323	1.07	0.713	1.186
	20	36.71	7.51	3.453	1.1	1.096	2.871
	30	37.04	7.98	3.586	0.99	1.612	4.96
	40	34.16	7.71	3.443	1.03	1.823	5.355

分析表 8-2-1 可知，不同膨胀性的试样中 Si、Al、Ca、Cl 的变化较明显，且三组土样的变化规律基本一致：处理后土样中的 Ca 和 Cl 的含量明显升高，且随着加入土中反应液体积的增大，两种元素的含量也不断增大；处理后土样中的 Si 和 Al 含量明显降低，但其变化量与加入土中反应液体积无明显关系；对于 Fe，强膨胀土和中膨胀土中的含量明显降低，弱膨胀土中几乎没有变化，且其含量不随着反应液体积变化。三组土样中 Mg 无明显变化。

对上述现象可以解释如下：反应液中钙源为 $CaCl_2$，因此，土样中的 Ca 和 Cl 的含量会随着反应液体积增大而不断增多，其中，一部分的 Ca^{2+} 沉积为碳酸钙晶体，剩余的 Ca^{2+} 会替换土颗粒表面游离的阳离子（如 Fe^{3+}、Na^+ 和 K^+）以及晶格中的阳离子（如 Al^{3+} 和 Si^{4+}），导致 Si、Al、Fe 的含量降低。这一结果验证了 MICP 技术改良膨胀土的离子置换作用，也说明离子置换作用的有限性。

8.2.2　矿物成分分析

X 射线衍射（简称 XRD）试验是矿物物相分析鉴定最常用的方法，其原理如图 8-2-2 所示。当使用一束平行 X 射线照射矿物时，X 射线会与某一晶体的晶面成 θ 角，若其满足 $2d\sin\theta = n\lambda$，即可能发生衍射现象。其中，d 指晶面间距，θ 为发生衍射的角度，n 是正整数，λ 指使用的 X 射线的波长。不同的晶体结构产生的反射波光程不同，形成不同角度下的衍射信号，颗粒越多，衍射信号越强。人们通过对比反射波的衍射强度，即可区分出不同的黏土矿物成分及含量。

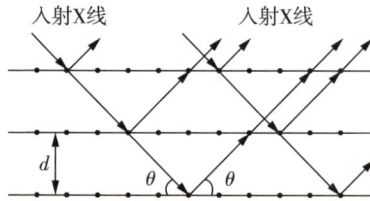

图 8-2-2　X 射线衍射原理示意

试验采用 MiniFlex600/600-C 台式 X 射线衍射仪。将试验粉末用玛瑙研钵研磨，过 0.074mm 的标准检验筛，得到适量 0.075mm 均匀的粉末样，装在样品池内，保证表面平整。设置扫描角度范围为 3°~80°，扫描速度为 8°/min。根据粉末衍射联合会国际数据中心（JCPDS-ICDD）的数据标准定性分析土样的矿物成分的变化。

黏土矿物的种类众多，主要分析以下几种：

（1）K——高岭石，分子式为 $Al_4(OH)_8Si_4O_{10}$；

（2）I——伊利石，分子式为 $KAl(OH)_2(AlSi)_4O_{10}$；

（3）M——蒙脱石，分子式为 $(Na,Ca)_{0.7}(Al,Mg)_4(SiAl)_8O_{20} \cdot nH_2O$；

（4）Q——石英，分子式为 SiO_2；

（5）I/M——伊/蒙混层，伊利石和蒙脱石混层矿物。

MICP 技术改良黏性土的产物是碳酸钙晶体。碳酸钙晶体的形态受到 Ca^{2+} 浓度等因素的影响，常形成三种形态，即方解石、球霰石和文石。不同形态的碳酸钙晶体稳定性有差异，从而影响 MICP 技术改良膨胀土的效果，为此，我们对改良前后部分土样进行 XRD 测试，分析土样矿物成分的变化。

图 8-2-3 是分别对碳酸钙分析纯与微生物生成的碳酸钙所进行的 X 射线衍射试验。由图可知，碳酸钙分析纯矿物成分均为稳定性较好的方解石，且无杂峰；微生物生成的碳酸钙仍以方解石为主，但存在部分球霰石和文石，且球霰石的含量略高于文石。

选择改良土样（经反应液配比为 1：1、胶结液 Ca^{2+} 浓度为 2.0mol/L 处理后的土样）和未处理土样进行 XRD 试验，试验结果如图 8-2-4 所示。由图可知，处理前土样的主要矿物成分是石英、蒙脱石、伊利石和少量的高岭石，碳酸钙的含量极少；处理后的土样主要矿物成分没有发生变化，但含量发生了改变，尤其是方解石的衍射强度明显增大，说明土样中碳酸钙的含量增多。

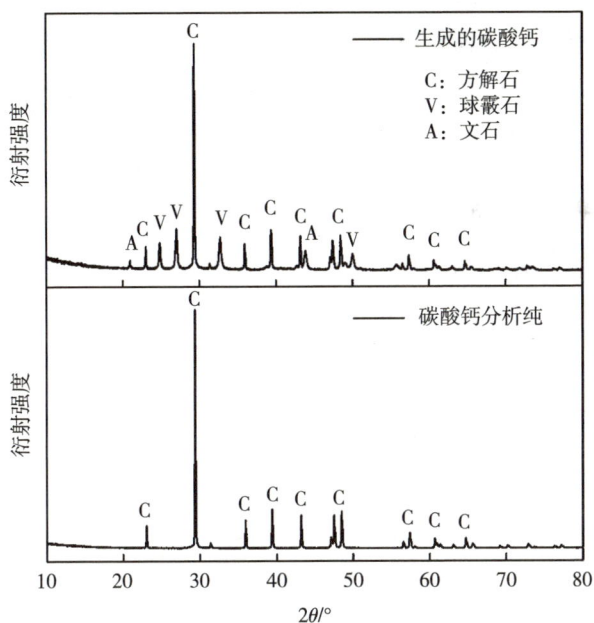

图 8-2-3　碳酸钙含量对比图谱

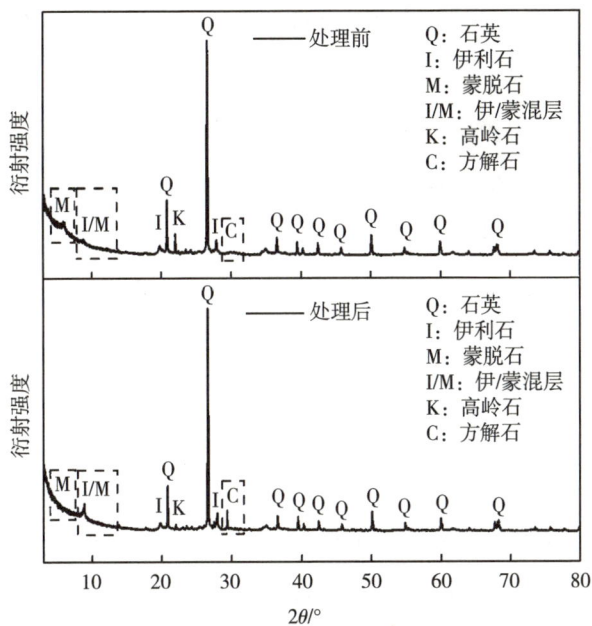

图 8-2-4　处理前后土样的 XRD 图谱

引起黏性土膨胀变形的主要黏土矿物是蒙脱石和伊利石。蒙脱石的单位晶层间存在水分子层不规律的现象,其水分子有一层、两层或三层等形态,外界环境湿度变化时,水分子层易发生迁移,导致晶面间距变化,产生晶层活动——膨胀或收缩的现象。因此,蒙脱石的稳定性差,其矿物晶体的总比表面积大,亲水性强。伊利石因为晶层间有 K^+ 嵌固,使得其结构相对稳定,其矿物晶体的总比表面积小于蒙脱石。因此,其亲水性弱,膨胀性比蒙脱石低。

对比处理前后土样的 XRD 图谱可见,经 MICP 技术处理后,蒙脱石的衍射强度降低,说明其含量有所减少,而伊/蒙混层的含量增多。蒙脱石含量减少,伊/蒙混层含量增大,土样的整体亲水性减弱,土样的膨胀性降低,反映在宏观上即是自由膨胀率指标降低。

8.2.3　微观结构分析

改良土的微观结构分析采用扫描电镜(简称 SEM)试验方法。SEM 试验的成像不同于普通成像技术,其利用了二次电子成像,所以成像景深高,图像的立体感很强,因此,其被广泛用于岩土材料的形貌特征研究。SEM 试验工作原理如图 8-2-5 所示。SEM 试验使用能量较高的电子束对试样表面进行扫描,根据试样表面形态,激发出不同数目和角度的二次电子,二次电子通过光电转换系统,便可以在显示屏上得到相应的形态。由于岩土材料是非导电材料,因此,为避免试样表面不被电子束破坏,需在材料表面进行喷金处理。

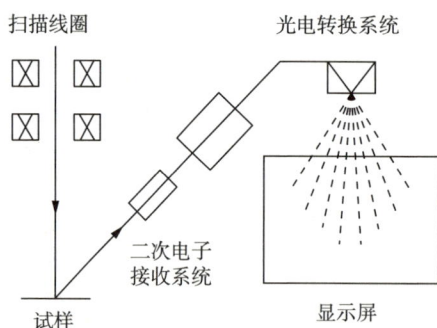

图 8-2-5　扫描电镜工作原理

MICP 技术改良土体的关键在于生成具有胶结作用的碳酸钙晶体,碳酸钙晶体会因堆积方式不同而表现为不同的形态,多为方解石、文石、球霰石和非晶态。方解石最稳定;球霰石不稳定,在自然状态下常转化为方解石和文石,球霰石也是一种典型的人工生长的碳酸钙晶体;文石的稳定性介于两者之间。研究发现[27-32]，MICP 技术生成的碳酸钙形态和富集情况受到多种因素的影响，如 Ca^{2+} 浓度、环境温度和钙源等，且膨胀土的膨胀势与土颗粒的微结构单元相关，可以通过 SEM 试验观察 MICP 技术对膨胀土微观结构的影响以及生成的碳酸钙的富集情况。

我们采用 JSM-6610LA 分析性扫描电子显微镜进行 SEM 试验，微生物生成的碳酸钙电镜扫描图如图 8-2-6 所示。图 8-2-6(a) 为方解石和球霰石堆积体，其中，球霰石相对较多，且球霰石体积较大，直径约为 $50\mu m$，方解石单粒体体积较小，约为 $20\mu m$。图 8-2-6(b)(c) 是在土样中观察到的球霰石和矛状的文石晶簇，在球霰石表面可以看到微生物留下的空洞以及伴生的单晶体的方解石。

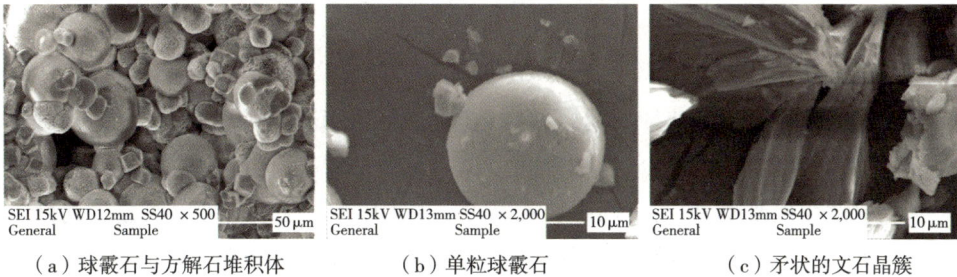

（a）球霰石与方解石堆积体　　　　（b）单粒球霰石　　　　（c）矛状的文石晶簇

图 8-2-6　微生物生成的碳酸钙微观形态

图 8-2-7(a) 是处理前的膨胀土粉末样（最大粒径为 0.5mm）的微观结构，从图中可以观察到，未处理的膨胀土颗粒的微结构单元多为片状结构，且边缘呈不规则结构，较大的土颗粒以扁平状颗粒堆叠形成的聚集体为主，细小土颗粒以单粒体存在。其中，稍大的弯曲片状颗粒主要是蒙脱石或伊/蒙混层矿物，细小的片状晶粒主要是伊利石。由此可知，试验采用的中膨胀土的亲水矿物以伊利石为主。

图 8-2-7(b) 是膨胀土击实样（块状样），可以发现试样表现为层状堆积排布，由颗粒与片状聚集体叠加形成，边缘呈不定型无规则结构，有较多空隙和裂隙。土体结构特征主要有定向排列结构、絮凝结构、紊流结构、粒状堆叠结构、粒状架空结构和胶凝式结构[1]，本土中的块状样结构主要是胶黏式结构，通过游离的铁、铝等或细小的黏土矿物颗粒胶结在一起，是典型的膨胀土微结构特征。

图 8-2-8(a) 是经 MICP 技术改良后的中膨胀土（最大粒径为 0.5mm）粉末的微观结构。可以观察到，改良后的膨胀土粉末土颗粒的形态多为粒状结构，片状结构相比未处理土样明显减少，仍存在扁平颗粒聚集体。研究发现，膨胀土的潜在膨胀势和其土颗粒的微观结构是相关的，土颗粒的膨胀势由大到小依次为弯曲和卷曲片状、扁平片状和颗粒状。

（a）粉末样　　　　　　　　　　　（b）块状样

图 8-2-7　处理前膨胀土试样微观结构

结合 SEM 试验结果可知,经 MICP 技术改良后的部分膨胀土颗粒由膨胀势较强的扁平状转变为膨胀势较弱的颗粒状,其结果与 XRD 试验测试中蒙脱石含量减少、伊蒙混层含量增多的现象是吻合的。说明土颗粒在离子置换作用下,颗粒晶格间的化学键发生改变,使得土的膨胀性降低。在 SEM 图像中也可以明显看到微生物生成了方解石形态的碳酸钙晶体,这些晶体将破碎的土颗粒胶结在一起。

图 8-2-8(b)是处理后膨胀土块状样的微观形态,其内部结构依然是胶黏式结构,且可以清楚看到碳酸钙晶体胶结土颗粒的现象,试样内部的孔隙明显减少,颗粒之间胶结更加紧密,这也正是 MICP 技术改性膨胀土的机理所在。

从图 8-2-8(c)(d)中可以看到单粒的方解石晶体充填试样内部孔隙,胶结周围细小的土颗粒和土团。对比图 8-2-7(a)可以发现,微生物单独生成的方解石晶体为规则的立方体形态,但在土样中生成的方解石为不规则立方体形态,这是由于微生物在沉积碳酸钙时受试样内部孔隙形态的影响,空间太小,碳酸钙无法形成稳定的结构,空间过大,则无法完全胶结和填充。

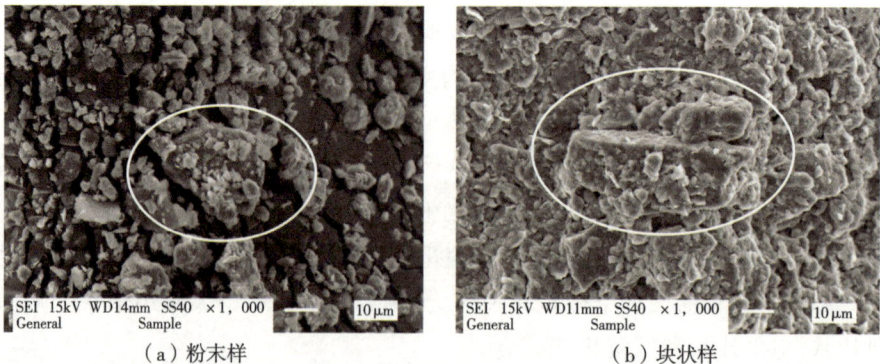

（a）粉末样　　　　　　　　　　　（b）块状样

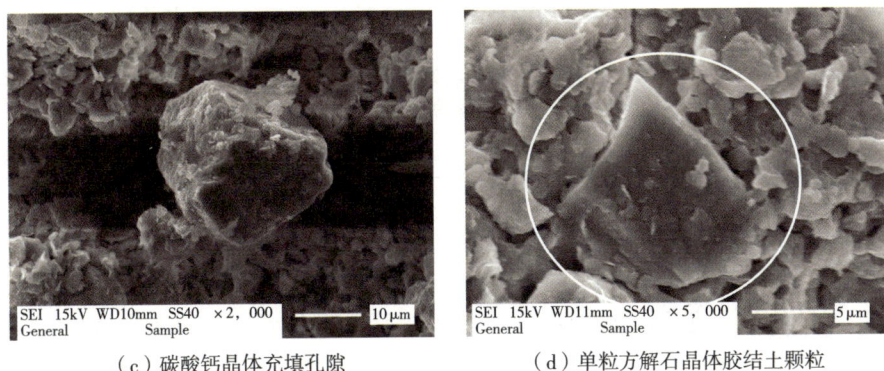

（c）碳酸钙晶体充填孔隙　　　　　（d）单粒方解石晶体胶结土颗粒

图 8 - 2 - 8　处理后膨胀土试样 SEM 图

8.3　改良土的配比研究

MICP 技术的作用机制是通过生物化学的方式改变土体的颗粒组成和结构，而其改良膨胀土的宏观结果仍需要通过相关的试验测试指标来显示。自由膨胀率是表征土样的亲水能力和潜在膨胀势的重要参数，也是判别膨胀土最常用的指标之一。因测试样品要求绝对干燥，且为自然松散状态，因此，其测量结果与土样的天然存在状态无关，与土样的黏土矿物、离子成分及含量直接相关，是黏性土的一种非状态指标。为此，我们以 MICP 改良膨胀土的自由膨胀率为基本指标，研究了膨胀土的改良配比。

8.3.1　原土样的理化和膨胀特性

我们选用强、中、弱三种膨胀土原样，其中，强膨胀土取自邯郸，中、弱膨胀土均取自引江济淮工程菜巢线。膨胀土的塑性指数、自由膨胀率、最优含水率和最大干密度等指标见表 8 - 3 - 1 所列。XRF 试验测定的土样的化学成分见表 8 - 3 - 2 所列。

表 8 - 3 - 1　膨胀土原样基本物理性质

土样	液限 $W_L/\%$	塑限 $W_P/\%$	塑性指数 I_P	自由膨胀率 $\delta_{ef}/\%$	最优含水率 $W_{op}/\%$	最大干密度 $\rho_{dmax}/(g \cdot cm^{-3})$
强膨胀土	81.2	32.9	48.2	131.0	30.3	1.40
中膨胀土	57.6	21.8	35.8	84.5	21.0	1.58
弱膨胀土	32.7	14.5	18.2	63.5	14.2	1.67

表8-3-2　强、中、弱膨胀土化学成分

土样	Si/%	Al/%	Fe/%	Mg/%	Ca/%	Cl/%
强膨胀土	36.02	11.73	6.11	1.51	1.161	0.052
中膨胀土	38.66	10.24	5.152	1.5	0.575	0.059
弱膨胀土	38.13	9.08	3.376	1.02	0.486	0.058

原土样的化学成分分析表明，膨胀土中含量最高的元素依次为 Si 和 Al，测得强、中、弱三种膨胀土中 Al_2O_3 的百分比分别为 26.96%、21.85%、17.14%。此外，膨胀土中还含有少量 Fe 和 Mg，Ca 和 Cl 含量极少，这些指标均符合膨胀土的特征。

8.3.2　反应液配比

我们以中膨胀土为研究对象，控制反应液的总体积为 24mL，对反应液配比和 Ca^{2+} 浓度各设置三个水平，采用正交试验法，研究反应液配比和 Ca^{2+} 浓度对自由膨胀率的变化和碳酸钙生成量的影响，同时，研究 MICP 降低原土膨胀性的最优组合。试验方案见表8-3-3所列。菌液生物指标：$OD_{600} = 3.0$，脲酶活性 = 16.72 毫摩尔尿素水解量/分钟（mM urea hydrolysed·min^{-1}）。

表8-3-3　反应液配比和 Ca^{2+} 浓度试验方案

土样	因素	水平	方法
中膨胀土	反应液配比	1∶1、1∶2、1∶3	正交试验法
	Ca^{2+} 浓度	1.5mol/L、2.0mol/L、2.5mol/L	

图8-3-1和图8-3-2是在不同反应液配比下，自由膨胀率、$CaCO_3$百分生成量随 Ca^{2+} 浓度的变化情况。随着 Ca^{2+} 浓度的增大，土样的自由膨胀率均先减小后增大，Ca^{2+} 浓度为 2.0mol/L 时，土样的自由膨胀率最小。在相同 Ca^{2+} 浓度下，反应液中菌液的占比越大，土样的自由膨胀率越小。反应液配比为 1∶1、胶结液 Ca^{2+} 浓度为 2.0mol/L 时，土样自由膨胀率最小，为 47%，改良效果最佳。

图8-3-2 在不同反应液配比下，当胶结液中 Ca^{2+} 浓度为 1.5mol/L 和 2.0mol/L 时，土样中的 $CaCO_3$ 百分生成量无明显差异；当 Ca^{2+} 浓度增大到 2.5mol/L，$CaCO_3$百分生成量明显减小。这是由于过高的 Ca^{2+} 浓度会抑制细菌的新陈代谢和脲酶活性，导致尿素的水解量减少。在相同 Ca^{2+} 浓度下，随着反应液

中菌液的占比减小,土样中 $CaCO_3$ 百分生成量增大。当菌液和胶结液的体积比为 1：3、胶结液 Ca^{2+} 浓度为 1.5mol/L 时,生成的 $CaCO_3$ 最多,其百分生成量为 1.28％。在同一反应液配比下,Ca^{2+} 浓度在 2.0mol/L 到 2.5mol/L 间,$CaCO_3$ 的百分生成量越大,土样的自由膨胀率越小,呈正相关。

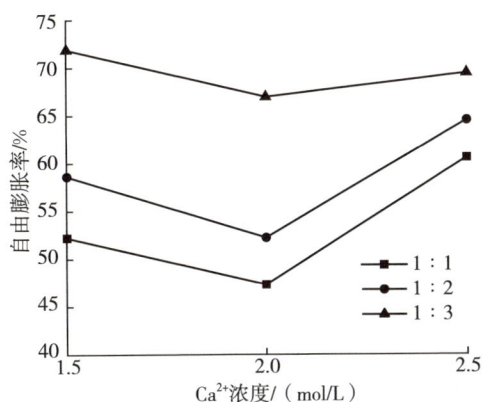

图 8-3-1　自由膨胀率与 Ca^{2+} 浓度的关系

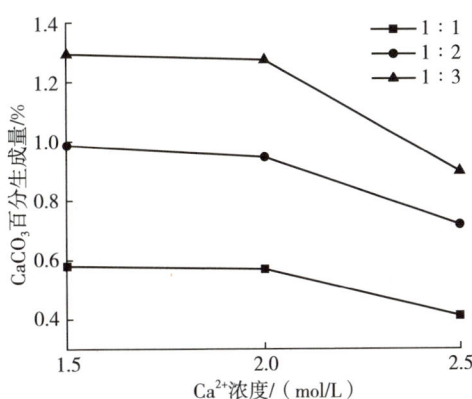

图 8-3-2　$CaCO_3$ 百分生成量与 Ca^{2+} 浓度的关系

当 Ca^{2+} 浓度在 1.5mol/L 到 2.0mol/L 之间时,$CaCO_3$ 的百分生成量几乎没有变化,但是土样的自由膨胀率却明显减小。另外,在相同 Ca^{2+} 浓度下,随着菌液的占比减少,$CaCO_3$ 的生成量越多,而自由膨胀率指标却反而增大。分析认为,MICP 改良膨胀土时,自由膨胀率降低不仅与 $CaCO_3$ 的生成量有关,还与其他因素有关。

为此,在不加菌液的情况下,分别采用 20mL、30mL、40mL、50mL 和 60mL,Ca^{2+} 浓度为 2.0mol/L 的胶结液(尿素浓度为 1.0mol/L)和 2.0mol/L 的 $CaCl_2$ 溶液以及 1.0mol/L 的尿素溶液单独处理土样,测得处理后土样的自由膨胀率降低量随溶液体积的变化曲线,如图 8-3-3 所示。分析发现,在不加入菌液的情况下,以上三种溶液均可以降低土样的自由膨胀率,但是降低效果有限,反应液体积增加至 50mL 至 60mL 时,自由膨胀率降低量几乎不变。Ca^{2+} 浓度为 2.0mol/L 的胶结液在 60mL 时降低了 28.0％,变化最大;浓度为 2.0mol/L 的 $CaCl_2$ 溶液在 50mL 和 60mL 时降低量最大且保持不变,为 21.5％;浓度为 1.0mol/L 的尿素溶液使得土样的自由膨胀率最大降低了 10.5％,可以发现 2.0mol/L 的 $CaCl_2$ 溶液和 1.0mol/L 的尿素溶液降低自由膨胀率的量叠加后与 Ca^{2+} 浓度为 2.0mol/L 的胶结液降低自由膨胀率的量差别不大。

众多学者关于化学法改良膨胀土机理的研究发现,高价阳离子(如 Ca^{2+})会置换土颗粒表面的低价阳离子(如 Na^+、K^+),使晶格间的弱化学键变成强化学键,且高价阳离子吸附水分子能力低;低价阳离子(如 NH_4^+)会中和土颗粒表面的负电荷,减小颗粒之间的排斥力。通过 MICP 的反应机理可知,在 MICP 改良膨胀土过程中,不仅通过生成碳酸钙改变土样矿物成分,还会有大量的 Ca^{2+} 和 NH_4^+ 通过离子作用,降低土的膨胀性。

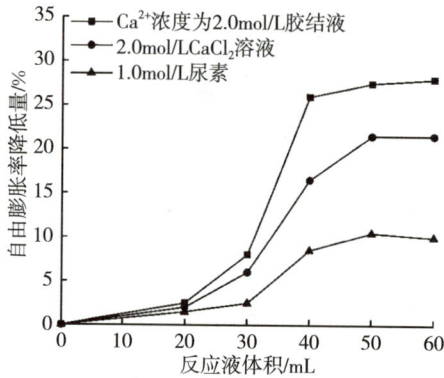

图 8-3-3　自由膨胀率降低量随反应液体积的变化曲线

试验设计采用的反应液为菌液和胶结液的混合溶液,胶结液为一定浓度的尿素和氯化钙的混合溶液,胶结液中尿素浓度始终保持 1.0mol/L(6g 尿素溶于100mL 水中)。根据试验方案配制所需 Ca^{2+} 浓度的胶结液,然后将菌液和胶结液按一定比例混合得到满足试验要求的反应液。

8.3.3　改良土的自由膨胀率及其影响因素

以强、中、弱三种膨胀土为研究对象,设置不同水平反应液体积,方案见表 8-3-4所列,控制反应液配比为 1:3,Ca^{2+} 浓度为 1.5mol/L;菌液生物指标:$OD_{600}=3.3$,脲酶活性=14.96mM urea hydrolysed $\cdot$ min^{-1}。

表 8-3-4　反应液体积试验方案

土样	反应液总体积/mL	菌液体积/mL	胶结液体积/mL
强膨胀土	32	8	24
	44	11	33
	56	14	42
	68	17	51
	80	20	60

（续表）

土样	反应液总体积/mL	菌液体积/mL	胶结液体积/mL
中膨胀土	20	5	15
	30	7.5	22.5
	40	10	30
	50	12.5	37.5
	60	15	45
弱膨胀土	10	2.5	7.5
	20	5	15
	30	7.5	22.5
	40	10	30

将菌液和设计浓度的胶结液混合后采用拌和法加入等质量膨胀土中,快速拌和均匀,并用扎有气孔的保鲜膜封存,放进恒温恒湿箱内,按温度 32℃、湿度 90% 进行养护。养护 3d 后,将土样烘干过 0.5mm 筛,测试土样的自由膨胀率以及 $CaCO_3$ 生成量。

图 8-3-4 为三种膨胀土原样经过 MICP 改良后的自由膨胀率随反应液体积的变化规律。土样经过反应液拌和处理后,在一定范围内,随着反应液体积的增加,土样自由膨胀率不断降低。经过处理的膨胀土,其膨胀等级相应降低一个等级,即强膨胀土变为中膨胀土,中膨胀土变为弱膨胀土,而弱膨胀土变为非膨胀土,说明 MICP 改良膨胀土是有效的。

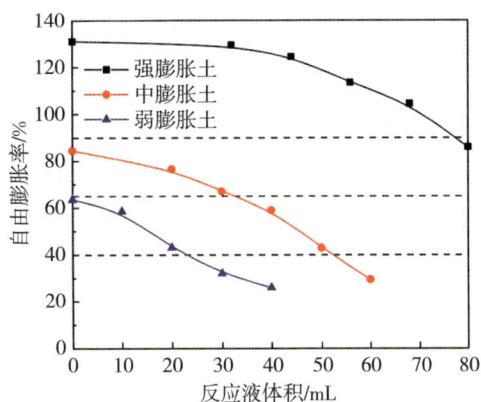

图 8-3-4 自由膨胀率随反应液体积的变化

图 8-3-5 为 $CaCO_3$ 生成量随反应液体积的变化规律。随着反应液体积的增加,处理后的三种膨胀土中 $CaCO_3$ 生成量呈线性增加,强膨胀土的 $CaCO_3$ 生成量相对较高,中膨胀土的 $CaCO_3$ 生成量相对较低。

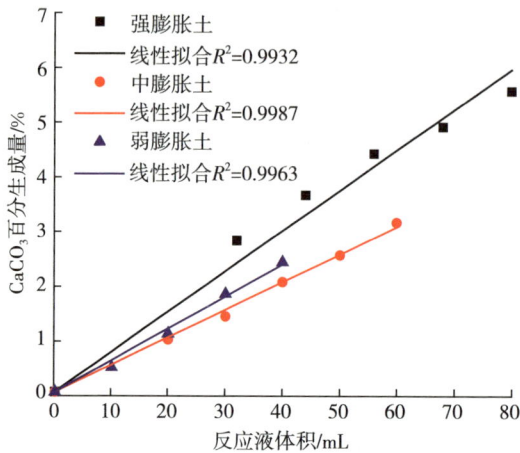

图 8-3-5　CaCO₃生成量随反应液体积的变化

8.3.4　改良土的无荷膨胀率及其影响因素

无荷膨胀率属于状态指标,与土体的密度和含水率有关,是指在有侧限的试验条件下,不施加上覆荷载时,试验土体的竖向膨胀增量与试样初始高度之间的比值。这一指标可以反映利用 MICP 改良后土体的膨胀性,对比改良前后土体的膨胀率,分析 MICP 改良膨胀土膨胀特性的效果,确定最佳改良指标。

1. 反应液配比和 Ca^{2+} 浓度的影响

以中膨胀土为研究对象,以反应液配比(控制反应液的总体积为 24mL,菌液与胶结液的体积比)和胶结液中的 Ca^{2+} 摩尔浓度(控制胶结液中尿素摩尔浓度为 1.0 mol/L)为研究因素。设置反应液配比为 1∶1、1∶2、1∶3 三个水平,设置胶结液中的 Ca^{2+} 浓度为 1.5mol/L、2.0mol/L、2.5mol/L 三个水平,采用正交试验法,进行无荷膨胀率试验。同时,用纯水以相同方式处理作为对照组,具体试验方案见表 8-3-5 所列。菌液生物指标:$OD_{600} = 3.0$,脲酶活性 $= 16.72$mM urea hydrolysed·min^{-1}。

表 8-3-5　无荷膨胀率试验方案

试验组	反应液配比	Ca^{2+} 浓度
1	1∶1	
2	1∶2	1.5mol/L
3	1∶3	

（续表）

试验组	反应液配比	Ca^{2+} 浓度
4	1∶1	
5	1∶2	2.0mol/L
6	1∶3	
7	1∶1	
8	1∶2	2.5mol/L
9	1∶3	
10	纯水处理对照组	

图 8-3-6 为不同反应液配比和 Ca^{2+} 浓度的无荷膨胀率正交试验完成后，计算得到的每组试样的体膨胀率和膨胀含水率。10 组试样的体膨胀率和膨胀含水率呈正相关，纯水处理试样（10 号）的体膨胀率和膨胀含水率分别为 8.3% 和 44.7%，明显高于 MICP 处理后的 9 组试样。经 MICP 处理后的 9 组试样中，效果最佳的改良方案是第 6 组，即：反应液配比为 1∶3，胶结液 Ca^{2+} 浓度为 2.0mol/L，其体膨胀率为 0.65%，膨胀含水率为 35.8%。相比未处理的试样，体膨胀率减小了 92.2%。膨胀含水率减小了 24.9%。因 MICP 处理后的试样在养护期间，微生物水解尿素产生 $CaCO_3$ 沉淀，充填了试样中的孔隙，并胶结土颗粒，阻隔了土颗粒与水的接触，减小了试样内部孔隙。

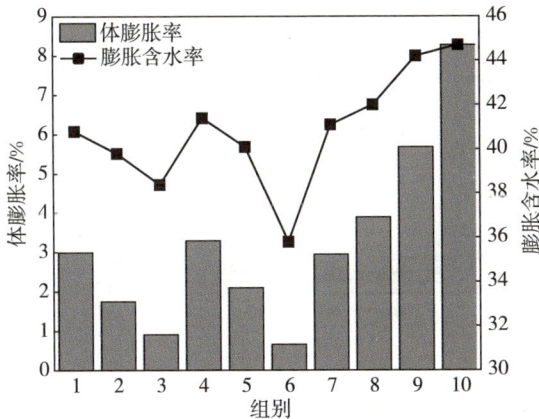

图 8-3-6 体膨胀率及膨胀含水率对照图

另外，Ca^{2+} 浓度为 1.5mol/L 和 2.0mol/L 时，随着反应液中菌液的占比减小，试样的体膨胀率和膨胀含水率也不断减小。当 Ca^{2+} 浓度为 2.5mol/L 时，反应液中菌液体积的占比越大,试样的体膨胀率和膨胀含水率越小。这是由于较高的 Ca^{2+} 浓度抑制了脲酶活性,当反应液中细菌较多时,相同时间内碳酸钙的胶结效果相对较好。从整体效果来看,Ca^{2+} 浓度为 1.5mol/L 和 2.0mol/L 时的改良效果优于 2.5mol/L。结果证明了 $CaCO_3$ 生成量作为 MICP 改良膨胀土效果评价指标的有效性。

图 8-3-7 为 10 组试样不同时间膨胀率变化图。在试验开始 10min 内,改良土膨胀率峰值均明显低于未改良的试样,10 组试样在 10min 内膨胀率均迅速达到最大,随即又迅速减小。膨胀土的膨胀过程可以分为矿物晶格扩张和颗粒间的间距扩大,且矿物晶格扩张先于颗粒间距扩大发生。因此,在水接触试样后,试样中的亲水矿物迅速发生晶格扩张,膨胀率达到最大,但是亲水矿物的含量有限,所以晶格扩张逐渐稳定,表现为膨胀率迅速下降。晶格扩张完成后,试样孔隙不断充满水,引起颗粒间距扩大。

在 1h 到 3h 内,10 号试样的膨胀率趋于平缓,而 1—9 号试样的膨胀率均出现了先增大再减小的情况。10 号试样孔隙发育,在 10min 内水完全浸入试样,试样达到膨胀稳定状态;1—9 号试样由于内部生成 $CaCO_3$,阻碍了水的进入,浸泡 2h 后,试样内部的土颗粒才完成晶格扩张。在 3h 到 30h 间,10 组试样均发生缓慢的土颗粒间距扩大,最后膨胀趋于稳定。

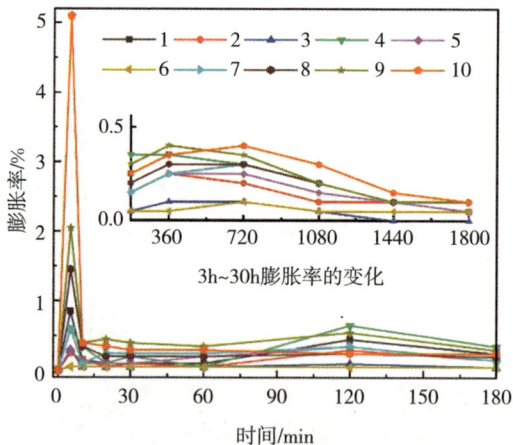

图 8-3-7　不同时刻的膨胀率变化曲线

2. 初始含水率和压实度的影响

我们选取中膨胀土最优含水率为 21%,最大干密度为 1.58g·cm^{-3},采用单一因素法研究试样的初始含水率和压实度对膨胀性的影响。控制试样的压实度为

96％(干密度为 1.52g・cm^{-3})，设置初始含水率为 18％、21％、24％、27％四个水平，研究初始含水率的影响；控制试样的初始含水率为 21％，设置压实度为 99％、96％、93％、90％四个水平，分析压实度的影响，相应干密度分别为 1.57g・cm^{-3}、1.52g・cm^{-3}、1.47g・cm^{-3}、1.42g・cm^{-3}。反应液配比为 1：3，设置两组平行试验，反应液中的 Ca^{2+} 浓度分别为 1.5mol/L 和 2.0mol/L，进行无荷膨胀率试验。菌液生物指标：OD$_{600}$＝3.0，脲酶活性＝12.78mM urea hydrolysed・min^{-1}。

图 8-3-8 和图 8-3-9 分别是不同 Ca^{2+} 浓度下，初始含水率和压实度对 MICP 改良膨胀土的体膨胀率和膨胀含水率的影响。由图 8-3-8(a)可知，当 Ca^{2+} 浓度为 1.5mol/L 和 2.0mol/L 时，在四个水平初始含水率下的体膨胀率均相对较小，再一次说明 MICP 降低膨胀土土体膨胀性的效果显著。另外，Ca^{2+} 浓度为 2.0mol/L 的试样体膨胀率，整体低于 Ca^{2+} 浓度为 1.5mol/L 的试样体膨胀率，初始含水率为 21％时，两种浓度下的试样体膨胀率相同，为 0.25％。当 Ca^{2+} 浓度为 1.5mol/L 时，随着初始含水率的增大，试样的体膨胀率先迅速减小，然后缓慢增大，最后保持不变；当 Ca^{2+} 浓度为 2.0mol/L 时，初始含水率从 18％增大到 24％，试样的体膨胀率逐渐降低，初始含水率从 24％增大到 27％时，试样的体膨胀率保持不变。

由图 8-3-8(b)可知，Ca^{2+} 浓度为 1.5mol/L 和 2.0mol/L 时的膨胀含水率随初始含水率的变化趋势一致，Ca^{2+} 浓度为 2.0mol/L 的试样膨胀含水率整体低于 Ca^{2+} 浓度为 1.5mol/L 的试样膨胀含水率。变化趋势主要分为两个阶段，初始含水率从 18％增大到 24％，膨胀含水率缓慢增大后减小，初始含水率从 24％增大到 27％，膨胀含水率显著增大。

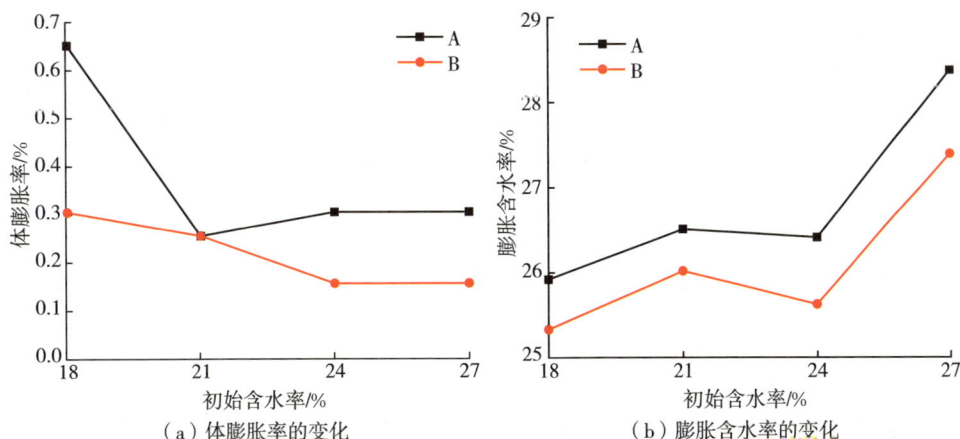

（a）体膨胀率的变化　　　（b）膨胀含水率的变化

图 8-3-8　初始含水率对无荷膨胀率的影响

由图 8-3-9(a)可知,Ca^{2+} 浓度为 2.0mol/L 的试样体膨胀率整体低于 Ca^{2+} 浓度为 1.5mol/L 的试样体膨胀率。当 Ca^{2+} 浓度为 1.5mol/L 时,随着试样压实度的增大,试样的体膨胀率先减小后增大,当试样压实度为 96% 时,试样体膨胀率达到最小,为 0.25%。当 Ca^{2+} 浓度为 2.0mol/L 时,试样的体膨胀率随压实度的增大呈波浪形变化,试样压实度从 90% 增大至 99% 时,体膨胀率先减小为 0.15%,然后增大到 0.25%,随后又减小为 0.2%。当试样压实度为 96% 时,两种浓度下的试样体膨胀率相同,均为 0.25%。

由图 8-3-9(b)可知,Ca^{2+} 浓度为 1.5mol/L 和 2.0mol/L 的膨胀含水率随试样压实度的增大不断减小,且近似线性。Ca^{2+} 浓度为 2.0mol/L 的试样膨胀含水率整体低于 Ca^{2+} 浓度为 1.5mol/L 的试样膨胀含水率,当试样压实度为 90% 时,两种浓度下的试样的膨胀含水率相同。

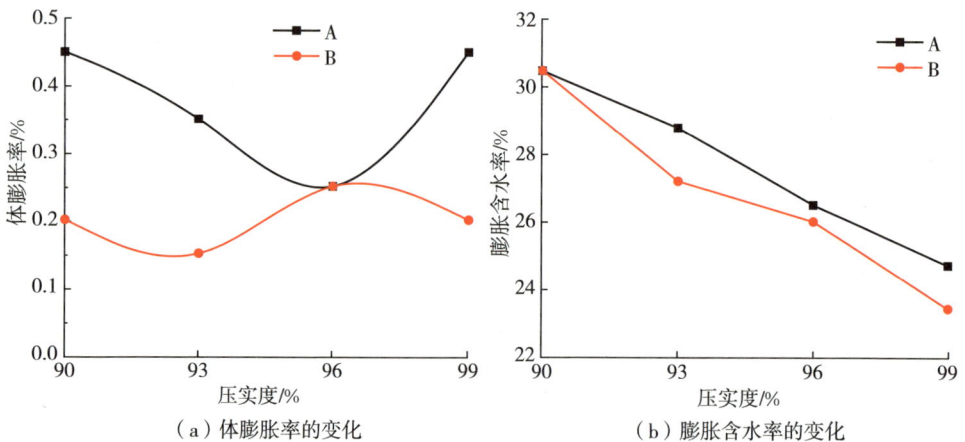

（a）体膨胀率的变化　　（b）膨胀含水率的变化

图 8-3-9　压实度对无荷膨胀率的影响

试验结果表明,试样的初始含水率和压实度对 MICP 技术改良膨胀土的膨胀特性有一定的影响。当试样初始含水率为 21%（该土样的最优含水率）、压实度为 96%（满足工程填筑要求）时,两种浓度下的体膨胀率均相同,因此,对于本书采用的中膨胀土而言,采用 MICP 技术改良时,宜控制土体的初始含水率为 21%,压实度为 96%。

8.4　改良土的强度特性

我们采用固结排水直接剪切试验进行了 MICP 技术改良膨胀土的强度特性研究,对比分析了 Ca^{2+} 浓度、试样制备方式和压实度对强度参数的影响,并通过与未处理的膨胀土试样进行对比,揭示该技术改良膨胀土的效果,为工程应用提供依据。

8.4.1　未处理试样的抗剪强度

试验采用上节所述中膨胀土样,菌液生物指标:$OD_{600}=3.0$,脲酶活性$=$13.2mM urea hydrolysed·min^{-1},尿素浓度为 1.0mol/L,Ca^{2+} 浓度根据试验方案配制。

图 8-4-1 为未处理的膨胀土试样剪切强度曲线,该曲线无明显峰值,为应变硬化型。根据相关规程,以剪切位移 4mm 对应的剪应力为抗剪强度,原土样的固结排水剪抗剪强度指标为 $c=11.5kPa$,$\varphi=16.7°$。

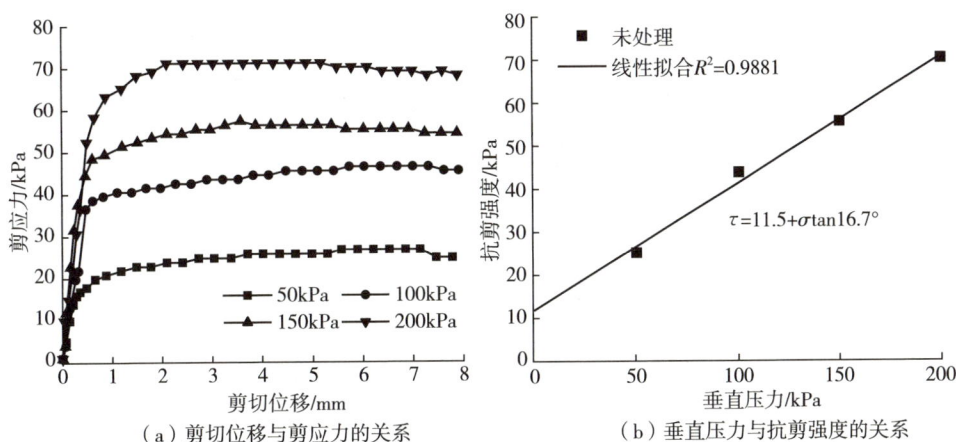

（a）剪切位移与剪应力的关系　　　　　（b）垂直压力与抗剪强度的关系

图 8-4-1　未处理的膨胀土试样抗剪强度曲线

8.4.2　Ca^{2+} 浓度对抗剪强度的影响

我们分别配制 Ca^{2+} 浓度为 1.0mol/L、1.5mol/L、2.0mol/L、2.5mol/L 的胶结液,控制反应液配比为 1:3,制备含水率为 21%、干密度为 1.52g/cm³ 的环刀试样。同时,用纯水制备相同含水率和干密度的未处理试样作为空白对照组。

以 1.0mol/L、1.5mol/L 两种 Ca^{2+} 浓度下剪切位移和剪应力的关系曲线(见图 8-4-2)为例,改良土在 50~100kPa 的低应力水平下,应力与应变关系曲线呈应变软化型;而在高应力水平下,该曲线呈应变硬化型。生成碳酸钙越多,高应力水平对应的峰值强度越高。比较而言,Ca^{2+} 浓度为 1.5mol/L 和 2.0mol/L 时,相应生成的碳酸钙含量比 2.5mol/L 多,因而峰值强度更大。

我们取应变硬化曲线的峰值强度作为抗剪强度,应变软化曲线则同样以位移 4mm 对应的剪应力为其抗剪强度,绘制得到不同 Ca^{2+} 浓度下抗剪强度曲线,并进行线性拟合,如图 8-4-3 所示。分析可知,Ca^{2+} 浓度对试样抗剪强度影响显著,Ca^{2+}

浓度为 1.5mol/L 时,试样的抗剪强度最大,其抗剪强度指标为 $c=42.5\text{kPa}$,$\varphi=18.4°$,相较未处理膨胀土试样,黏聚力提高了 269.6%,内摩擦角提高了 10.2%。当 Ca^{2+} 浓度为 2.5mol/L 时,抗剪强度最小,其抗剪强度指标为 $c=31.5\text{kPa}$,$\varphi=16.8°$。

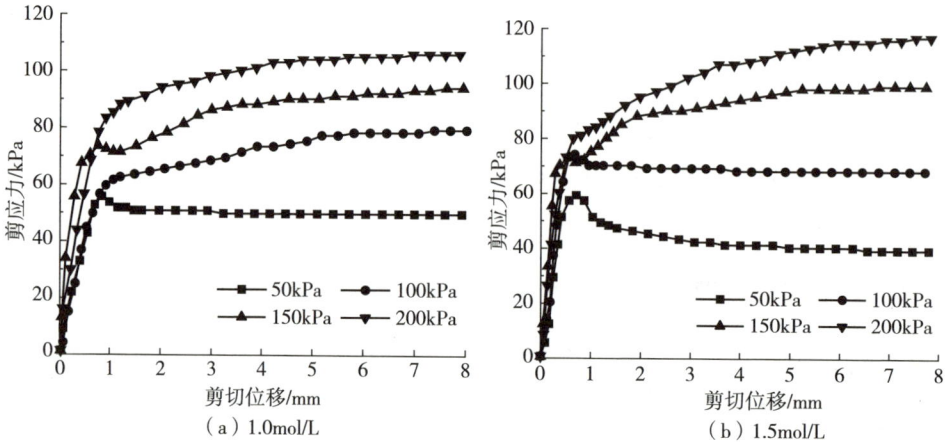

图 8-4-2　两种 Ca^{2+} 浓度下剪切位移和剪应力的关系曲线

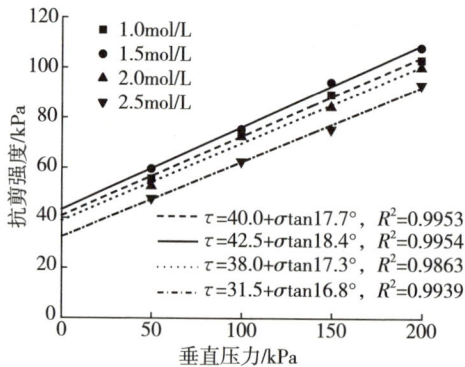

图 8-4-3　不同 Ca^{2+} 浓度下垂直压力和抗剪强度的关系

我们分别以 Ca^{2+} 浓度和碳酸钙含量为横坐标,以改良土的抗剪强度为纵坐标,绘制抗剪强度与 Ca^{2+} 浓度、碳酸钙含量的曲线,如图 8-4-4、图 8-4-5 所示。

图 8-4-4 为抗剪强度指标与 Ca^{2+} 浓度的关系。结果显示,经 MICP 处理的试样,随着加入膨胀土中反应液的 Ca^{2+} 浓度不断增大,试样的黏聚力和内摩擦角均呈正态曲线分布,当 Ca^{2+} 浓度达到 1.5mol/L 时,试样的黏聚力和内摩擦角达到最大,说明控制适宜的 Ca^{2+} 浓度可以有效提高改良土样的抗剪强度。

图 8-4-5 为抗剪强度指标与碳酸钙含量的关系。成果显示,随着碳酸钙含

量的增加,抗剪强度指标也随之增大,两者呈正相关关系,表明碳酸钙的生成量可用作 MICP 固化土体的评价指标。

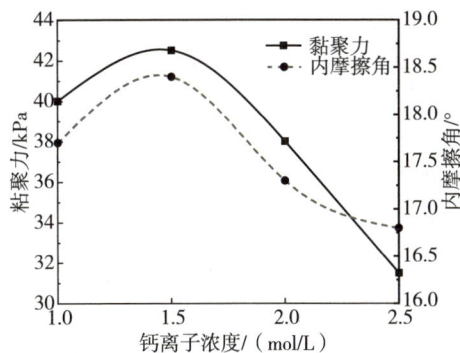

图 8-4-4　抗剪强度随
Ca²⁺ 浓度的变化规律

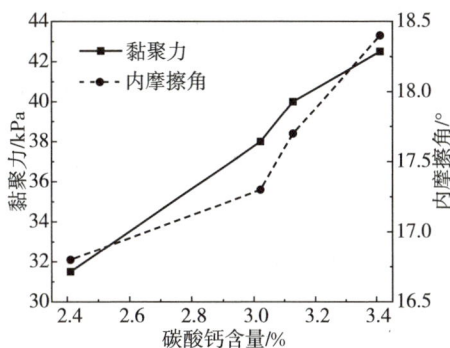

图 8-4-5　抗剪强度随
CaCO₃ 含量的关系

8.4.3　制样方式对改良土抗剪强度的影响

从 MICP 的改性原理可见,微生物生成碳酸钙的过程是一个持续发展的动态过程,若按照土工试验规程进行"24h 闷料",则制样方式可能会对改良土的后期强度产生影响,因此,本节采用控制变量法分析了两种制样方式对 MICP 改良膨胀土强度的影响。

(1)先制样后养护方式(简称先制样):将土料拌和均匀后,直接采用击样法,制作环刀样进行养护,试样饱和后进行直剪试验。

(2)先养护后制样方式(简称后制样):将土料拌和均匀后,先放入恒温恒湿箱中养护,再制作环刀样,试样饱和后进行直剪试验。

试样制备条件:控制含水率为 21%,干密度为 1.52g/cm³,反应液配比为1:3,钙离子浓度为 1.5mol/L。

图 8-4-6 为不同制样方式下改良土的剪切位移与剪应力关系曲线。分析可知,先制样的试样在低应力下呈现应变软化型,在高应力下为应变硬化型;而后制样的试样则整体表现为应变硬化,与未处理土样变形基本规律一致。

图 8-4-7 为不同制样方式下改良土的抗剪强度关系。先制样的试样抗剪强度整体优于后制样的试样,反映在具体的强度指标上,则是先制样的方式所得到的试样的黏聚力明显高于后制样的方式所得到的试样,其黏聚力高出 157.6%;而后制样的方式所得到的试样的内摩擦角明显高于先制样的方式所得到的试样,其内摩擦角高出 13.0%。

（a）先制样　　　　　　　　（b）后制样

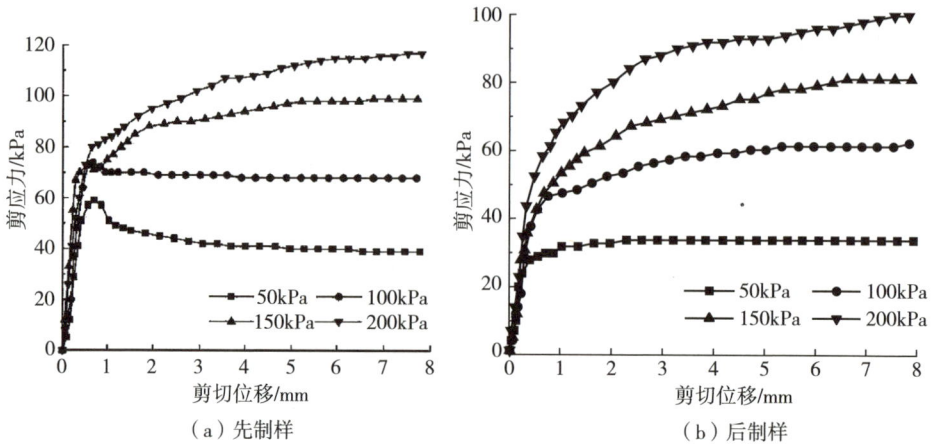

图 8-4-6　不同制样方式下剪切位移和剪应力的关系曲线

图 8-4-8 为不同制样方式下剪切面碳酸钙含量和饱和试样增重柱状图。分析可知,先制样的碳酸钙含量较高,且饱和试样增重较小。相比后制样的方式,碳酸钙含量高出 15.2%,饱和试样增重减小 30.7%,这说明制备试样的顺序不同,不仅会影响样品的胶结程度,还会影响碳酸钙的生成量的大小。

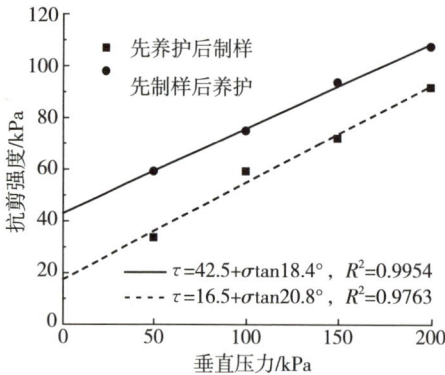

图 8-4-7　垂直压力和
抗剪强度的关系

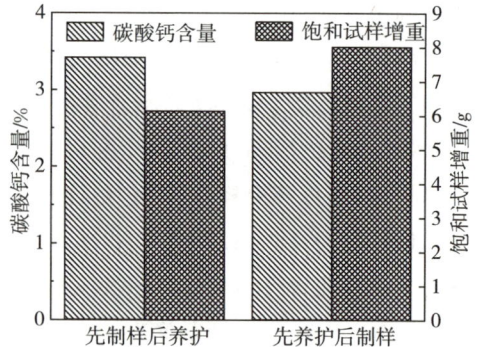

图 8-4-8　CaCO₃含量和
试样饱和增重关系

综上,研究表明先制样的方式整体优于后制样的方式。在土料拌和均匀后,微生物附着在土颗粒中,制样后在恒温恒湿培养箱中养护,适宜环境下微生物会不断水解尿素结合游离钙离子沉积碳酸钙,碳酸钙和土颗粒胶结,在试样内部形成或连续或间断的碳酸钙“骨架”,提高试样的抗剪强度。若采用后制样的方式,即先将拌和均匀的土料进行养护,则微生物生成的碳酸钙即附着在分散的土团上,土颗粒之间缺少胶结作用,在试样内部难以形成碳酸钙"骨架",减少了钙离子的生存条件,势必引起强度的较低。不过,从后制样的强度发展趋势上看,在高应力状态下后制样的强度将得到明显改善和提高。

8.4.4　制样压实度对抗剪强度的影响

由于微生物生成的碳酸钙具有一定尺寸,其胶结土颗粒也受到试样孔隙的影响。当含水率相同时,在同一体积下,不同干密度的试样内部孔隙大小不同,可能会影响碳酸钙的生成量和胶结效果。为此,我们开展了不同压实度对改性效果的影响研究。

制样控制含水率为 21%,设置 90%、93%、96% 和 99% 四个水平的压实度,对应的干密度分别为 $1.42g/cm^3$、$1.47g/cm^3$、$1.52g/cm^3$ 和 $1.58g/cm^3$。

图 8-4-9 是四种压实度下试样的剪切位移和剪应力的关系曲线。试验成果显示,压实度为 90% 和 93% 的试样,仅在 50kPa 的垂直压力下,应力应变关系呈应变软化现象,其余压力下均表现为应变硬化;压实度为 96% 的试样,在 50kPa 和 100kPa 的垂直压力下,试样呈明显的应变软化现象;压实度为 99% 的试样,在所有试验应力下均呈现应变软化现象。归纳而言,经 MICP 处理后的改良土试样,其压实度越大,应变软化的现象越显著。

图 8-4-10 是在不同压实度下试样抗剪强度的拟合关系曲线。随着垂直压力的增大,四种压实度的抗剪强度差距越来越小。99% 压实度下的试样抗剪强度最大,其抗剪强度指标为 $c=54.5kPa$,$\varphi=15.7°$;压实度为 96% 的试样次之,其抗剪强度指标为 $c=42.5kPa$,$\varphi=18.4°$;当试样压实度为 93% 和 90% 时,抗剪强度较小且相近,其抗剪强度指标分别为 $c=18.5kPa$,$\varphi=22.9°$ 和 $c=16.5kPa$,$\varphi=23.3°$。

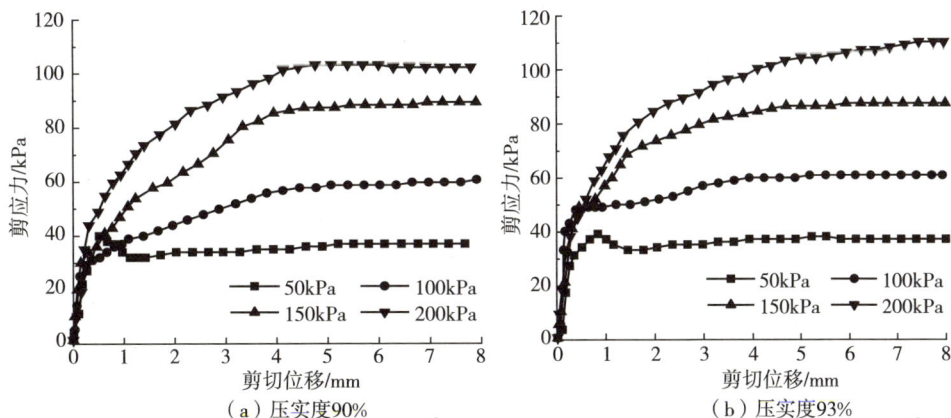

（a）压实度90%　　　　　　　（b）压实度93%

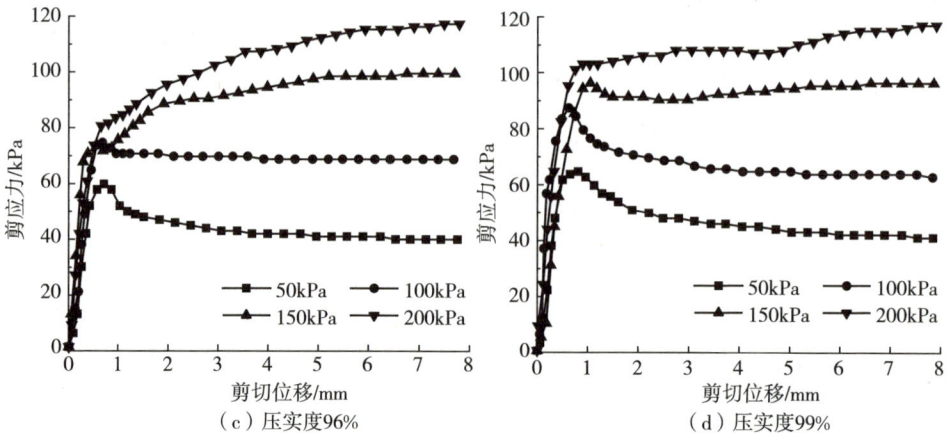

（c）压实度96%   （d）压实度99%

图 8-4-9　不同压实度下剪切位移和剪应力的关系曲线

图 8-4-11 是黏聚力和内摩擦角随压实度的变化规律。由图可知,随着试样压实度的增大,试样的黏聚力逐渐增大,内摩擦角不断减小。当试样的压实度由 90% 增至 93% 时,两个指标变化不大;当试样的压实度由 93% 增至 99% 时,两个指标变化明显。

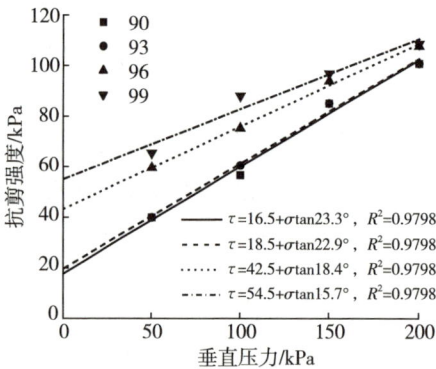

图 8-4-10　不同压实度下的抗剪强度

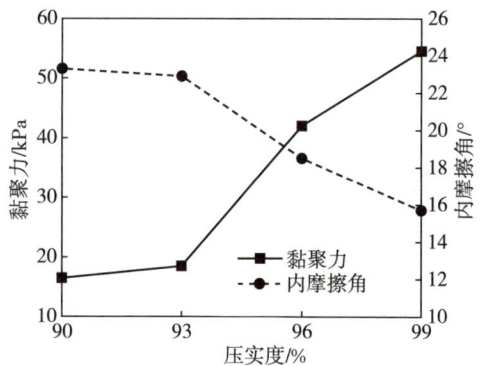

图 8-4-11　C、φ 值随压实度的变化

由图 8-4-12 可知,随着试样压实度的增大,试样剪切面的碳酸钙含量不断增大,这可能是由于当试样压实度较大时,试样内部的孔隙减少,微生物沉积的碳酸钙在试样内部胶结比较集中密实,试样剪切面上的碳酸钙含量相对越多。试样饱和增重不断减小,这是因为压实度越大试样越密实,同时被碳酸钙充填导致储水空间更少。

图 8-4-13 为碳酸钙含量和抗剪强度指标的关系。在不同压实度下,试样的

黏聚力与碳酸钙含量呈正相关性,但内摩擦角却与碳酸钙含量呈负相关性。

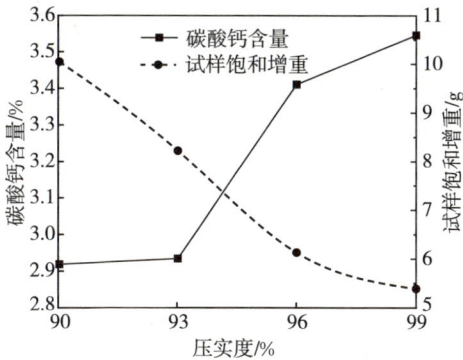

图 8-4-12 CaCO₃含量和试样饱和
增重与压实度关系

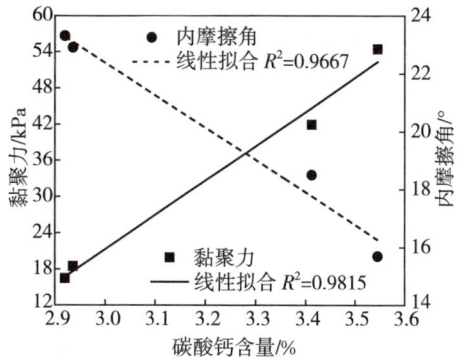

图 8-4-13 C、φ值与
CaCO₃含量的关系

本章基于 MICP 技术改良膨胀土,分析了不同影响因素对改良前后膨胀土的工程特性的影响和变化规律,以及改良膨胀土的微观改性机理。我们采用一次拌和法改良膨胀土,通过自由膨胀率试验、无荷膨胀率试验和饱和土固结快剪试验研究了不同矿化因素和工程因素下,改良前后试样的膨胀特性和强度特性的变化规律。最后通过 XRF 试验、XRD 试验和 SEM 试验揭示了微观改性机理。主要结论如下。

(1)MICP 改良膨胀土自由膨胀率的降低量和反应液体积呈正相关;在相同反应液配比和 Ca^{2+} 浓度下,强、中、弱三种膨胀土自由膨胀率的降低量和 $CaCO_3$ 的生成量呈正相关,且符合幂函数的关系。其中反应液配比为 1:1,胶结液 Ca^{2+} 浓度为 2.0mol/L 时,降低膨胀土自由膨胀率效果最好,降低了 44.4%。

(2)MICP 技术降低膨胀土自由膨胀率的机理:微生物生成 $CaCO_3$,改变了土样的矿物成分,相对减少了膨胀土中亲水矿物的含量;加入土中的 Ca^{2+} 会置换土颗粒中的阳离子,增强晶格间的化学键,提高晶层间的稳定性;水解尿素产生的 NH_4^+ 离子会中和土颗粒表面的负电荷,减弱土颗粒间的排斥作用,从而降低膨胀土的自由膨胀率。

(3)通过无荷膨胀率试验发现,当反应液中 Ca^{2+} 浓度为 2.0mol/L,反应液配比为 1:3 时,试样的体膨胀率最小,为 0.65%,相比未处理试样,体膨胀率减小了 92.2%,膨胀含水率相比降低了 24.9%,膨胀性改善显著。试样的初始含水率和压实度对 MICP 改良膨胀土土体有一定影响,对于试验所用的中膨胀土,控制试样初始含水率为 21%,压实度为 96% 时,改良膨胀性效果最佳。

(4)采用 MICP 技术改良膨胀土可以显著提高土体的抗剪强度。研究发现,在同一试验条件下,以先制样的方式制备 Ca^{2+} 浓度为 1.5mol/L、压实度为 96% 的试样抗剪强度最大,其抗剪强度指标为 $c=42.5$kPa,$\varphi=18.4°$,相比未改良膨胀土,黏聚力提高了 269.6%,内摩擦角提高了 10.2%,改善效果显著。

(5)借助微观分析手段验证了 MICP 技术改良膨胀土的改性机理。通过 XRF 试验发现,改良后的土样中 Si 和 Al 明显减少,Ca 和 Cl 明显增加,说明反应液中的 Ca^{2+} 通过离子置换作用改变了膨胀土的化学成分,从而降低了膨胀土的膨胀性。通过 XRD 试验发现,处理后的试样中方解石的含量明显增多,蒙脱石的含量减少,伊/蒙混层的含量增多,改变了膨胀土的矿物成分,使得土样的整体亲水性减弱。通过 SEM 试验发现,改良后的试样中土颗粒晶体结构由膨胀势较高的扁平片状颗粒变成膨胀势较低的粒状颗粒,降低了膨胀土潜在的膨胀势;处理后的试样中生成碳酸钙晶体胶结土颗粒,充填试样孔隙,加强内部的联结作用,抑制试样的膨胀性,提高土体的强度。

(6)采用 MICP 技术,拌和处理膨胀土后,膨胀土的膨胀性得到显著改善,土体的抗剪强度指标明显提高,因此 MICP 技术是实现绿色高效改良膨胀土的途径之一。

参考文献

[1] 唐朝生,泮晓华,吕超,等. 微生物地质工程技术及其应用[J]. 高校地质学报,2021,27(6):625-654.

[2] PHILLIPS A J, GERLACH R, LAUCHNOR E, et al. Engineered applications of ureolytic biominera-lization: A review. Biofouling,2013,29(6):715-733.

[3] GEBRU K A, KIDANEMARIAM T G, GEBRETINSAE H K. Bio-cement production using microbially induced calcite precipitation(MICP) method: A review[J]. Chemical Engineering Science,2021:238.

[4] SIMKISS K, WILBUR K M. Biomineralization:cell biology and mineral deposition[M]. San Diego: Academic Press,1989.

[5] 钱春香,王安辉,王欣. 微生物灌浆加固土体研究进展[J]. 岩土力学,2015,36(6):1537-1548.

[6] 刘汉龙,肖鹏,肖杨,等. 微生物岩土技术及其应用研究新进展[J]. 土木与环境工程学报(中英文),2019,41(1):1-14.

[7] 赵茜. 微生物诱导碳酸钙沉淀(MICP)固化土壤实验研究[D]. 北京:中

国地质大学,2014.

[8] 季斌,陈威,樊杰,等. 产脲酶微生物诱导钙沉淀及其工程应用研究进展[J]. 南京大学学报(自然科学),2017,53(1)：191-198.

[9] KALTWASSER H, KRAMER J, CONGER W R. Control of urease formation in certain aerobic bacteria[J]. Arch Microbiol,1972,81:178-196.

[10] 裴迪,刘志明,胡碧茹,等. 巴氏芽孢杆菌矿化作用机理及应用研究进展[J]. 生物化学与生物物理进展,2020,47(6)：467-482.

[11] HAMMES F, VERSTRAETE W. Key roles of pH and calcium metabolism in microbial carbonate precipitation[J]. Reviews in Environmental Science and Bio/Technology, 2002, 1(1)：3-7.

[12] WHIFFIN V S, VAN P L A, HARKES M P. Microbial carbonate precipitation as a soil improvement technique[J]. Geomicrobiology Journal, 2007, 24(5)：417-423.

[13] VAN P L A,GHOSE R,VAN D L T J M,et al. Quabtifying Bio-mediated Groung Improvement by Ureolysis：A Large Scale Biogrout Experiment[J]. Joural of Geotechnical and Geoenvironment Engineering, 2010, 136：1721-1728.

[14] DEJONG J T, MORTENSEN B M, MARTINEZ B C, et al. Bio-mediated soil improvement[J]. Ecological Engineering, 2010, 36(2)：197-210.

[15] 程晓辉,麻强,杨钻,等. 微生物灌浆加固液化砂土地基的动力反应研究[J]. 岩土工程学报,2013,35(8)：1486-1495.

[16] JIANG N, SOGA K, DAWOUD O. Experimental study of the mitigation of soil internal erosion by microbially induced calcite precipitation [C]//Proceedings of Geo-Congress 2014：Geo-Characterization and Modeling for Sustainability. Atlanta,2014：1586-1595.

[17] 崔明娟,郑俊杰,赖汉江. 颗粒粒径对微生物固化砂土强度影响的试验研究[J]. 岩土力学,2016,37(S2)：397-402.

[18] SONG C P,WANG C Y,ELSWORTH D,et al. Compressive Strength of MICP-Treated Silica Sand with Different Particle Morphologies and Gradings[J]. Geomicrobiology Journal,2022,39(2),65-74.

[19] 刘汉龙,肖鹏,肖杨,等. MICP胶结钙质砂动力特性试验研究[J]. 岩土工程学报, 2018, 40(1)：38-45.

[20] XIAO P, LIU H L, XIAO Y,et al. Liquefaction resistance of bio-

cemented calcareous sand[J]. Soil Dynamics and Earthquake Engineering, 2018, 107:102 - 108.

[21] 马瑞男,郭红仙,程晓辉,等. 微生物拌和加固钙质砂渗透特性试验研究[J]. 岩土力学,2018,39(S2): 217 - 223.

[22] 丁绚晨,陈育民,张鑫磊. 微生物加固钙质砂环剪试验研究[J]. 浙江大学学报(工学版),2020,54(9): 1690 - 1696.

[23] 邵光辉,尤婷,赵志峰,等. 微生物注浆固化粉土的微观结构与作用机理[J]. 南京林业大学学报(自然科学版),2017,41(2): 129 - 135.

[24] 彭劼,温智力,刘志明,等. 微生物诱导碳酸钙沉积加固有机质黏土的试验研究[J]. 岩土工程学报 2019,41(4): 733 - 740.

[25] 蔡红,肖建章,王子文,等. 基于 MICP 技术的淤泥质土固化试验研究[J]. 岩土工程学报,2020,42(S1): 249 - 253.

[26] KANNAN K,BINDU J,VINOD P. Engineering behaviour of MICP treated marine clays[J]. Marine Georesources & Geotechnology, 2020, 38 (7).201 - 209.

[27] 刘浩林. 基于 MICP 技术改良膨胀土的工程特性及其改性机理研究[D]. 武汉:武汉科技大学,2022.

[28] VAIL M, ZHU C, Tang C S, et al. Desiccation Cracking Behavior of MICP - Treated Bentonite[J]. Geosciences, 2019, 9(9):150 - 158.

[29] 覃永富,卢望,袁梦祥,等. 巨大芽孢杆菌改良邯郸强膨胀土试验研究[J]. 西南师范大学学报(自然科学版),2020,45(8): 87 - 95.

[30] 余梦,张家铭,周杨,等. MICP 技术改性膨胀土实验研究[J]. 长江科学院院报,2021,38(5):103 - 108.

[31] LI X B, ZHANG C S, XIAO H B, et al. Reducing Compressibility of the Expansive Soil by Microbiological - Induced Calcium Carbonate Precipitation[J]. Advances in Civil Engineering, 2021:202 - 209.

[32] TIWARI N,SATYAM N, SHARMA M. Micro - mechanical performance evaluation of expansive soil biotreated with indigenous bacteria using MICP method[J]. Scientific reports, 2021, 11(1):108 - 116.

[33] YU X P, XIAO H B, LI Z Y, et al. Experimental Study on Microstructure of Unsaturated Expansive Soil Improved by MICP Method[J]. Applied Sciences,2021,12(1):332 - 340.

第9章

膨胀土渠道生态护坡技术

水泥改性土层易造成土壤碱化、板结,肥力和蓄水保土能力有限,破坏了天然土的生态功能,不利于边坡的植被生长和生态修复,短时间内难以与原有边坡形成有机的土壤生态系统。为此,本书提出一种水泥改性土护坡生态修复技术,并通过室内配比试验、实地分片种植、现场中试等验证了该项技术的可行性,还提出了相应的现场实施工艺。该项技术可以兼顾膨胀土土性改良和植被生长,是一种膨胀土边坡的复合改良技术。[1-5]

20 世纪 90 年代创建的非饱和土力学理论,极大地丰富了膨胀土的理论研究和试验方法,也为非饱和土理论在膨胀土工程中的应用奠定了基础。[6-7]基于非饱和土理论原理,本书阐述和论证了一种全新的膨胀土双层护坡结构,该结构运用砂土与黏性土渗透系数级差较大的特点,在膨胀土边坡表层形成强透水层,在降雨条件下能快速形成表面径流,防止降雨入渗,在干旱的条件下防止膨胀土层水分蒸发。同时,利用砂土层的压重效果,防止下卧膨胀土层的膨胀变形,这是一种生态友好的膨胀土护坡结构。

9.1 水泥改性土护坡生态修复

9.1.1 水泥改性土生态基材

研究表明,水泥改性土中植物难以生长的主要原因在于土壤的酸碱度不适和营养成分不足等。为此,优选以水泥、pH 调节剂(硫酸亚铁)、保水剂、有机肥、泥炭、PAM 等为主要成分的水泥改性土生态基材组成材料,采用正交设计,进行水泥改性土生态基材配制试验,以明确泥炭含量、保水剂含量、有机肥含量、PAM 和压实度等对狗牙根发芽率的影响,进而确定水泥改性土生态基材各组成材料的最优配比,并通过现场盆栽和渠坡播种两种方式开展改性土酸碱度调节及生态基材的适用性试验。

1. 复合方案配比对出芽数影响

研究人员对比了不同基材中植物发芽、生长、覆盖率等指标,进而对不同试验方案的改良效果进行客观的评价,模型试验定制了 17 个规格一致的长方体花盆进行室外播种种植(其中一个对照样在室内)。

图 9 - 1 - 1 为各配比改良基材播种 60 天后狗牙根的生长情况。图 9 - 1 - 2 为 1♯~16♯ 基材配比

图 9 - 1 - 1　播种 60 天后生长情况

狗牙根出芽率统计图。由图可知,最大出芽数的基材是 13♯,出芽数为 221 颗(对应发芽率为 73.7%),最小出芽数的基材是 12♯,出芽数为 70 颗(对应发芽率为 23.3%)。最高出芽数比最低出芽数高 2 倍多,说明不同基材配比间的出芽率差异很大。

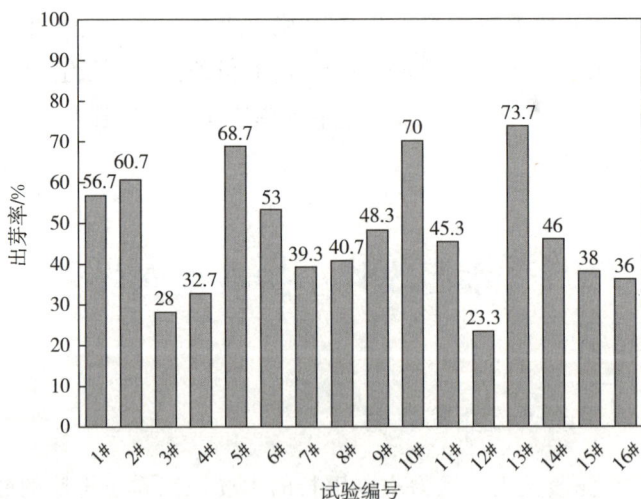

图 9 - 1 - 2　不同配比基材的植物出芽率统计图

2. 生长高度和生长覆盖率统计与分析

图 9-1-3(a)为 16 种基材培养的狗牙根生长高度记录折线图。由图可知,在 30 天之前,16 种基材的植物高度基本接近,此后植物生长高度差别拉大,54 天时最高的植物高度达到 8.5cm(13♯),最矮的仅为 1.4cm(4♯),在 1♯～16♯ 基材中,高度超过 5cm 的有 2♯、7♯、9♯、10♯ 和 13♯,其他都低于 5cm。2 个月后,高度超过 10cm 的有 10♯ 和 13♯,不同基材高差最大达到了 11.2cm。通过对比可以得出,在整个观测期狗牙根长势最好的为 10♯ 和 13♯,生长次好的为 2♯、7♯、9♯、15♯,生长最差的为 4♯ 与 16♯。图 9-1-3(b)为播种 60 天后 1♯～16♯ 基材狗牙根的覆盖率情况。由图可知,不同改良方案覆盖度差异明显,最大覆盖度达到了 83%,最小覆盖度仅为 2%。除了 2♯、7♯、9♯、10♯、13♯ 和 15♯ 的覆盖率均大于 50%,能达到成坪的要求,其他的覆盖率都低于 50%,达不到成坪的要求。

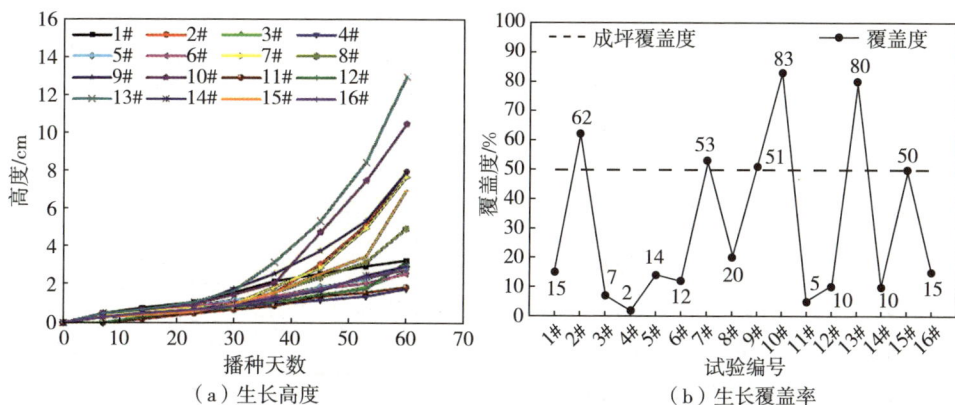

图 9-1-3 狗牙根生长高度和生长覆盖率统计图

3. 基材正交试验极差分析

利用熵权法计算各项所占权重,再将各种配比的分值按对应的权重计算出综合分值进行对比分析。正交试验结果分析见表 9-1-1 所列。图 9-1-4 为 16 种生态基材组合方案的评价分值情况。由图可知,在 16 组对比方案中,覆盖率较高的有 2♯、10♯、13♯,出芽数较高的有 5♯、10♯、13♯,而综合评价分值较高的为 10♯、13♯。不同泥炭含量中 $k_4 = 51.25$ 最大,故泥炭应取第四水平,即质量比取 9%;保水剂含量中 $k_1 = 55.75$ 最大,故保水剂含量取第一水平,即质量比取 0.05%;有机肥中 $k_4 = 65.25$ 最大,故有机肥含量取第四水平,即有机肥质量百分含量取 1.5%;PAM 中 $k_2 = 51.5$ 最大,故 PAM 取第二水平,即 PAM 质量含量取 0.05%;压实度中 $k_1 = 57.25$ 最大,故压实度取第一水平,即压实度取 66%。

表 9-1-1　正交试验结果分析

| 试验编号 | 各添加剂的占比% | | | | 压实度(E)/% | 评价指标 |
	泥炭(A)	保水剂(B)	有机肥(C)	PAM(D)		生长指标综合分数
1#	0	0	0	0	66	32
2#	0	0.05	0.5	0.05	76	60
3#	0	0.1	1	0.1	86	16
4#	0	0.15	1.5	0.15	96	10
5#	3	0	0.5	0.1	96	30
6#	3	0.05	0	0.15	86	22
7#	3	0.1	1.5	0	76	58
8#	3	0.15	1	0.05	66	35
9#	6	0	1	0.15	76	63
10#	6	0.05	1.5	0.1	66	95
11#	6	0.1	0	0.05	96	13
12#	6	0.15	0.5	0	86	16
13#	9	0	1.5	0.05	86	98
14#	9	0.05	1	0	96	20
15#	9	0.1	0.5	0.15	66	63
16#	9	0.15	0	0.1	76	24
k_1	29.5	55.75	22.75	31.5	57.25	—
k_2	37.1.25	49.25	42.25	51.5	51.25	—
k_3	47.1.75	37.5	33.5	41.25	38	—
k_4	51.25	21.35	65.25	39.5	18.25	—
极差	21.75	34.5	42.5	20	38	—
因素主次	C>E>B>A>D					—
优水平	A_4　B_1　C_4　D_2　E_1					—
优组合	$A_4B_1C_4D_2E_1$					—

　　分析极差大小得到对狗牙根综合生长状况影响因素中最大的是有机肥,其余从大到小依次为压实度、保水剂、泥炭、PAM。由此可以得到综合生长指标最优的水泥换填土层复合改良方案为:硫酸亚铁 1.25%、泥炭取 9%、保水剂取 0.05%、有机肥取 1.5%、PAM 取 0.05%、压实度取 66%。

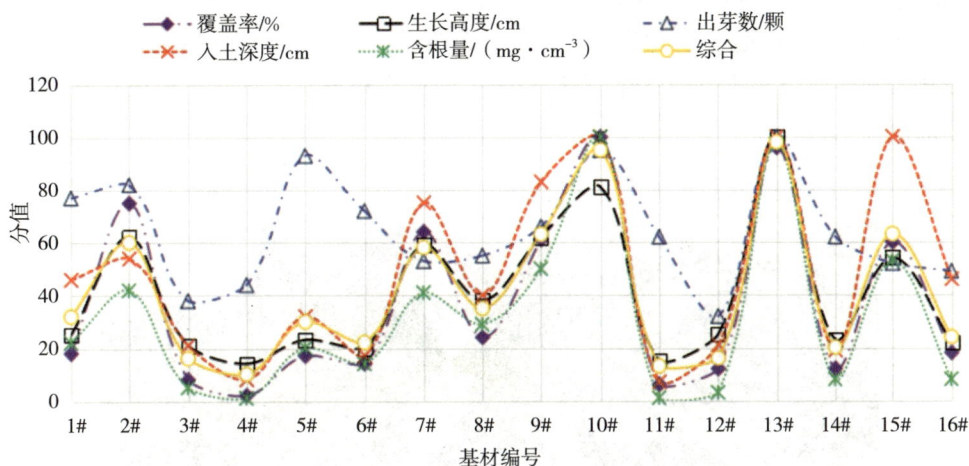

图例：
- ◆ 覆盖率/%
- □ 生长高度/cm
- △ 出芽数/颗
- × 入土深度/cm
- ※ 含根量/（mg·cm⁻³）
- ○ 综合

图9-1-4 不同组合方案评价分值

9.1.2 水泥改性土生态植被现场试验

1. 现场试验田

采用砖砌长为10m、宽为2m的试验田，分割成两组各10个长为100cm、宽为100cm的正方形圈地进行播种。试验圈地的粗平、精平均用水准仪控制标高，使误差尽量减小。根据试验田的体积，计算每个试验田所需的添加剂和土壤重量。填充基材前将试验田内再次进行精平并去除其中的杂草和杂物。根据配料表准备好材料，拌和后进行填充并做好标记，根据不同地块压实度不同分层击实，标高误差控制在0.5cm以内。

试验仍采用狗牙根单一植物作为试种对象，草种与花盆试验一致，每块试验田狗牙根的播种量为20g。图9-1-5为播种后13个月的狗牙根长势图。通过现场草种的长势，可较为直观地看到现场试验田13#（图中箭头所示）水泥改性土生态基材中的草种长势最好。

2. 水泥改性土生态护坡试验

根据现场试验田及室内试验成果，我们开展了水泥改性土生态植被现场中试试验研究，以验证其有效性。水泥改性膨胀土生态基材配比如下：pH调节剂掺量为1.25%、泥炭为9%、保水剂为0.05%、有机肥为1.5%、土壤改良剂为0.05%，水泥改性膨胀土生态基材压实度为86%。

中试场地选择在引江济淮工程菜巢线C006-2标渠道右岸的水泥改性土换填的三级边坡上（桩号范围为78+940~78+950），该段护坡结构为预制格式生态护坡,砌块规格为 1.08m×1.08m×0.3m,每平方米播种 10g 狗牙根、2g 高羊茅、2g 百喜草和 1g 硫华菊,播种后需浇水养护一至两周,需要说明的是,因现场改性土削坡料已和弃渣场其他土料混合,原计划采用削坡弃料进行的试验只能改用新鲜制备的改性土料。

图 9-1-5　现场试验田

图 9-1-6(b)为试验 90 天水泥改性土生态护坡现场照片,图中左侧为耕植土,右侧为生态基材。由于试验开始时(2021 年 8 月下旬)遇长时间降雨,使生态基材的回填和播种比耕植土延迟近 20 天,且右侧坡脚土体被水冲刷,但从 90 天后现场种植的直观效果上看,水泥改性土经生态基材修复后的种植效果仍与耕植土的种植效果相当,表明采用研发得到的生态基材配方,施以适当的种植方式,可以实现直接在水泥改性土换填层进行植草护坡。图 9-1-6(c)为经过近三年野外生长后的护坡对比图。由图可知,现场植被多年生长后,生态基材明显好于耕植土。

通过对本工程水泥改性土的生态修复研究,我们提出了一种适用于本工程水泥改性土的生态修复基材,其配比如下:pH 调节剂掺量为 1.25%、泥炭掺量为 9%、保水剂掺量为 0.05%、有机肥掺量为 1.5%、土壤改良剂掺量为 0.05%,生态基材掺拌改性土填筑控制压实度为 86%。实施过程中需要注意以下几个问题:①pH 调节剂需要先与水充分混合、溶化并搅拌均匀后再掺入水泥改性土;②严格控制水泥改性土中水泥掺量,并根据实际水泥掺量(而非设计水泥掺量)进行 pH 调节剂的掺量复核,调节水泥改性土的 pH 到一个合适的范围(如 7.5~8.0);③撒播草种尽可能选择在春夏季进行,并注意洒水养护。

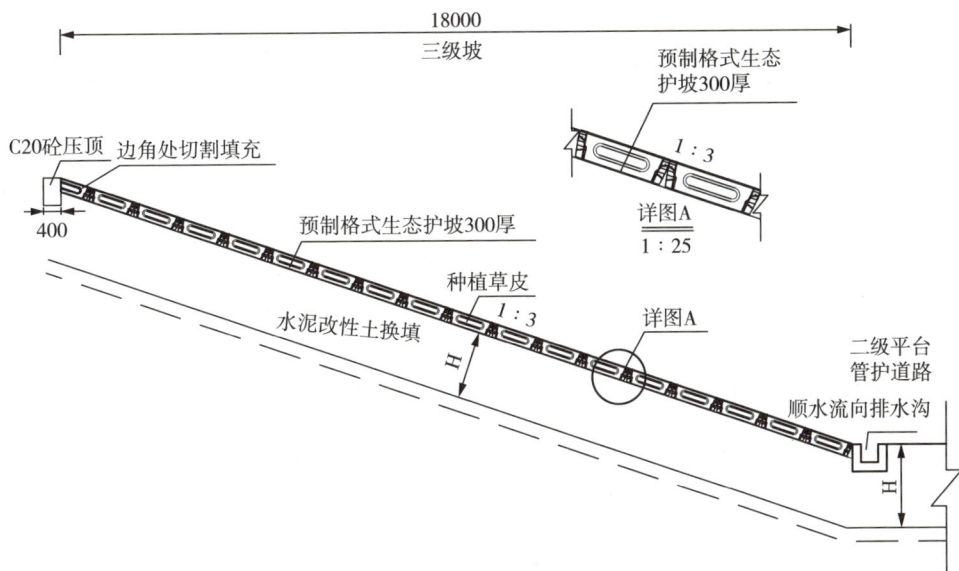

（a）护坡结构

（b）植被生长对比（左侧为耕植土89天，右侧为生态基材70天）

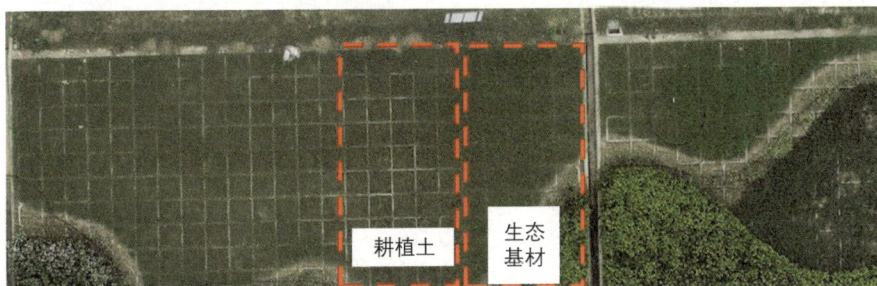

（c）植被生长对比（拍摄时间2024年7月26日）

图 9-1-6　现场生长试验

9.2 新型非饱和双层生态护坡结构

9.2.1 新型双层护坡结构的效果分析

1. 计算断面、模型及参数

我们以引江济淮工程膨胀土地段为研究背景,采用有限元分析方法研究新型双层护坡结构的防护效果。新型双层护坡结构膨胀土边坡计算断面如图 9-2-1 所示。该结构底层为原生风化岩层,膨胀土层位于风化岩层上部。边坡坡高 10m,坡比为 1:3,渠道设计水面 3m。膨胀土渠坡土体强度参数见表 9-2-1 所列。膨胀土地层之上,设置 0.5m 细粒土层和 0.2m 粗粒土层组成双层结构。

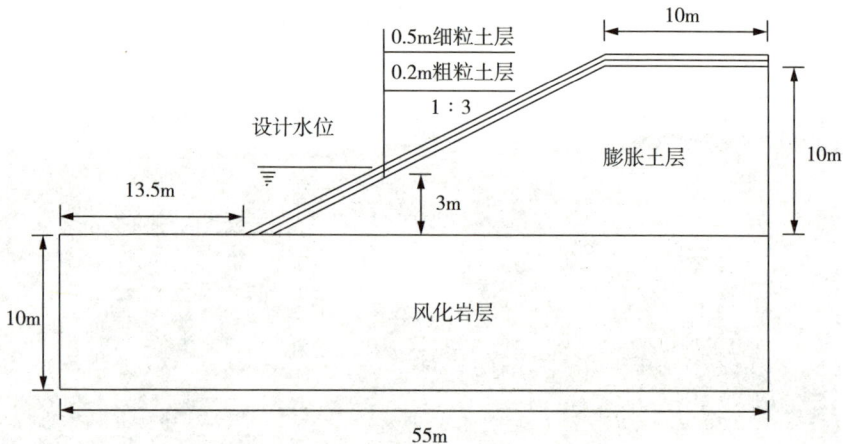

图 9-2-1 新型双层护坡结构膨胀土边坡计算断面图

表 9-2-1 膨胀土渠坡土体强度参数

抗剪强度		干密度/	弹性模量/MPa	泊松比
c/kPa	φ/(°)	(g/cm³)		
35	14	1.60	8.0	0.38

根据相关理论,膨胀土充分吸湿引起的体积膨胀率可以用式(9-2-1)来统一表示:

$$\varepsilon_v = 23.35 - 4.853\ln(1 + \sigma_m) \tag{9-2-1}$$

终了含水率随平均主应力变化关系为

$$\omega_{ult}=41.1-3.54\ln\left(1+\frac{\sigma_m}{P_0}\right) \tag{9-2-2}$$

膨胀土层初始含水率为 20%，孔隙比为 0.5，无荷膨胀率为 0.05%。膨胀土边坡各土层计算参数取值见表 9-2-2 所列。

表 9-2-2　膨胀土边坡各土层计算参数取值

土层	饱和渗透系数/(m/s)	摩擦角/°	黏聚力/kPa
膨胀土层	1×10^{-6}	14	35
崩解岩层	2×10^{-6}	40	80
细粒土层	1×10^{-6}	20	40
粗粒土层	1×10^{-3}	15	5
水泥改性土	1×10^{-6}	20	40

2. 降雨引起的膨胀土边坡含水率变化

我们分别进行降雨条件下由一层 0.5m 厚细粒土下覆一层 0.2m 厚粗粒土组成的双层护坡结构膨胀土边坡、1.5m 厚水泥改性土护坡膨胀土边坡和未经任何护坡的原始边坡对应的饱和度变化模拟。降雨强度为 36mm/天，降雨持续 72h。图 9-2-2～图 9-2-4 分别给出了三种边坡在初始时刻以及降雨持续 24h、48h、72h 对应的边坡饱和度分布。从图 9-2-2 可以直观看出膨胀土裸坡整体含水率的最终变化情况，即表层（包含坡面和边坡顶部）达到饱和，雨水进一步往边坡深处渗入，靠近坡面和坡顶处的边坡内部相较于其他部位含水率要小一些。对比三种边坡的含水率随时间变化可以看出，原始裸坡在降雨作用下含水率增长最显著，其次是水泥改性土护坡下的边坡，最后是双层护坡结构对应的边坡。

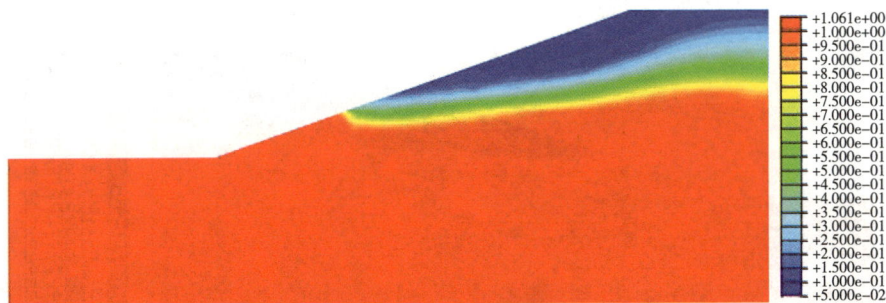

（a）初始时刻

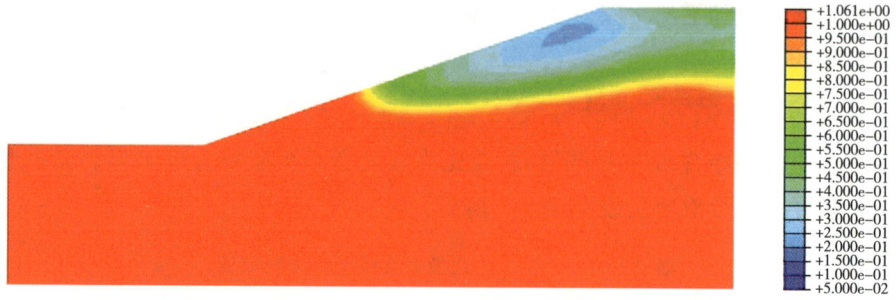

（b）降雨24h

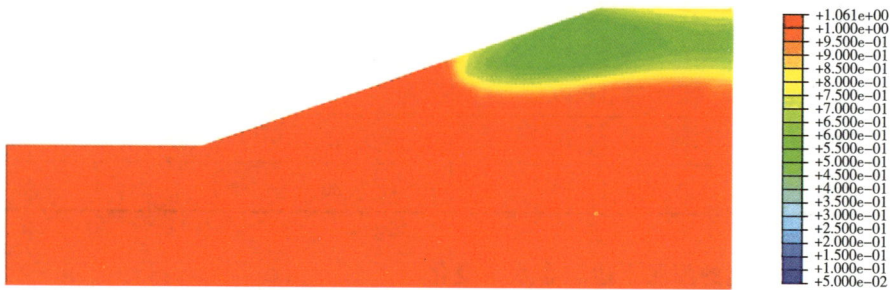

（c）降雨48h

（d）降雨72h

图 9-2-2 降雨条件下的边坡饱和度变化（原始膨胀土裸坡）

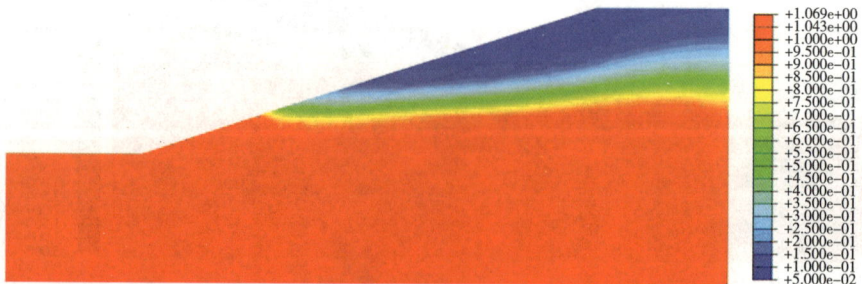

（a）初始时刻

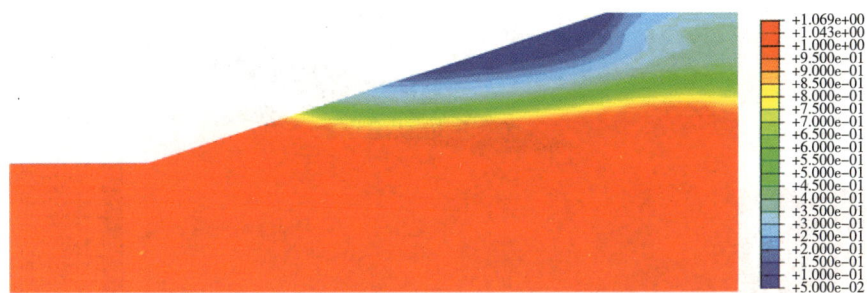

（b）降雨24h

（c）降雨48h

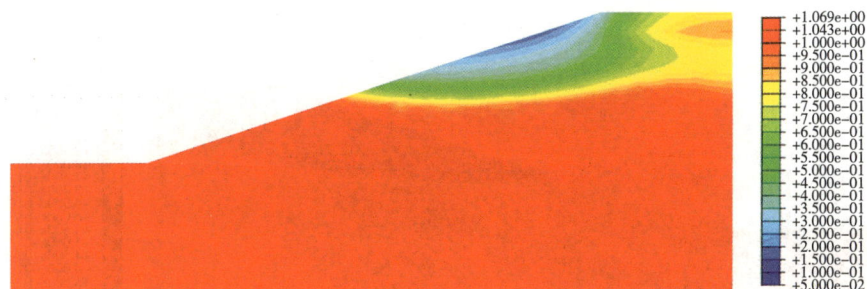

（d）降雨72h

图9-2-3　降雨条件下的边坡饱和度变化（水泥改性土护坡膨胀土边坡）

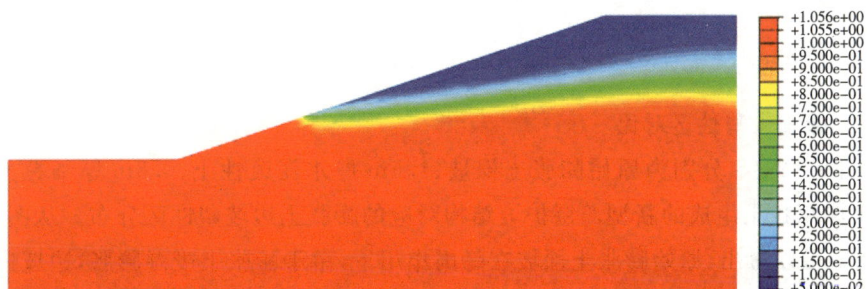

（a）初始时刻

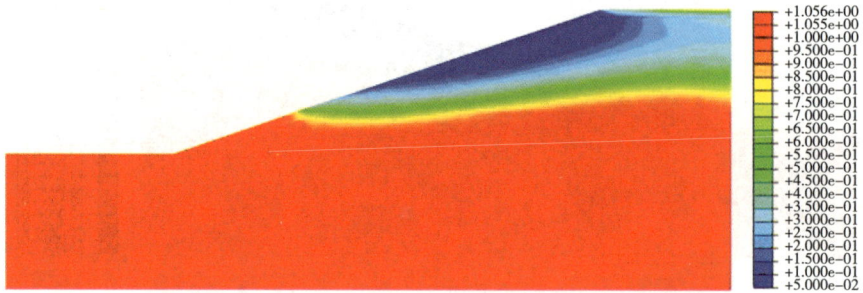

（b）降雨24h

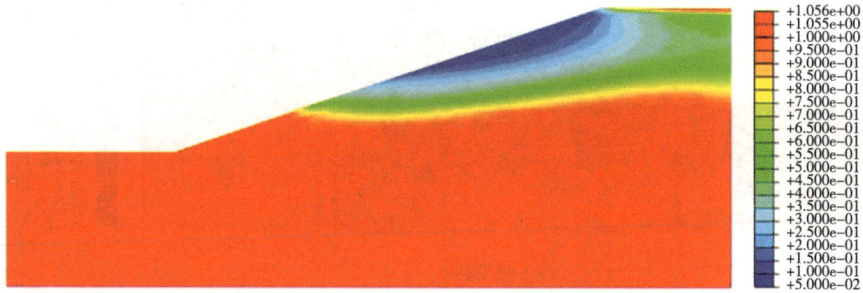

（c）降雨48h

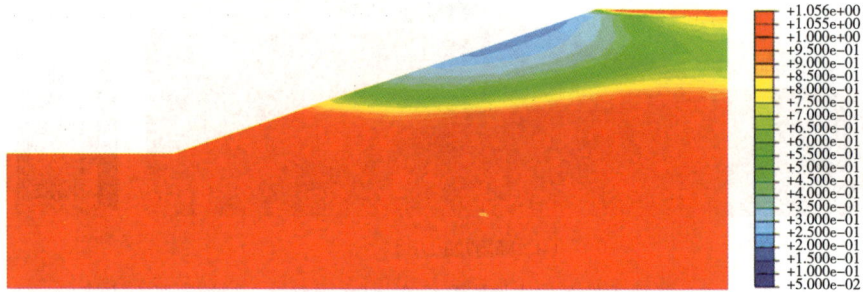

（d）降雨72h

图 9-2-4　降雨条件下的边坡饱和度变化（双层护坡结构膨胀土边坡）

3. 膨胀土塑性区对比

图 9-2-5 分别为原始膨胀土裸坡、1.5m 厚水泥改性土、0.5m 厚细粒土和 0.2m 厚粗粒土组成的新型双层护坡结构对应的膨胀土边坡塑性区分布。从图 9-2-5（a）可以看出，原始膨胀土裸坡在降雨作用下，由于膨胀土吸湿膨胀，边坡内部已经形成了贯通的塑性区。

图 9 - 2 - 5(b)和(c)表明,水泥改性土和双层护坡结构护坡作用下的膨胀土边坡塑性区均聚集在渠道设计水位与边坡坡面交汇处,并沿着坡面向上延伸了一段距离。双层护坡结构对应边坡的塑性区较水泥改性土的塑性区范围小。在边坡上表面处,双层护坡结构的塑性区分布面积要略大于水泥改性土对应的塑性区分布面积。这是因为 1.5m 厚的水泥改性土相对 0.7m 的双层护坡结构压重作用更大,抑制了坡面下覆膨胀土的部分膨胀变形。双层护坡结构利用粗粒层及时将雨水排至坡脚,延缓雨水聚集导致的坡面塑性区的形成,进而极大延缓了塑性区贯通。通过对比可以直观看出,双层护坡结构的护坡效果较好,尽管其总厚度只有 0.7m(不到水泥改性土护坡结构的一半),但防护效果略好于 1.5m 水泥改性土护坡。

（a）原始膨胀土边坡

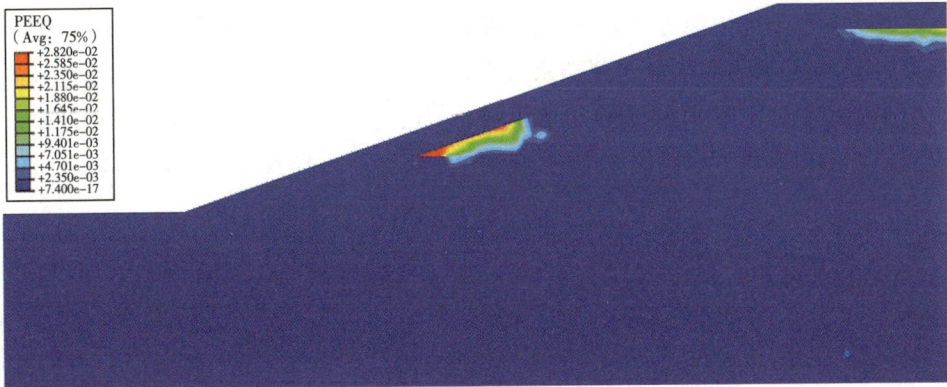

（b）水泥改性土护坡膨胀土边坡

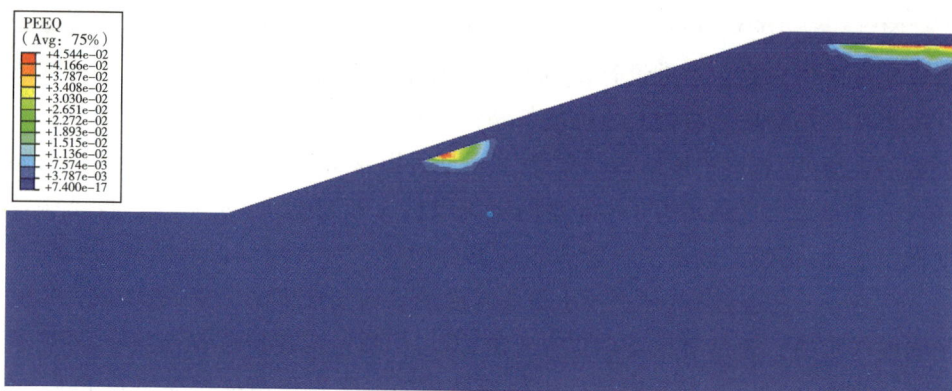

（c）双层护坡结构膨胀土边坡

图9-2-5 三种边坡塑性区分布

9.2.2 新型双层护坡结构比选

1. 新型双层护坡结构的材料比选

本节主要从细粒层和粗粒层的渗透系数取值这一方面来进行材料比选。保持细粒层0.5m、粗粒层0.2m和膨胀土层的渗透系数不变，仅改变细粒层和粗粒层的渗透系数来进行计算分析，选取的工况见表9-2-3所列。四种工况对应的边坡经历4天降雨（降雨强度为36mm/天）后的饱和度和塑性区分布如图9-2-6～图9-2-9所示。工况1~3的饱和度和塑性区分布图表明，随着粗粒土层渗透系数的降低，膨胀土内部含水率和塑性区分布范围随之增大。这是因为粗粒土层的渗透系数越低，毛细阻滞效果越弱，雨水击穿细粒土层以后向膨胀土层内部入渗的比例增多，进而增大膨胀土层表层含水率，膨胀形成塑性区。同时，粗粒土层渗透系数越大导致其导排能力越强，更利于将雨水导排至边坡底部。但在长时间雨水的渗入下，粗粒层布满水分达到储水上限，导致导排不及时，此时雨水会逐渐入渗至膨胀土层中。工况3中，粗粒土层与细粒土层的饱和渗透系数取值一致，此时的双层护坡结构退化为单层护坡结构，缺少了中间导排层导致其护坡能力最弱。

表9-2-3 新型双层护坡结构的材料比选工况选取

工况	渗透系数/（m/s）	
	细粒土层	粗粒土层
工况1	1×10^{-5}	1×10^{-3}
工况2	1×10^{-5}	1×10^{-4}
工况3	1×10^{-5}	1×10^{-5}
工况4	1×10^{-6}	1×10^{-3}

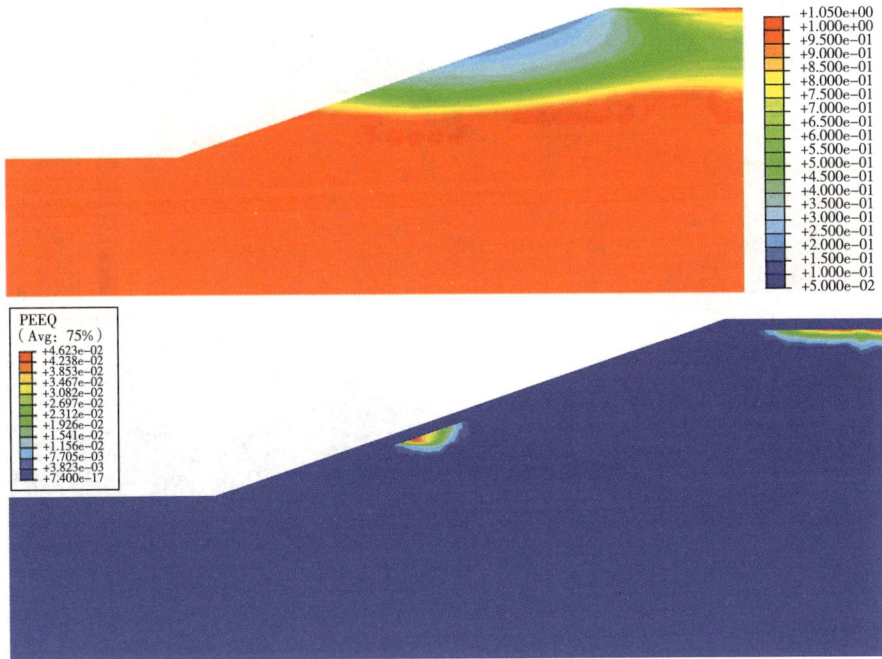

图 9-2-6　工况 1 对应的边坡经历 4 天降雨后的饱和度和塑性区分布

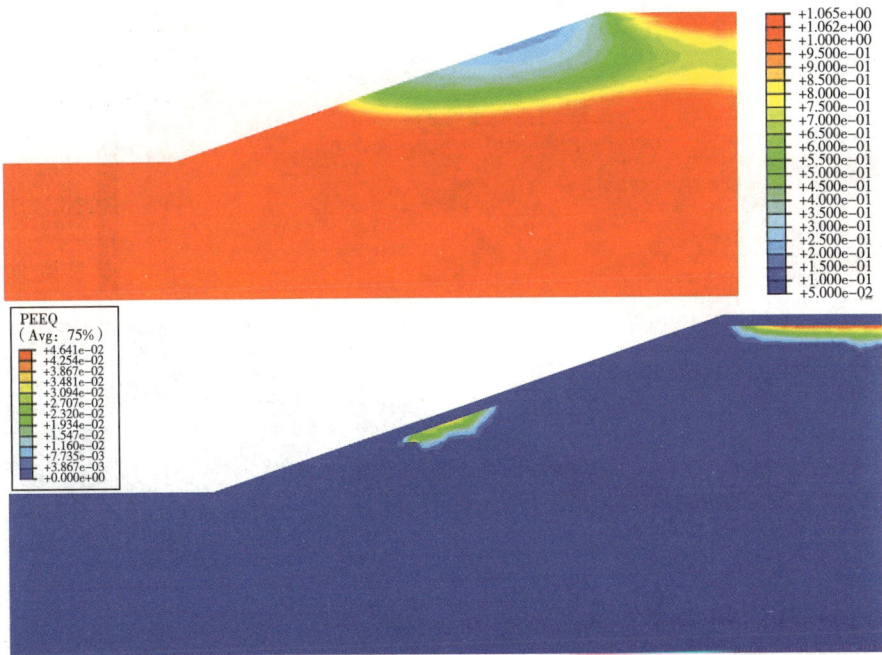

图 9-2-7　工况 2 对应的边坡经历 4 天降雨后的饱和度和塑性区分布

图 9-2-8　工况 3 对应的边坡经历 4 天降雨后的饱和度和塑性区分布

图 9-2-9　工况 4 对应的边坡经历 4 天降雨后的饱和度和塑性区分布

工况 4 对应的膨胀土层含水率较低、塑性区分布范围最小。与工况 1 相比,工况 4 的细粒土层渗透系数要小一个数量级,增大了细粒土层与粗粒土层之间的渗透性差异,进而增大了毛细阻滞作用,延缓了雨水的渗入。由于细粒土层渗透系数低,雨水渗入土层的比例越小,即与工况 1 相对,工况 4 中雨水以更大的比例沿着坡面向下流动。

总体而言,工况 4 的塑性区分布范围、塑性位移大小与工况 1 相差较小,工况 2 的塑性区分布范围显著增大,工况 3 的塑性区分布范围、塑性位移大小在工况 2 的基础上进一步显著增大。由此可见,当细粒土层饱和渗透系数低于 1×10^{-5} m/s 即可满足细粒土层渗透性的要求,与之对应的,粗粒土层饱和渗透系数至少要低于细粒土层饱和渗透系数两个数量级。

2. 新型双层护坡结构的层厚比选

我们选取不同厚度的细粒土层和粗粒土层组合,研究新型双层护坡结构中细、粗土层厚度对其护坡效果的影响,见表 9-2-4 所列。工况 1 至 3 保持粗粒土层厚度不变,仅改变细粒土层的厚度。工况 1、4 和 5 保持细粒土层的厚度不变,仅改变粗粒土层的厚度。图 9-2-10～图 9-2-14 为 5 种工况对应的饱和度和塑性区分布。

工况 1～3 的饱和度和塑性区分布图比较直观地表明了随着细粒土层厚度的增大,边坡的含水率和塑性区分布范围均逐渐减小。工况 2 中,当细粒土层厚度降至 0.4m 时,膨胀土边坡内部出现了贯通的塑性区,表明这一新型双层护坡结构对于细粒土层的厚度有一定要求,若细粒土层厚度不达标则会导致整个护坡结构的护坡效果大打折扣。工况 1 和工况 3 的塑性区分布范围相差较小,但工况 1 的最大塑性位移为工况 3 的 2.56 倍。这些变化表明,这一新型双层护坡结构受细粒土层厚度的影响较大。

表 9-2-4　新型双层护坡结构的层厚比选工况选取

工况	土层厚度/m	
	细粒土层	粗粒土层
工况 1	0.5	0.2
工况 2	0.4	0.2
工况 3	0.6	0.2
工况 4	0.5	0.1
工况 5	0.5	0.3

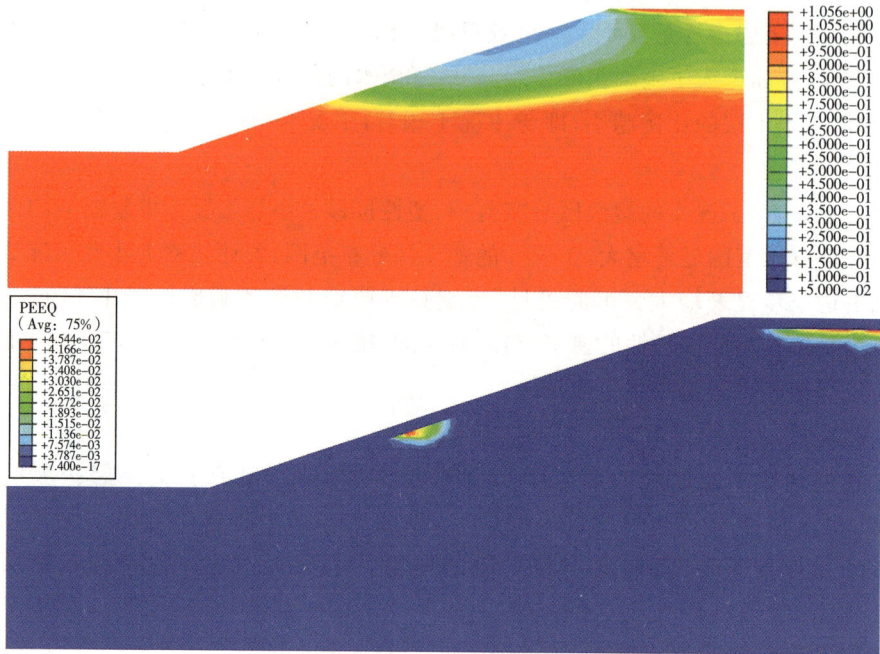

图 9-2-10 工况 1 对应的边坡经历 3 天降雨后的饱和度和塑性区分布

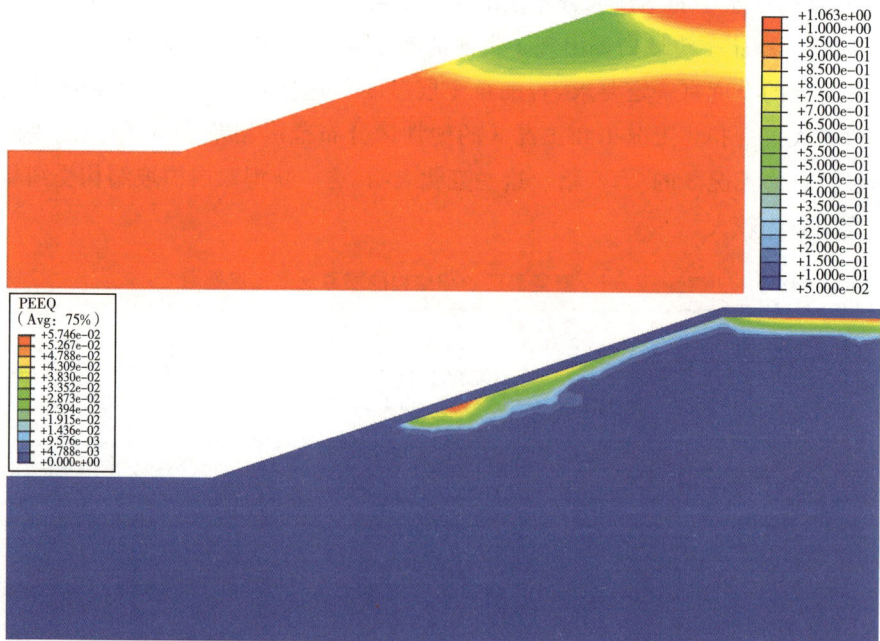

图 9-2-11 工况 2 对应的边坡经历 3 天降雨后的饱和度和塑性区分布

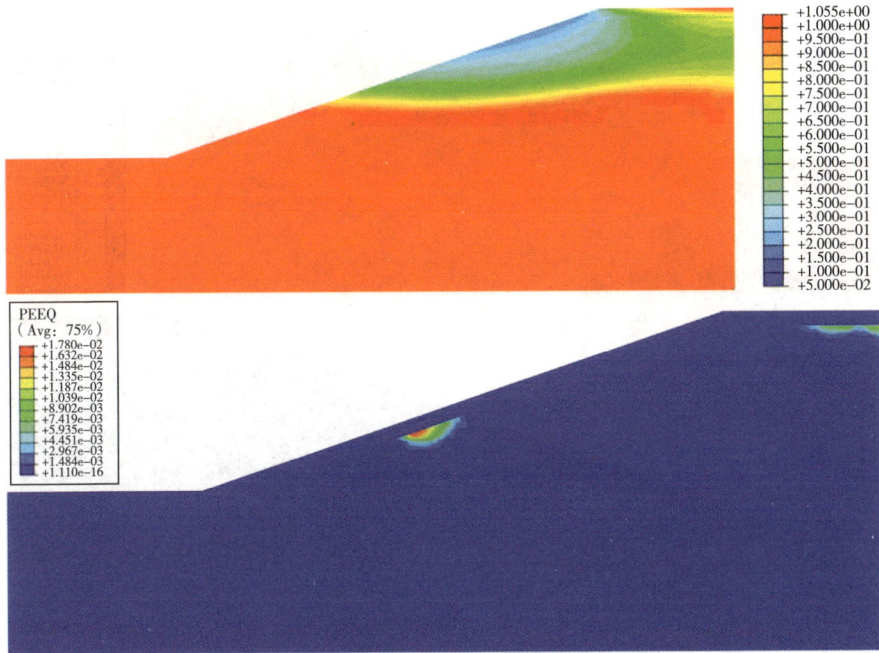

图 9-2-12　工况 3 对应的边坡经历 3 天降雨后的饱和度和塑性区分布

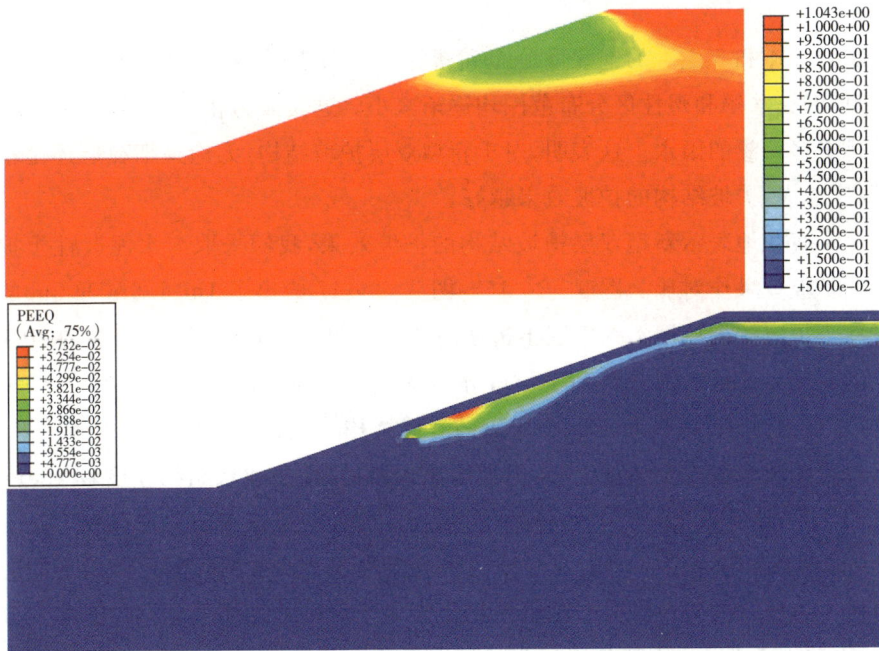

图 9-2-13　工况 4 对应的边坡经历 3 天降雨后的饱和度和塑性区分布

图 9-2-14 工况 5 对应的边坡经历 3 天降雨后的饱和度和塑性区分布

工况 1、4 和 5 之间的饱和度分布和塑性区分布表明,随着粗粒土层厚度的增加,边坡的含水率和塑性区分布范围均逐渐减小。这是因为粗粒土层厚度越大,越能导排更多入渗的雨水。这表明,对于新型双层护坡结构,无论是细粒层还是粗粒层,厚度越大,护坡结构的护坡效果越好。

为了直观地表示新型双层护坡结构的护坡效果,我们采取与水泥改性土护坡结构的护坡效果作对比。图 9-2-15～图 9-2-17 给出了 1m、1.5m 和 2m 的水泥改性土护坡结构作用下的膨胀土边坡饱和度和塑性区分布。工况 1 的塑性区分布范围介于 1.5m 水泥改性土与 2m 水泥改性土之间,但最大塑性位移要大于 1.5m 水泥改性土,这表明工况 1 对应的双层结构具备良好的防雨水入渗效果,能够有效避免雨水渗入至膨胀土层,但当雨水入渗后,由于双层结构厚度较 1.5m 水泥改性土薄,压重效果要弱一些,导致雨水入渗部分的膨胀土塑性位移较大。工况 2 和 4 的塑性区分布范围与最大塑性位移均要大于 1m 水泥改性土作用下的膨胀土边坡。工况 3 的塑性区分布范围要远小于 1.5m 水泥改性土对应的塑性区分布范围,而略大于 2m 水泥改性土对应的塑性区分布范围,由于工况 3 对应双层护坡结构的良好护坡性能,其最大塑性位移与 2m 水泥改性土作用下的最大塑性位移相当。工况 5 的塑性区分布范围和最大塑性位移略大于 2m 水泥改性土对应的情形,均小于 1.5m 水泥改性土对应的情形。综上,0.5m 细粒土层+0.2m 粗粒土层组成的双层护坡结构护坡性能整体与 1.5m 水泥改性土护坡结构相当,0.6m 细粒土层+0.2m 粗粒土层以及 0.5m 细粒土层+0.3m 粗粒土层组成的双层结构的护坡性能好于 1.5m 水泥改性土护坡结构,略次于 2m 水泥改性土护坡结构。0.4m 细粒土层+0.2m 粗粒土层和 0.5m 细粒土层+0.1m 粗粒土层组成的双层结构的护坡性能均较 1m 水泥改性土护坡结构差。

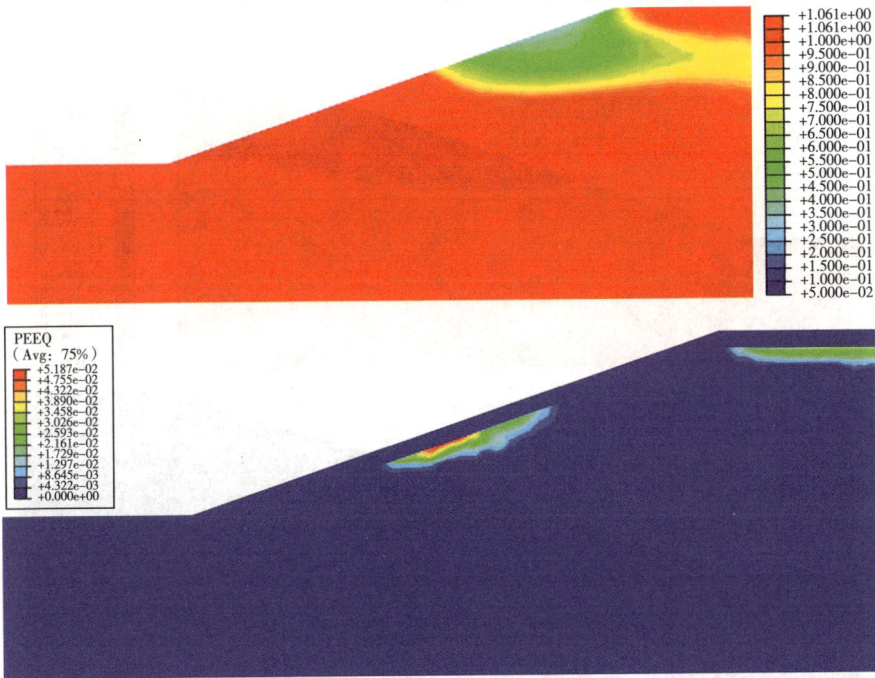

图 9-2-15　1m 水泥改性土护坡结构边坡经历 3 天降雨后的饱和度和塑性区分布

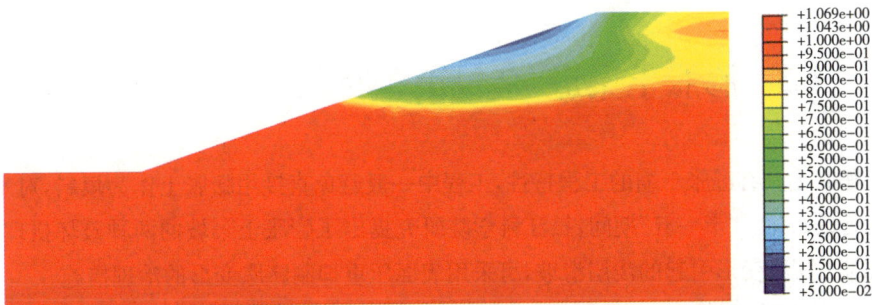

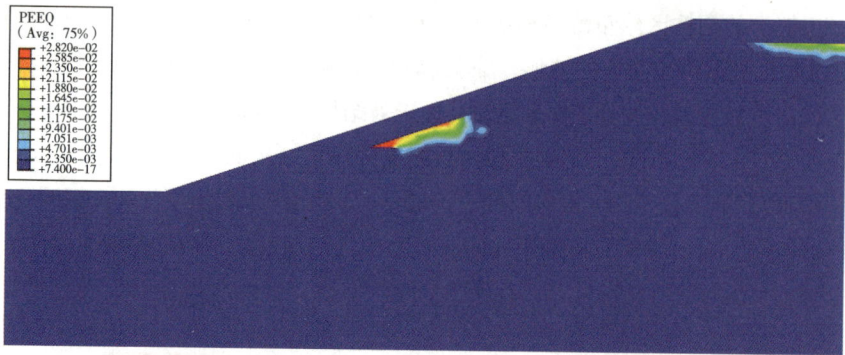

图 9-2-16 1.5m 水泥改性土护坡结构边坡经历 3 天降雨后的饱和度和塑性区分布

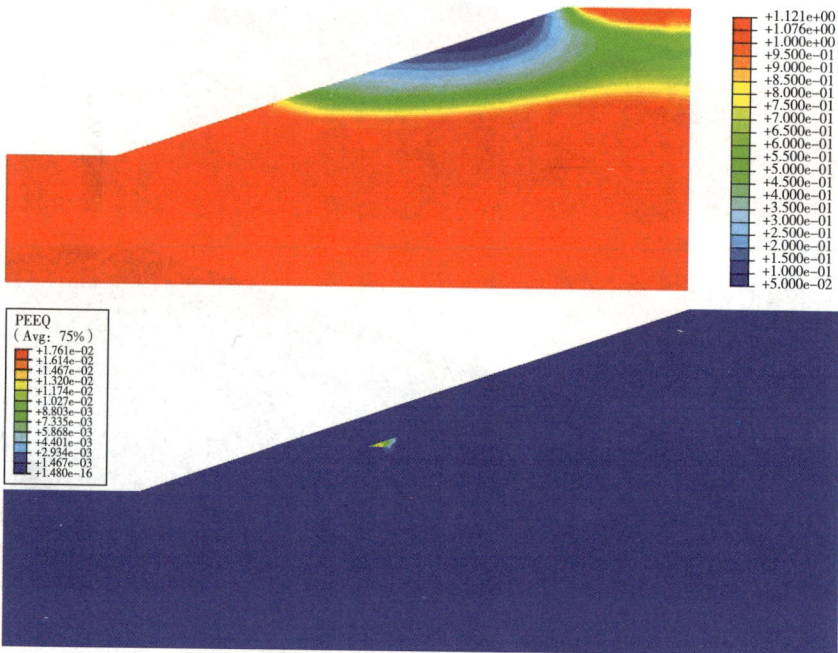

图 9-2-17 2m 水泥改性土护坡结构边坡经历 3 天降雨后的饱和度和塑性区分布

9.3 膨胀土渠道"金包银"断面形式及施工工艺

膨胀土具有湿胀干缩的工程特性,工程中一般避免直接用膨胀土作为填料,对水利工程更是如此。"十一五"期间,长江科学院研究提出了膨胀土渠坡的两种破坏机理,并提出对于膨胀变形引起的浅层滑坡,可采用表面压重抑制膨胀变形的治理措施。

膨胀变形引起的边坡失稳,主要是岩土体吸水膨胀,产生膨胀变形,引起了内部应力重分布,土体内局部应力水平较高,产生塑性区并逐渐发展,导致边坡失稳。这种失稳一般属浅层破坏,深度为 2~3m,与土体的膨胀性等级和含水率变幅有较大关系。考虑到施工工艺和技术水平,任何防护措施不可能绝对隔绝水分,可行的方法是控制膨胀土边坡一定深度范围内膨胀土体含水率变化范围,并采用一定厚度处理层的压重作用使其不产生膨胀变形或限定产生很小的膨胀变形。换填非膨胀黏性土或水泥改性土治理即是常用的防护和压重措施,换填处理层自身遇水后的膨胀变形很小,处理层又可以对下伏膨胀土起到压重和防护的作用,工程实施中效果良好。而对填方渠道,则可以采用"金包银"的断面形式。所谓"金包银"断面,即是在填方土堤的内部采用弱或中等膨胀性的膨胀土,在外层采用一定厚度的非膨胀土或换填土包裹的断面形式。这种断面形式的特点是可以充分利用开挖料,并节约非膨胀土的土料用量。

根据前期试验成果,在引江济淮工程进行了"金包银"断面的现场试验,以分析该断面形式的效果。

9.3.1　现场实施过程

根据现场实际情况,选择桩号 F61+000~F61+100(C004 标)左岸回填渠堤(此处与老河道交叉,缺口回填),进行"金包银"断面的现场试验,试验采用双环渗透试验方法(见图 9-3-1、图 9-3-2)。

首先,在一个约 6m×4m 的区域分层回填中膨胀土(土性指标见表 9-3-1)并夯实,填筑厚度约 2.0m,然后在试验场地内沿长度方向的一侧进行现场双环渗透试验(见图 9-3-3),测定中膨胀土的膨胀变形和含水率沿深度的分布状况。测试完成后,继续分层回填厚度约 1.0m 的非膨胀土(土性指标见表 9-3-2)并夯实,然后在距前一个试验点水平方向 3m 的另一侧再次进行现场双环渗透试验(见图 9-3-4),测试有压重覆盖条件下的膨胀变形和含水率分布。将两次试验的测试结果进行对比分析,即可了解换填土层对膨胀变形的抑制效果。

表 9-3-1　中膨胀土基本物理性质指标

土性	天然状态物理性指标		颗粒组成/%			液限 W_{L17}/%	塑限 W_p/%	塑性指数 I_{P17}	自由膨胀率 δ_{ef}/%
	含水率 W/%	干密度 p_d/(g/cm³)	粉粒 0.005~0.075mm	黏粒 <0.005mm	胶粒 <0.002mm				
中膨胀土	27.0	1.52	57.6	42.4	26.4	52.5	25.7	26.8	65

表 9-3-2 非膨胀土基本物理性质指标

土性	天然状态物理性指标		颗粒组成/%				液限 W_{L17} /%	塑限 W_p /%	塑性指数 I_{P17}	自由膨胀率 δ_{ef} /%
	含水率 W /%	干密度 ρ_d / (g/cm³)	砂粒 0.075~2.0mm	粉粒 0.005~0.075mm	黏粒 <0.005mm	胶粒 <0.002mm				
非膨胀土	23.3	1.56	8.7	66.1	25.2	8.5	38.2	17.8	20.4	30

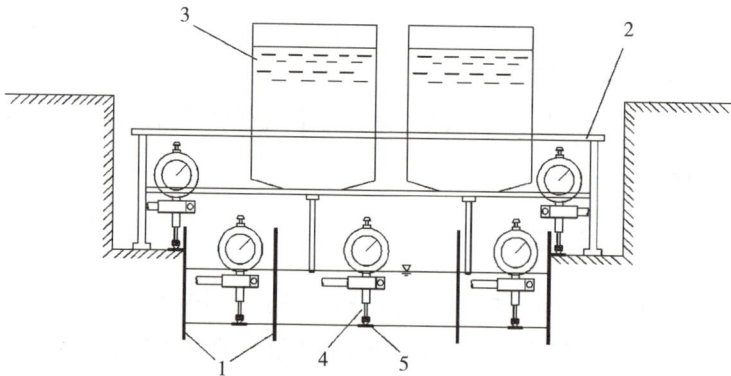

1—铁环；2—支架；3—供水瓶；4—百分表；5—垫片。

图 9-3-1 现场双环渗透试验装置简图

图 9-3-2 现场双环渗透试验

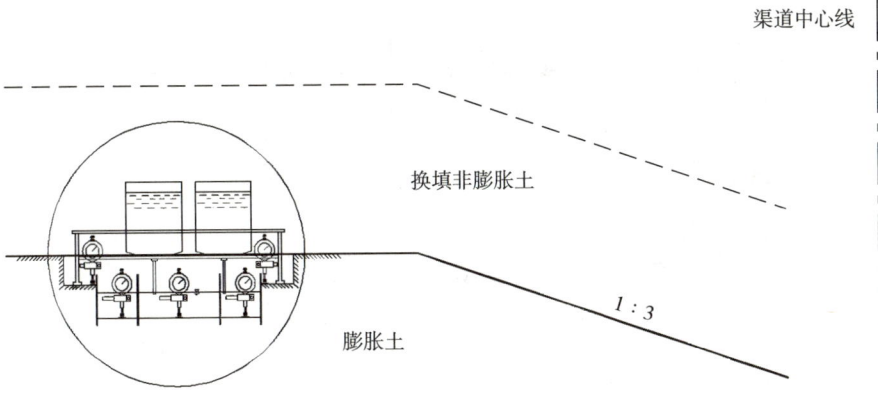

图9-3-3 膨胀土现场双环渗透试验

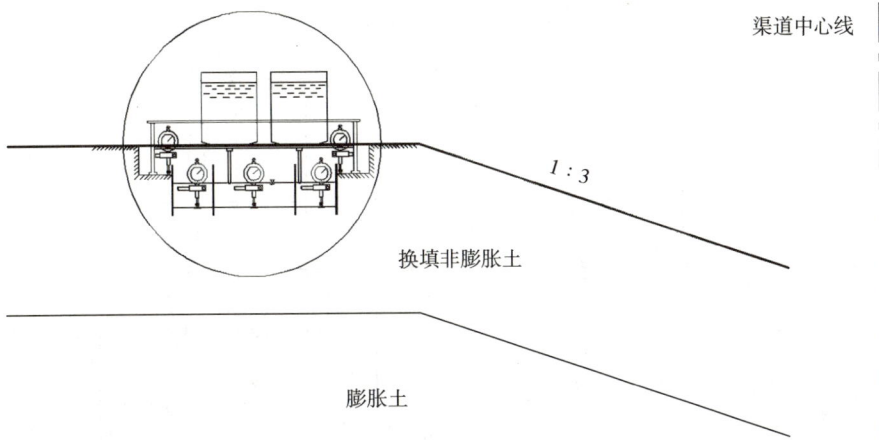

图9-3-4 非膨胀土现场双环渗透试验

9.3.2 效果分析

膨胀土和非膨胀土的现场双环渗透系数时程曲线如图9-3-5所示。根据流量稳定后的内环渗水量,计算得到膨胀土、非膨胀土的渗透系数分别为9.0×10^{-6}cm/s、5.2×10^{-5}cm/s。

膨胀土和非膨胀土的现场双环渗透试验后,离试坑中心0m、1m以外钻孔的土样含水率剖面变化如图9-3-6所示。由图可见,膨胀土、非膨胀土的入渗深度分别为不超过1.2m、1.6m,即在非膨胀土换填层上进行的双环渗透试验,水渗透穿过非膨胀土后,进入膨胀土层的深度约0.4m。

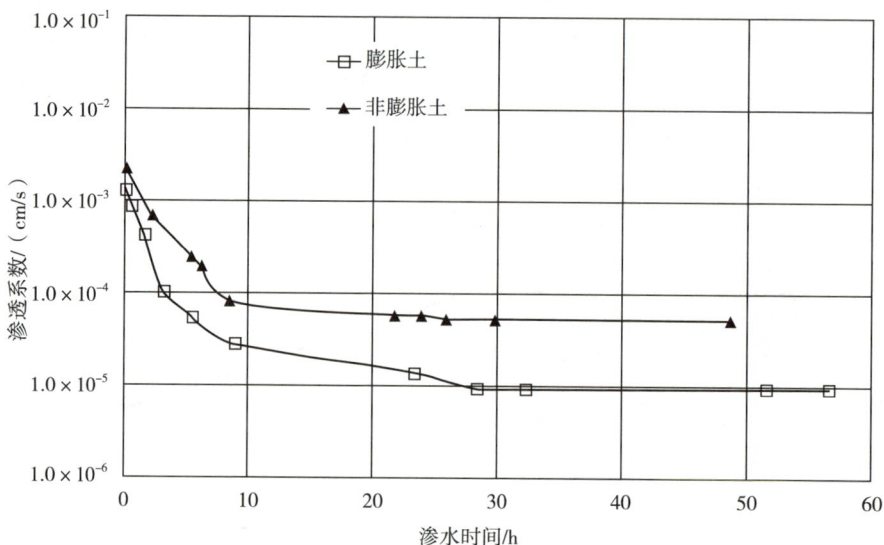

图 9 - 3 - 5　现场双环渗透试验渗透系数时程曲线

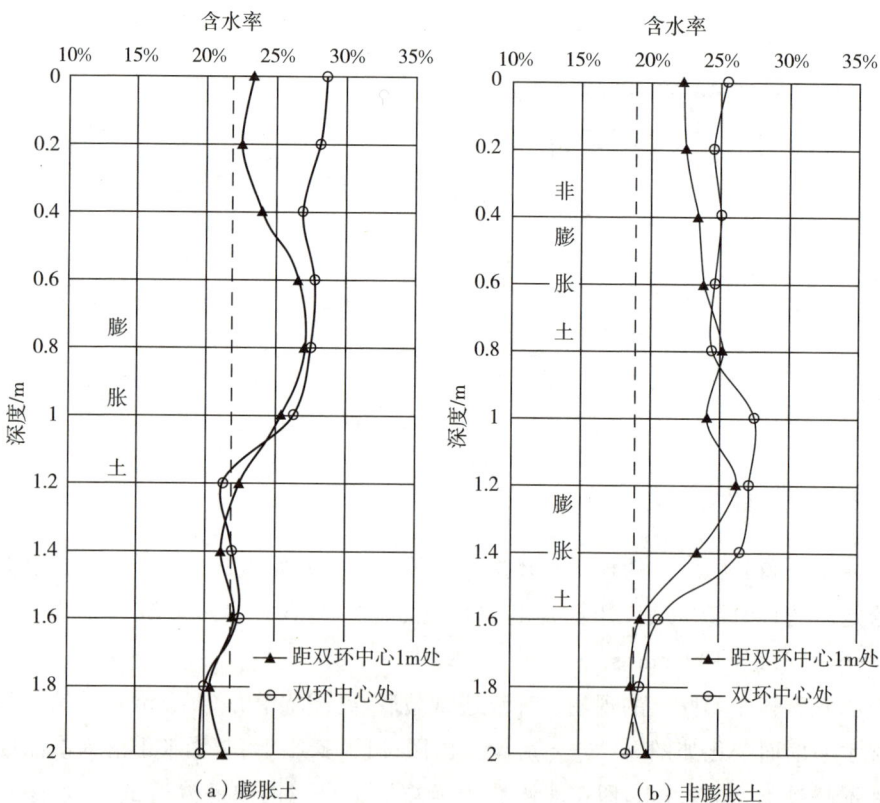

图 9 - 3 - 6　现场双环渗透试验后钻孔取样含水率剖面

膨胀土和非膨胀土试验的膨胀变形结果分别如图 9-3-7、图 9-3-8 所示。对比可知,采用"金包银"结构,在非膨胀土的防护和压重作用下,在相同时间段、相同深度范围内,膨胀土层的含水率增大,但膨胀变形却大幅减小。这表明采用换填非膨胀土压重的治理技术,即使在降雨或地下水渗入膨胀土层以后,由于压重作用,即使含水率变化,也仍然能保持变形稳定。同时,现场试验的结果也再次证实了室内有荷膨胀率试验的普适性和有效性。

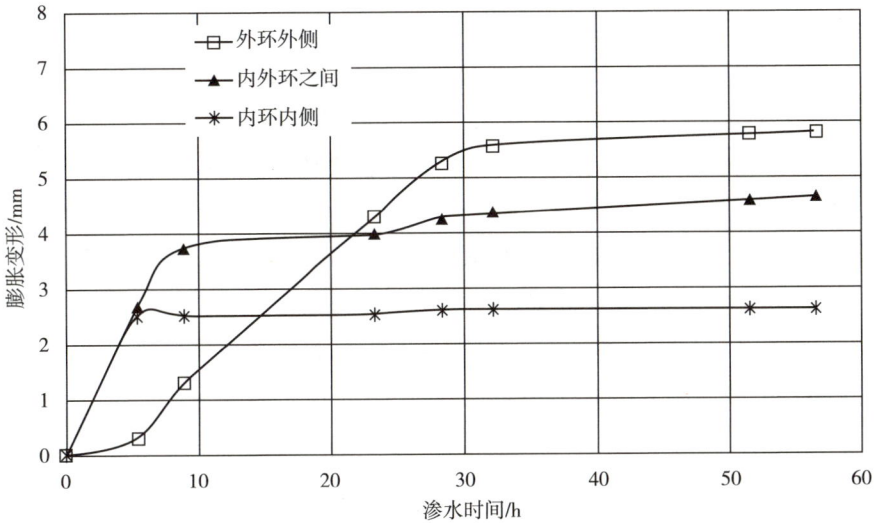

图 9-3-7 膨胀土现场双环渗透试验膨胀变形历时曲线

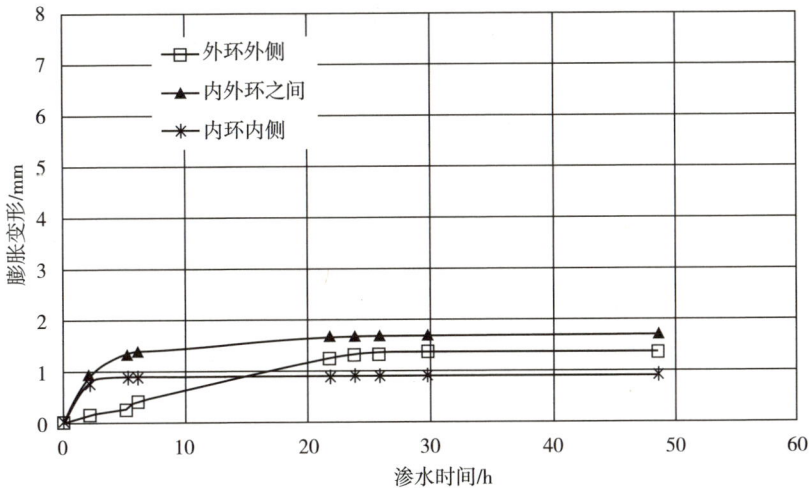

图 9-3-8 非膨胀土现场双环渗透试验膨胀变形历时曲线

参考文献

[1] 长江水利委员会长江科学院 . 引江济淮工程膨胀土地段生态河道关键技术研究总报告[R]. 武汉：2022.

[2] 龚壁卫,许晓彤,胡波 . 引江济淮工程膨胀土地段渠坡生态处治技术[J]. 南水北调与水利科技,2023,21(5):1007 - 1012.

[3] 陈品章,杨海浪,胡波,等 . 基于植被恢复的水泥改性膨胀土换填土复合改良试验研究[J]. 长江科学院院报,2022,39(5):112 - 118.

[4] 张恒晟,龚壁卫,文松霖,等 . 水泥改性土削坡弃料利用问题研究[J]. 长江科学院院报,2021,38(2):86 - 92.

[5] 陈品章 . 水泥改性膨胀土植被修复试验研究[D]. 武汉：长江科学院,2021.

[6] FREDLUND D G, RAHARDJO H. Soil Mechanics For Unsaturated Soils[M]. John Wiley Sons,INC New York:1993.

[7] 张家发,刘晓明,焦赳赳 . 膨胀土渠坡兼有排水功能的双层结构防护方案[J]. 长江科学院院报,2009,26(11):37 - 41.